Strangpressen

Tagungsband des Symposiums
Strangpressen des Fachausschusses Strangpressen der DGM

Herausgegeben von
Horst Gers

Weitere Titel aus unserem Programm:

A. Hazotte (Ed.)
Solid State Transformation and Heat Treatment
ISBN 3-527-31007-X

D. M. Herlach (Ed.)
Solidification and Crystallization
ISBN 3-527-31011-8

K. U. Kainer (Hrsg.)
Magnesium – Eigenschaften, Anwendungen, Potenziale
ISBN: 3-527-29979-3

M. Peters, C. Leyens (Hrsg.)
Titan und Titanlegierungen
ISBN: 3-527-30539-1

Strangpressen

Tagungsband des Symposiums Strangpressen des
Fachausschusses Strangpressen der DGM

Herausgegeben von
Horst Gers

WILEY-VCH Verlag GmbH & Co. KGaA

Herausgeber:
Horst Gers
Honsel GmbH & Co. KG
Presswerk Soest
59494 Soest

Symposium Strangpressen
vom 26.–27. Oktober 2006 in Weimar.
Organisiert vom Fachausschuss Strangpressen der
DGM

Programmausschuss

Wolfgang Eckenbach
Marx GmbH & Co. KG, Iserlohn

Gernot Fischer
Meinerzhagen

Horst Gers
Honsel GmbH & Co. KG, Soest

Erich Hoch
F. W. Brökelmann Aluminiumwerk
GmbH & Co. KG, Ense-Höhingen

Klaus Müller
Technische Universität, Berlin

Uwe Muschalik
SWS Eumuco GmbH, Leverkusen

Andreas Schmidt
Umicore AG, Hanau

Das vorliegende Werk wurde sorgfältig erarbeitet. Dennoch übernehmen Autoren, Herausgeber und Verlag für die Richtigkeit von Angaben, Hinweisen und Ratschlägen sowie für eventuelle Druckfehler keine Haftung.

Das Titelbild zeigt eine 75-MN-Direkt-/Indirekt-Strang- und Rohrpressanlage für das Verpressen von 13–17″-Blöcken aus schwer- bis mittelschwer verpressbaren Aluminiumlegierungen. Die Lochkraft beträgt 15 MN.
Honsel GmbH & Co. KG, Soest

Bibliografische Informationen der Deutschen Nationalbibliothek
Die Deutsche Nationalbibliothek verzeichnet diese Publikation in der Deutschen Nationalbibliografie; detaillierte bibliografische Daten sind im Internet über <http://dnb.d-nb.de> abrufbar.

© 2007 WILEY-VCH Verlag GmbH & Co. KGaA, Weinheim

Gedruckt auf säurefreiem Papier
Printed in the Federal Republic of Germany

Alle Rechte, insbesondere die der Übersetzung in andere Sprachen, vorbehalten. Kein Teil dieses Buches darf ohne schriftliche Genehmigung des Verlages in irgendeiner Form – durch Fotokopie, Mikroverfilmung oder irgendein anderes Verfahren – reproduziert oder in eine von Maschinen, insbesondere von Datenverarbeitungsmaschinen, verwendbare Sprache übertragen oder übersetzt werden. Die Wiedergabe von Warenbezeichnungen, Handelsnamen oder sonstigen Kennzeichen in diesem Buch berechtigt nicht zu der Annahme, dass diese von jedermann frei benutzt werden dürfen. Vielmehr kann es sich auch dann um eingetragene Warenzeichen oder sonstige gesetzlich geschützte Kennzeichen handeln, wenn sie nicht eigens als solche markiert sind.
All rights reserved (including those of translation in other languages). No part of this book may be reproduced in any form – by photoprinting, microfilm, or any other means – nor transmitted or translated into machine language without written permission from the publishers. Registered names, trademarks, etc. used in this book, even when not specifically marked as such, are not to be considered unprotected by law.

Satz: W.G.V. Verlagsdienstleistungen GmbH, Weinheim
Druck: betz-Druck GmbH, Darmstadt
Bindung: Litges & Dopf Buchbinderei GmbH, Heppenheim

ISBN: 978-3-527-31844-5

Vorwort

In der Strangpressindustrie haben in den letzten Jahren Entwicklungen der Maschinen- und Anlagentechnik und im Bereich der Werkstoffe dazu beigetragen, Produktanwendungen zu realisieren, die vor einigen Jahren noch nicht denkbar waren.

Dies ist das Ergebnis der konstruktiven Zusammenarbeit zwischen der Industrie, den Hochschulen und außeruniversitären Forschungseinrichtungen.

Auf diesem Symposium wird der Status dieser Zusammenarbeit von ausgewählten Experten aus den entsprechenden Arbeitsbereichen in Fachvorträgen dokumentiert. Sie zeigen auf, wie das Strangpressen zu innovativen Problemlösungen beitragen kann und welche Anforderungen dabei an den Strangpressbetreiber als Zulieferer gestellt werden.

Es wird weiterhin ein Einblick in aktuelle Entwicklungsprogramme mit den neuesten Forschungsergebnissen gegeben. Dabei wird aufgezeigt, wie neue Techniken zu Fortschritten beim Strangpressen oder bei der Anwendung von Strangpressprodukten beitragen können.

Durch die Auswahl der fachübergreifenden Themenbereiche, von der Verfahrenstechnik über Werkstoffentwicklungen, den Produktanwendungen, das Qualitätsmanagement, die Weiterverarbeitung bis hin zur Simulationstechnik von Fertigungsprozessen, soll den Teilnehmern die Möglichkeit geboten werden, durch Diskussion und Erfahrungsaustausch Anregungen für ihre berufliche Tätigkeit zu erhalten.

Horst Gers

Inhalt

Vorwort	V
Verfahrenstechnik / Equipment	1
Moderne Rohrpressanlagen für Leichtmetall-Legierungen *Axel Bauer, Uwe Muschalik, SMS Eumuco GmbH, Leverkusen*	3
Gasbeheizte Hochleistungs-Schnellerwärmungsanlagen für Aluminiumstangen *Christoph Keller, Axel Bauer, Expert Konstruktions GmbH, Leverkusen*	10
Warmarbeitswerkstoffe für Strangpressmatrizen in der Buntmetallverarbeitung *Wilfried Kortmann, S+C Märker GmbH*	17
Prozessgeregelte Blockaufnehmer - Smart Containers *W. Eckenbach, MARX GmbH & Co. KG, Iserlohn*	33
Diagnoseerfahrung und Entwicklungspotential an Strangpresswerkzeugen *W. Hähnel, K. Gillmeister, Kind & Co., Edelstahlwerk KG, Wiehl*	49
Produktionslinien nach Strangpressen für Kupfer- und Messingprodukte *Johann Vielhaber, Herbert Plank, ASMAG-Anlagenplanung und Sondermaschinenbau GmbH, A-Scharnstein*	66
Anwendungen	75
Innovative Wärmetauscherkonzepte *J. Mitrovic, Institut für Energie- und Verfahrenstechnik, Thermische Verfahrenstechnik und Anlagentechnik, Universität Paderborn*	77
Integralspante für den Einsatz im A380 *Gerhard Wegmann, Solvejg Jansen, Airbus Deutschland GmbH, Bremen; Carsten Paul, Airbus Deutschland GmbH, Hamburg; Joachim Becker, Otto Fuchs KG, Meinerzhagen; Frank Eberl, Alcan CRV, Centr' Alp, Voreppe Cedex, France*	99
Aluminium-Strangpressprofile im Karosseriebau *H. Scheurich, F. Venier, A. Hoffmann, L.-E. Elend, AUDI AG, Aluminium- und Leichtbauzentrum, Neckarsulm*	107
Simulationstechnik	115
Neue Entwicklungen im Bereich der virtuellen Abbildung von Strangpressprozessen *P. Hora, C. Karadogan, L. Tong, Institut für virtuelle Produktion, ETH-Zürich*	117
Einsatz der Prozesssimulation beim Strangpressen von Schwermetallen *D. Ringhand, Wieland-Werke AG, Ulm*	128

Qualitätsmanagement — 143

Anwendung CAQ in der Praxis — 145
K. Stratmann, Babtec Informationssysteme GmbH, Wuppertal

Qualitätsanforderungen an Automobilzulieferer — 151
Udo Struck, Alcoa Automotive GmbH, Soest

Weiterverarbeitung — 163

Hydroformingtechnologie als Weiterverarbeitungsverfahren — 165
B. Hachmann, F. W. Brökelmann Aluminiumwerk, Ense

Bearbeitungs- und Simulationskonzepte für die Zerspanung dünnwandiger und langfaserverstärkter Leichtmetallrahmenstrukturen — 183
K. Weinert, T. Engbert, S. Grünert, N. Hammer, Institut für Spanende Fertigung, Universität Dortmund

Werkstoffe — 197

Einfluss des Strangpressprozesses auf Mikrostruktur und Eigenschaften von Strangpressprodukten — 199
W. Reimers, B. Camin, S. Müller, B. Reetz, Institut für Werkstoffwissenschaften und -technologien, Technische Universität Berlin

Entwicklungsstrategien für optimierte Magnesium- Strangpressprodukte — 213
K. U. Kainer und J. Bohlen, Institut für Werkstoffforschung, Magnesium Innovation Centre, GKSS-Forschungszentrum Geesthacht GmbH, Geesthacht

Neuere Entwicklungen bei AA6xxxer Legierungen — 226
H. Knissel, B. Morere, Alcan Technology & Management AG, CH-Neuhausen am Rheinfall, Alcan Centre de Recherches de Voreppe, F-Voreppe

Strangpressprofile aus neuen Aluminium-Hochleistungslegierungen für den Flugzeugbau — 234
J. Becker, G. Fischer, M. Hilpert, G. Terlinde, Otto Fuchs KG, Meinerzhagen

Co-Extrusion von Aluminium Magnesium Verbundwerkstoffen — 248
F. Riemelmoser, H. Kilian, Leichtmetallkompetenzzentrum Ranshofen GmbH, Ranshofen, Österreich; P. Widlicki, H. Garbacz, K. J. Kurzydlowski, Warsaw University of Technology, Faculty of Materials Science and Engineering, Warsaw, Poland; W. W. Thedja, K. Müller, Extrusion Research and Development Center TU Berlin, Berlin

Autorenregister — 259

Sachregister — 261

Verfahrenstechnik / Equipment

Moderne Rohrpressanlagen für Leichtmetall-Legierungen

Axel Bauer, Uwe Muschalik
SMS Eumuco GmbH, Leverkusen

Abstract

Moderne Rohrpressen zeichnen sich durch eine übersichtliche und leicht zugängliche Anordnung der erforderlichen Hilfseinrichtungen aus. Neue Lösungsansätze, wie ein 3achsig arbeitender Multifunktionsmanipulator erhöhen den Automatisationsgrad bei gleichzeitiger Verbesserung von Flexibilität und Betriebssicherheit. Die zentrisch im Hauptplunger angeordnete Lochvorrichtung reduziert die Rohrpresse auf ein kompaktes Längenmass und schafft durch die präzise, mittige Führung beste Voraussetzung für minimale Rohrtoleranzen.

1 Einführung

Strangpressanlagen zum Pressen nahtloser Rohre sowie nahtloser Profilrohre nach dem Direkt- oder auch Indirekt-Verfahren werden aktuell, besonders im asiatischen Raum, neu installiert.

Dabei reicht das Spektrum der Anlagengrößen von 10 MN Pressen bis hin zu Maschinen mit einer Nennpresskraft von 75 MN und mehr. Während es sich bei den in den letzten 2 Jahrzehnten installierten Rohranlagen überwiegend um Schwermetall-Pressen handelte, welche in konventioneller Bauart ausgeführt wurden, findet bei den neuen Rohrpressen, welche größtenteils für Leichtmetall-Legierungen eingesetzt werden, ein regelrechter Innovationsschub statt. Dies zeigt sich nicht nur im konstruktiven Konzept der Strangpresse, sondern auch in der Auslegung der Neben- und Hilfseinrichtungen, die einen vollkommen automatisierten Verfahrensablauf mit kürzesten Zykluszeiten ermöglichen.

Die klassische Rohrpresse wurde bereits Anfang des 20. Jahrhunderts konzipiert und kommt auch heute noch in der Industrie zum Einsatz. Charakteristisches Merkmal dieser Presse ist die außenliegende Lochvorrichtung.

Diese Maschine verfügt über einen geschlossenen Pressenrahmen mit Gegen- und Zylinderholm, in der Regel nicht vorgespannten Verbindungssäulen und die üblichen Bauteile wie Laufholm, Aufnehmerhalter, Werkzeugsatz, etc.. Die eigentliche Lochvorrichtung wird am hinteren Ende des Hauptzylinders angeflanscht. Sie beinhaltet den Lochzylinder, Stützkonstruktionen, die Dorndrehvorrichtung, den verstellbaren Positionieranschlag für die Dornspitze und falls vorhanden die Zuführung zur Dorninnenkühlung. Dieses Konzept macht es erforderlich, dass die Lochvorrichtung und alle dazugehörigen Elemente zusätzlich zum Lochhub auch den Hub des Hauptplungers mitfahren müssen.

Daraus ergibt sich ein enormer Platzbedarf der Anlage bei hohen Fundamentkosten. Das Gesamtsystem mit seinen vielen Lagerstellen ist anfällig für Fluchtungsfehler mit daraus resultierendem Verschleiß. Die Presse hat, bedingt durch ihre Baulänge, ungünstige Auffederungswerte und bietet damit eher mäßige Voraussetzungen für eine Produktion mit engen Rohrtoleranzen.

2 Flexible Rohrstrangpressen im oberen Presskraftbereich (45 – 75 MN)

Vorreiter einer neuen Rohrpressengeneration wurde eine Indirekt-Rohrpresse mit 45 MN Nennpresskraft, die in 2002 als Komplettanlage mit Auslaufsystem beim chinesischen Kunden Northwest Aluminium in LongXi aufgestellt wurde. Diese Presse verfügte bereits über die integrierte, innenliegende Lochvorrichtung, die alle modernen Rohrpressen heute kennzeichnet. Die Lochvorrichtung ist dabei im hohl ausgeführten Hauptplunger angeordnet und ermöglicht so einen äußerst kompakten, verformungsarmen Pressenrahmen mit kurzen Verfahrwegen und geringem Platzbedarf. Der als Differentialzylinder ausgeführte Lochzylinder befindet sich zentrisch in Pressenmitte in optimaler Führungsposition und vermeidet Fluchtungsungenauigkeiten. Die aufwändige Dornhubbegrenzung wird durch eine präzise, hydraulische Dornlageregelung ohne mechanische Anschläge ersetzt

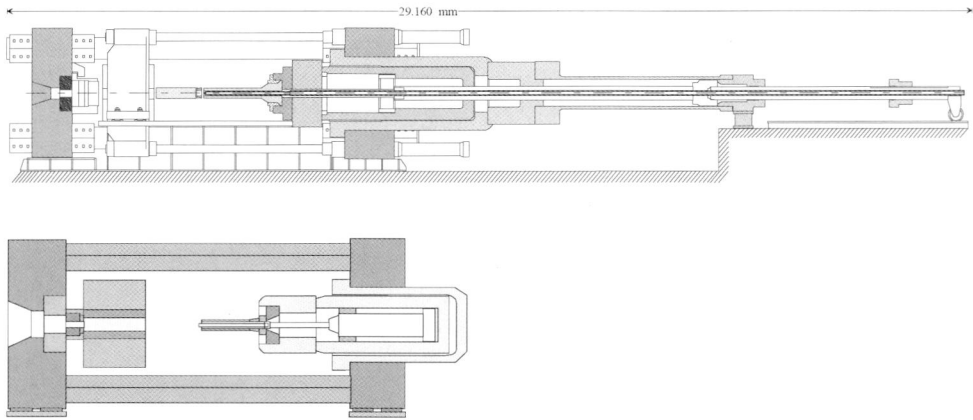

Bild 1: Vergleich konventionelle Rohrpresse – Rohrpresse mit integrierter innenliegender Lochvorrichtung

Die erzielten Rohrtoleranzen im Bereich von 1–4 % bestätigten dass gewählte Pressenkonzept eindruckvoll.

Die Direkt/Indirekt Strang- und Rohrpresse mit einer Nennpresskraft von 75 MN, die in 2003 in einem deutschen Presswerk installiert wurde, greift dieses Konzept auf, jedoch ergänzt durch neue Lösungen für die Hilfs- und Nebeneinrichtungen, welche die anspruchsvollen Aufgabenstellungen des Kunden abdecken mussten.

Die wesentlichen Verfahrensabläufe sind dabei:
- direkt Strangpressen
- direkt Rohrpressen
- indirekt Strangpressen

Das Direkt-Verfahren ist dabei sowohl mit loser als auch mit fester Pressscheibe möglich. Zum Pressscheibenhandling aber auch zum Werkzeughandling beim Indirektverfahren und zur Entsorgung des Pressrestes beim Direkt-Strangverfahren, wird ein multifunktionaler, frei programmierbarer Handlingmanipulator eingesetzt, welcher längs verfahrbar auf der oberen Pressensäule auch eine Vielzahl weiterer Verfahrensvarianten ermöglicht. So kann z. B. bei Bedarf auch das Indirektverfahren für das Rohrpressen angewendet werden.

Bild 2: 45 MN Indirekt-Rohrpresse – Northwest Aluminium China.

Der Manipulator ist 3-gliederig ausgeführt (Arm, Kopf und Zange) und kann gekoppelte Bewegungen fahren, z.B. um während des Pressrestscherens bei Umformverfahren mit loser Pressscheibe, diese während der Abwärtsbewegung der Pressrestschere aufzunehmen und gemeinsam mit dem Pressrest aus dem Arbeitsraum der Presse zu entfernen, um sie dann einer Trennvorrichtung zuzuführen. Die Hauptfunktionen des Manipulators umfassen somit nicht nur

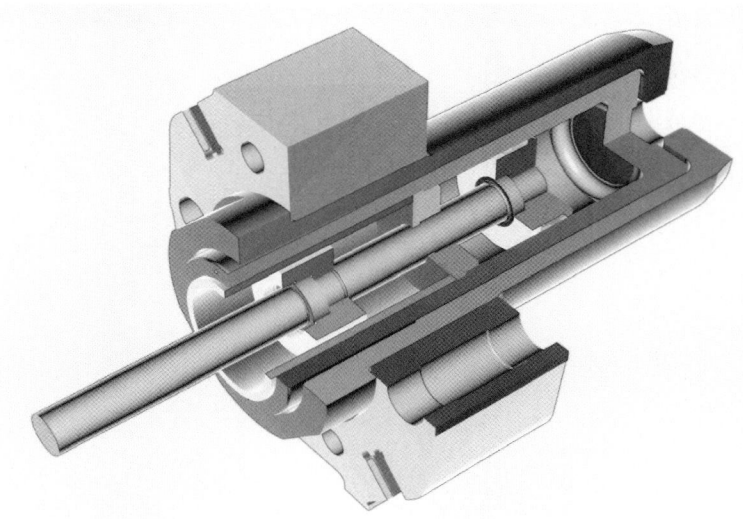

Bild 3: Integrierte, innenliegende Lochvorrichtung

das Einbringen und Entfernen von losen Pressscheiben, Werkzeugköpfen, Räumscheiben oder Blindscheiben, sondern auch die Zuführung und Positionierung der Scheiben- und Werkzeugköpfe zu den Reinigungs-, Schmierungs- und Wartungseinrichtungen im Umfeld der Presse.

Bild 4: 75 MN Indirekt/Direkt-Strang- und Rohrpresse – Otto Fuchs Meinerzhagen

Der Einsatz des Manipulators ermöglicht es, das gesamte Pressscheiben-Handling über Flur zu positionieren. Die Zugänglichkeit der Anlagenteile ist sichergestellt und der gesamte Ablauf ist im Blickfeld des Bedienpersonals. Der Manipulator ist durch seine Anordnung auf der oberen Pressensäule dabei weitestgehend außerhalb der Verschmutzungszone platziert.

Wie schon bereits bei der Presse für Northwest Aluminium, ermöglicht die integrierte innenliegende Lochvorrichtung sowohl ein Pressen von Rohren über mitlaufenden Dorn als auch das Pressen über stehenden Dorn.

Zwei weitestgehend baugleiche Rohrstrangpressen mit einer Nennpresskraft von 55 MN befinden sich derzeit in der Inbetriebnahme bei den Kunden Jilin Midas und Nanshan Aluminium in der V.R. China. Diese Anlagen, beide ausgeführt als Direkt-Pressen, arbeiten nach dem Frontlader-Prinzip, welches durch das Blockladen exakt auf Pressenmitte einen weiteren positiven Einfluss auf die engen Rohrtoleranzen nimmt. Die Pressen verarbeiten Blöcke bis 18 Zoll bei einer Länge von bis zu 1500 mm. Auch hier kommt wiederum der Handling-Manipulator zum Einsatz, der nicht nur das gesamte Scheibenhandling übernimmt, sondern zusätzlich auch das Trennen von Pressscheibe und Pressrest bereits in der Presse ermöglicht.

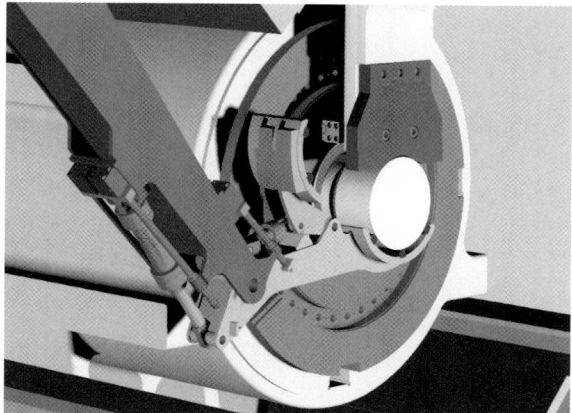

Bild 5: Handlingmanipulator – Übernahme von Scheibe/Pressrest

3 Kleine 10 MN-Rohrpressen für das Indirekt-Verfahren

Der chinesische Kunde KAM KIU Aluminium konzentriert sich auf die Fertigung von nahtlosen Aluminiumrohren für höherwertige Fahrradrahmen. Zum Einsatz kommen hierbei ausschließlich schwer verpressbare Legierungen, so dass dem Indirekt-Verfahren der Vorzug gegeben wird. Auch aus Kostengründen kommt hier ein Pressenkonzept zum Einsatz, dass sich bereits bei kleineren Laborpressen für die Universitäten in Dortmund bzw. Hannover bewährt hat. Ein Monoblock-Pressengestell, einteilig gegossen, aus hochwertigem Sphäroguss bildet die solide Basis dieser Maschine. Ein geschmiedeter Gegenholm wird in dieses Pressengestell eingesetzt, um im sensiblen Werkzeugbereich die notwendige Festigkeit zu erzielen. Das Prinzip der integrieren, innenliegenden Lochvorrichtung kommt hier ebenso zum Tragen wie der Handling-Manipulator in einer leichten Ausführung, jedoch mit voller Funktionalität.

 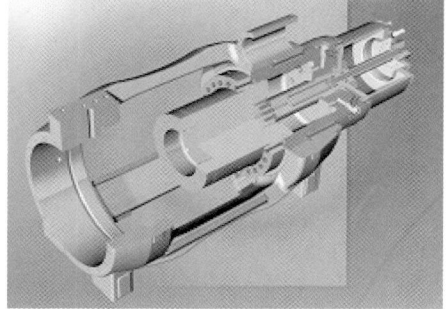

Bild 6: 10 MN Indirekt- Rohrpresse mit integriertem, innenliegenden Lochzylinder

Neben diesen beiden 10 MN Pressen installiert der Kunde derzeit noch zwei weitere 28 MN Indirekt-Rohrpressen, die jedoch entsprechend dem größeren Presskraftbereich in der bewährten Bauart mit Lamellen-vorgespanntem Pressenrahmen ausgeführt werden und ebenfalls mit dem Manipulator-System ausgestattet sind.

4 Technische Hauptdaten und erzielbare Rohrtoleranzen

Rohrstrangpressen sind Sondermaschinen, die stets an die speziellen Anforderungen des Kunden individuell angepasst werden. Daher sind die technischen Merkmale solcher Maschinen oft recht unterschiedlich ausgeführt. Die aktuell ausgeführten Anlagen haben folgende Hauptdaten:

Tabelle 1: Technische Hauptdaten ausgeführter Anlagen.

Baugröße	10 MN	28 MN	45 MN	55 MN	75 MN
Verfahren	Indirekt	Indirekt	Indirekt	Direkt	Indirekt/Direkt
Presskraft	10,8 MN	28 MN	45,4 MN	55,4 MN	75,9 MN
Lochkraft	3,3 MN	9 MN	15,8 MN	15 MN	15 MN
Block ø max.	134 mm	250 mm	406 mm	457 mm	432 mm
Blocklänge	500 mm	800/1200 mm	1000/1500 mm	1300/1500 mm	1100/1550 mm
Pumpen	4 x 110 kW	4 x 200 kW	7 x 250 kW	6 x 200 kW	11 x 250 kW

Wesentliches Kriterium für die Wirtschaftlichkeit einer Rohrpress-Anlage sind die erzielbaren Rohrtoleranzen, denn diese haben direkten Einfluss auf die Ausschussrate. Rohrtoleranzen werden bestimmt nach folgender Gleichung zur Bestimmung der Plus-Minus-Exzentrizität von Rohren:

$$e = \frac{S_{max} - S_{min}}{2 S_{Nenn}} \times 100\,\%$$

mit:
e = Exzentrizität in Prozent
S_{max} = maximale Wandstärke
S_{min} = minimale Wandstärke
S_{Nenn} = Nenn-Wandstärke

Unter optimierten Bedingungen in Bezug auf Werkzeugtoleranzen, Vorwärmung, ggfs. Werkzeugschmierung, Blocktemperatur und Geometrie des Blockes lässt sich auf den beschriebenen modernen Pressanlagen in der Regel eine Rohrproduktion mit folgenden Toleranzfeldern realisieren:

- 90 % der gepressten Rohre liegen innerhalb einer Toleranz von ± 5 %
- 5 % der gepressten Rohre liegen innerhalb einer Toleranz von ± 7 %
- 3 % der gepressten Rohre liegen innerhalb einer Toleranz von ± 10 %
- 2 % der gepressten Rohre liegen in einer Toleranz über ± 10 %

Die Ergebnisse aus den Abnahmetests ausgeführter Anlagen bestätigen die Vorteile des modernen Maschinenkonzeptes deutlich und zeigen auf, dass innovative Ansätze die Produktivität und die Produktqualität einer Strangpressanlage steigern können.

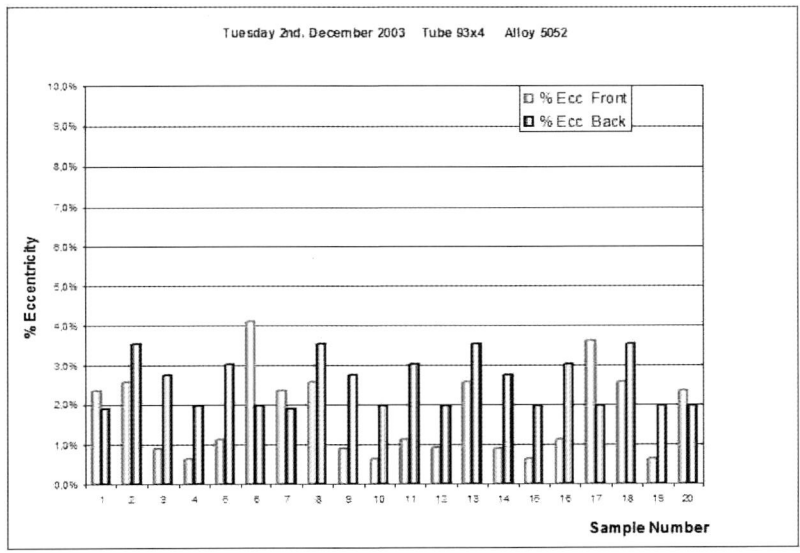

Bild 7: Erzielte Rohr- Exzentrizitätstoleranzen, Abnahme 45 MN, Northwest Aluminium China

Gasbeheizte Hochleistungs-Schnellerwärmungsanlagen für Aluminiumstangen

Christoph Keller, Axel Bauer
Expert Konstruktions GmbH, Leverkusen

Abstract

Die Erwärmung von Strangpressstangen bzw. -bolzen erfolgt überwiegend in gasbeheizten Schnellerwärmungsöfen, daneben in Einzelfällen auch in induktiv beheizten Öfen oder in einer Kombination aus beiden Ofenarten. Auch wenn gasbeheizte Öfen inzwischen bei der Nutzung der Wärmeübertragung durch Konvektion einen hohen Entwicklungsstand bezüglich der Erwärmungsgeschwindigkeit und der Genauigkeit der Temperaturführung erreicht haben, so lässt ihr Wirkungsgrad beim Erwärmungsvorgang immer noch Wünsche offen. Die zusätzliche Nutzung der Strahlungsenergie sowie die Optimierung der Wärmeübertragung eröffnet jedoch die Möglichkeit zu einer deutlichen Energieeinsparung verbunden mit einer qualitativen Verbesserung der Strangpressprofile.

1 Einführung

SMS EUMUCO hat sich als führender Anbieter für komplette Strangpressanlagen das Ziel gesetzt, nicht nur die Strangpressen als die Kernkomponente der gesamten Anlage, sondern alle damit verbunden Prozesse von der Vorbereitung der gegossenen Stangen bis zum Versand der gepressten Profile so zu optimieren, dass für die Anlagenbetreiber der größtmögliche Nutzen im Hinblick auf die Qualität der Erzeugnisse sowie für die Produktivität sowohl der einzelnen Komponenten, als auch der gesamten Anlage entsteht.

Stangenerwärmungsöfen haben einen entscheidenden Einfluss auf die Qualität und auf die Wirtschaftlichkeit der gesamten Strangpressanlage. Zusammen mit dem Bolzenhandling repräsentieren sie einen wesentlichen Baustein innerhalb des von SMS EUMUCO konsequent verfolgten „full-liner"-Anspruches, d.h., Lieferung der Gesamtanlage bei Verantwortlichkeit für das erzeugte Produkt aus einer Hand. Deshalb stand bei der Entwicklung eines neuen Stangenerwärmungsofens das Ziel im Vordergrund, nicht nur qualitativ bessere Fertigprodukte zu erzeugen, sondern dafür auch noch weniger Energie, als bei den bisher am Markt verfügbaren Öfen einzusetzen. Umgesetzt wurde diese Aufgabe unter Einbeziehung der Konzeption sowie vorhandener Ofenkonstruktionen und Betriebserfahrungen der inzwischen zum Unternehmen gehörenden Firma Expert Konstruktions GmbH.

2 Optimierung der Wärmeübertragung durch Nutzung der Strahlung und der gesamten Stangenoberfläche für die Wärmeübertragung

Optimierungsansätze für Bolzen- bzw. Stangenerwärmungsöfen führten im Laufe der Jahre zur Verwendung von gasbeheizten Öfen, in denen die Wärmeübertragung immer über Konvektion erfolgte. Dabei haben die verschiedenen Anbieter in der Vergangenheit vielfältige Anstrengungen unternommen, um den Anwärmvorgang der Pressbolzen so schnell und so genau wie möglich durchzuführen. So entstanden Mehrzonenöfen mit gesteuerter Rauchgasführung und Einsatz der Rauchgaswärme zum Vorwärmen der Stangen. Die Wärmeübertragung auf die Stangen erfolgt bei diesen Öfen in der Regel mit Reihenbrennern und damit primär durch Konvektion. Hierdurch wird jedoch sowohl die Geschwindigkeit des Anwärmvorgangs im kritischen Temperaturbereich, als auch der Wirkungsgrad des Ofens begrenzt. Ein weiterer verfügbarer Wärmeübertragungsmechanismus, die Strahlungsenergie von Flamme und Rauchgas blieb bei konventionellen Ofenkonstruktionen weitgehend ungenutzt. Dabei könnte eine Nutzung der Strahlungsenergie als zusätzlicher Anteil bei der Verbrennung sehr wesentlich zur Optimierung des Wärmeübergangskoeffizienten beitragen.

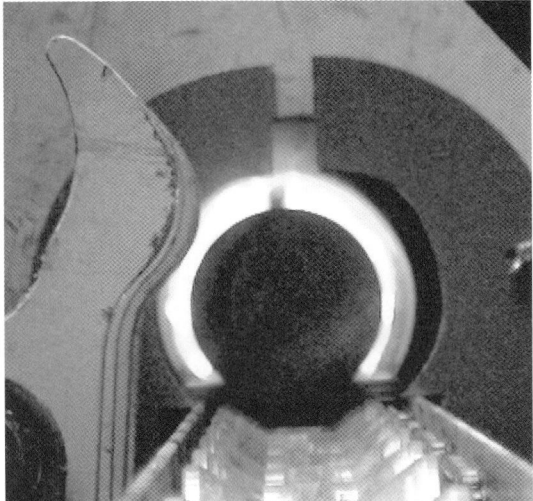

Bild 1: Ofentunnel mit Ringbrennern

Voraussetzung für einen effizienten Energietransfer ist die Optimierung der zur Verfügung stehenden Oberfläche und die erfolgreiche Nutzung der Strahlungsenergie . Dieses wird durch den Einsatz von Ringbrennern anstelle von Reihenbrennern, sowie ein ringförmiger Querschnitt zwischen Ofenkammer und zu erwärmender Stange ermöglicht

3 Hohe Energiedichte durch Optimierung der Oberfläche

Die eingesetzte Energie wird vom Anwärmgut, d. h. den Stangen, ausschließlich über deren Oberfläche aufgenommen. Es liegt deshalb nahe, die zur Verfügung stehende Oberfläche möglichst vollständig zu nutzen. Hierzu eignen sich Ringbrenner nahezu ideal. Flammenbeaufschlagung und Rauchgasumströmung verteilen sich gleichmäßig über die gesamte Oberfläche und bewirken einen vollständigen und homogenen Energiefluss. Dabei wird gleichzeitig die Gefahr von lokalen Überhitzungen und daraus folgenden Korngrenzen-Anschmelzungen ausgeschlossen.

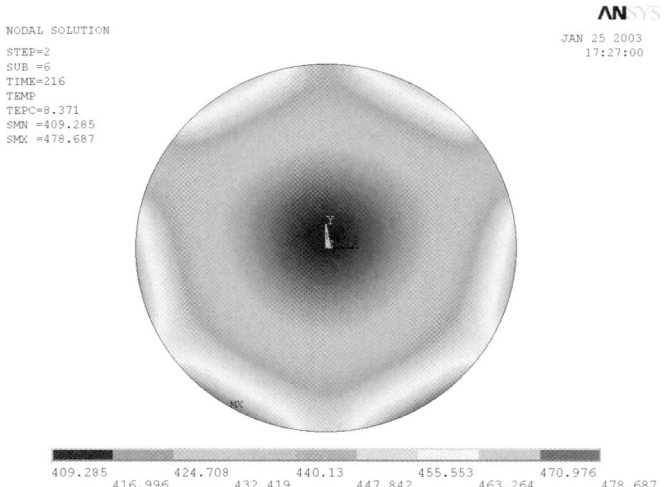

Bild 2: Temperaturverteilung mit Ringbrennern

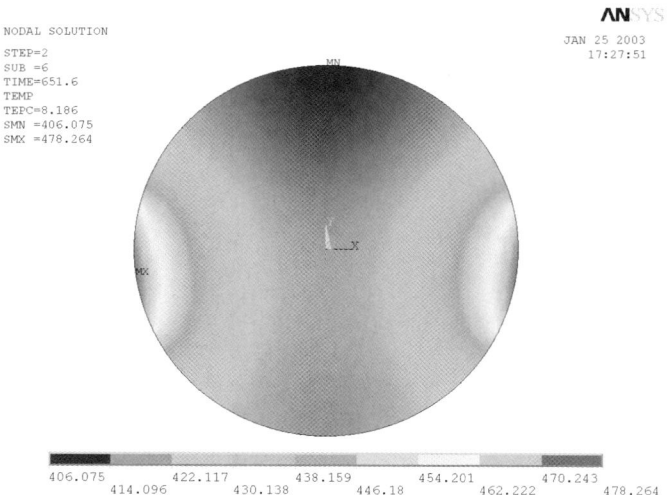

Bild 3: Temperaturverteilung mit Reihenbrennern

Die Formel für die Wärmeübertragung über Konvektion lautet:

$$\dot{Q} = \alpha \cdot A \cdot (\vartheta_1 - \vartheta_2),$$

daraus wird deutlich, dass die pro Zeiteinheit übertragbare Wärmeenergie direkt von der Größe der zur Übertragung genutzten Fläche abhängt.

Der Vergleich der Bilder 2 und 3 macht deutlich, dass Ringbrenner die Oberfläche der Stangen wesentlich intensiver für die Wärmeübertragung nutzen. Die Wärmeübertragungsfläche erhöht sich gegenüber Reihenbrenner-Öfen um den Faktor 6. Der so gewonnene zusätzliche Anteil am Energietransfer beträgt bis zu 25 %.

Gleiches gilt für die verbesserte Nutzung der Strahlungsenergie beim Einsatz von Ringbrennern. Auch hier ist die Größe der Fläche entscheidend, die für die Übertragung der Strahlungsenergie genutzt wird.

Der höhere Investitionsaufwand für Ringbrenner wird durch die Gewinne aus der intensiveren Nutzung der zugeführten Energie mehr als ausgeglichen.

4 Der Lösungsansatz der Expert Konstruktions GmbH: Zusätzliche Nutzung von Strahlung durch Einsatz von Ringbrennern

4.1 Was ist bei der Lösung der Expert Konstruktions GmbH anders und welche Vorteile ergeben sich für den Betreiber?

Ansatzpunkt des neuen Ofenkonzeptes der Expert Konstruktions GmbH war die Absicht, durch den Einsatz von Ringbrennern anstelle der bisher üblichen Reihenbrenner neben der Konvektion auch noch die Wirkung der Strahlung umzusetzen. Damit wird nicht nur die zugeführte Energie besser genutzt, sondern auch die Aufheizzeit durch einen intensiveren Erwärmungsvorgang verkürzt.

Letzteres eröffnet neue Möglichkeiten für die Verbesserung der „Qualität" eines stranggepressten Profils. Ein wesentlicher Gesichtspunkt ist dabei die Reproduzierbarkeit der optimalen Temperaturführung, mit welcher ein Betreiber die für sein spezielles Produkt ermittelte Rezeptur umsetzen kann. Bei der Erwärmung der Stangen auf eine Presstemperatur von ca. 48 °C wird zwangsläufig bei ca. 400 °C der Temperaturpunkt überschritten, ab dem die Legierungsbestandteile der zuvor homogenisierten Stangen in Lösung gehen und es dadurch zu einer Umkehr des Homogenisierungsprozesses und damit einer Störung des gewünschten feinkörnigen Gefüges kommt.

Ein modern ausgelegter Ofen versucht also, das Erreichen dieses kritischen Temperaturpunktes so lange wie möglich hinauszuzögern, um anschließend die restliche Aufheizung auf Presstemperatur in einer möglichst kurzen Zeitspanne zu durchlaufen. In dem neuen Ofen von Expert Konstruktions GmbH werden die Stangen in der vorletzten Ofenzone nur bis auf 390 °C, d. h. bis kurz unterhalb des kritischen Temperaturbereiches erwärmt. Die Aufgabe der letzten Ofenzone ist es dann, innerhalb der Zeit von nur einem Pressenzyklus die Temperaturdifferenz von 390 °C bis zur üblichen Umformtemperatur von 480 °C zu überbrücken. Diese Aufgabe kann nur mit einer intensiven Energienutzung innerhalb kürzester Zeit erfüllt werden. Die zusätzliche Nutzung der Strahlungswärme hat noch weitere Vorteile, wie z. B. eine kürzere Baulänge des Ofens, die z. B. beim Ersatz eines alten Ofens in Verbindung mit einer Leistungssteigerung der Anlage von großer Bedeutung sein kann.

4.2 Konsequente Umsetzung der Marktanforderungen

Die Neukonzeption des Ofens gab der Expert Konstruktions GmbH auch Gelegenheit, weitere Trends des modernen Strangpressens zu berücksichtigen: Bei neuzeitlichen Anlagen ist seit einigen Jahren ein deutlicher Trend zu größeren Block- bzw. Bolzenlängen zu beobachten. Eine Länge von 1000 mm für einen 7″-Bolzen wird zunehmend zum Maßstab. Der Grund für diese

Entwicklung liegt in der angestrebten Reduzierung des Totzeitanteils und der Schrottenden, zwei Maßnahmen, die wesentlich die Produktivität einer Strangpressanlage erhöhen.

Die größere Bolzenlänge in Verbindung mit der gewollten schnelleren und der geforderten gleichmäßigen Erwärmung stellt aber wiederum erhöhte Anforderung an die Bolzenerwärmung bezüglich Temperaturführung beim Erwärmen und bezüglich der präzisen Ausbildung des Tapers, d. h., des Temperaturgefälles vom Anfang zum Ende eines Bolzens. Hier verlangt der Pressvorgang eine möglichst linear verlaufende Temperaturdifferenz von 80 °C bezogen auf eine Bolzenlänge von 1300 mm.

5 Weitere Merkmale der neuen Stangenerwärmungsöfen der Expert Konstruktions GmbH

5.1 Optimierung des Wärmeübertragungskoeffizienten durch höhere Flammgeschwindigkeiten

Höhere Flammgeschwindigkeiten führen aufgrund der dadurch höheren kinetischen Energie des auf die Stange auftreffenden Gases zu einer Erhöhung des Wärmeübertragungskoeffizienten. Die erreichbaren horizontalen Flammgeschwindigkeiten sind vom Gemischdruck des Gas-Luft-Gemischs abhängig. Dieser kann nur in einem begrenzten Bereich eingestellt werden, da sich bei zu hohem Druck ein Flammabriss ergibt. Absolutgeschwindigkeiten >20 m/sec können nur erreicht werden, wenn durch spezielle Dralldüsen die kinetische Energie in mehrerer Richtungskomponenten zerlegt wird.

Durch diese Maßnahme wird der Wärmeübertragungskoeffizient um bis zu 20 % gesteigert, was zu einer erheblichen Steigerung des Wirkungsgrades des Ofen führt.

5.2 Optimierung des Wärmeübertragungskoeffizienten durch Wärmerückgewinnung

Gemäß dem Stand der Technik werden die im Ofeninnenraum befindlichen Rauchgase über ein Kanalsystem in eine Rekuperationszone geleitet und dort über Umwälzventilatoren und Strömungsdüsen zur Vorwärmung des Anwärmgutes genutzt. Dabei werden die Rauchgase auf ca. 60 m/sec beschleunigt und umströmen das Anwärmgut radial, bevor diese die Anlage verlassen.Durch die Ausnutzung der Restenergie des Rauchgases wird die Gesamtwärmeübertragung um bis zu 30% gesteigert.

5.3 Möglichkeit eines Temperaturprofils/Taper

Durch die homogene, vollständige Durchwärmung der Bolzen durch den Einsatz der Ringbrenner und den Einsatz einer vertikalen Rauchgasführung kann die Ofenanlage mit separat regelbaren Kopfzonen (Taperzonen) ausgestattet werden. In diesem Bereich ist die Anzahl der Brennerdüsen höher als in den anderen Heizzonen. In der Praxis konnten reproduzierbare lineare Temperaturprofile mit Verläufen von bis zu 10 K/dm Bolzenlänge erreicht werden. Die erreichbare Aufheizgeschwindigkeit in den Taperzonen beträgt 1,5 K/sec.

5.4 Minimierung der Nebenzeiten

Der kontrollierte Aufheiz- bzw. der Regelvorgang bei Durchlauföfen wird durch den jeweiligen Blockabruf unterbrochen. Hierdurch verkürzt sich die verbleibende Nettoheizzeit um die Summe der erforderlichen Nebenzeiten. Bei konventionellen Anlagen sind diese Nebenzeiten, bedingt durch die Transportsysteme verhältnismäßig groß. Daher wird bei diesen Anlagen auch während der Nebenzeiten die Beheizung aktiv gehalten. Dies verfälscht jedoch die Temperaturverteilung und führt zu Problemen für die Regelung und bei der erreichbaren Temperaturgenauigkeit.

5.5 Stangentransport

Der Einsatz von angetriebenen Transportrollen auch im Heißbereich verkürzt die durchschnittliche Nebenzeit um ca. 50 %. Dies ermöglicht es, die Beheizung während dieser Zyklen komplett auszuschalten ohne hierdurch Leistungseinbußen hinnehmen zu müssen. Positioniergenauigkeit und Transportgeschwindigkeit werden durch diese Technik signifikant verbessert. Der Abstand der Transportrollen erlaubt es, im gesamten Heizbereich Ringbrenner einzusetzen.

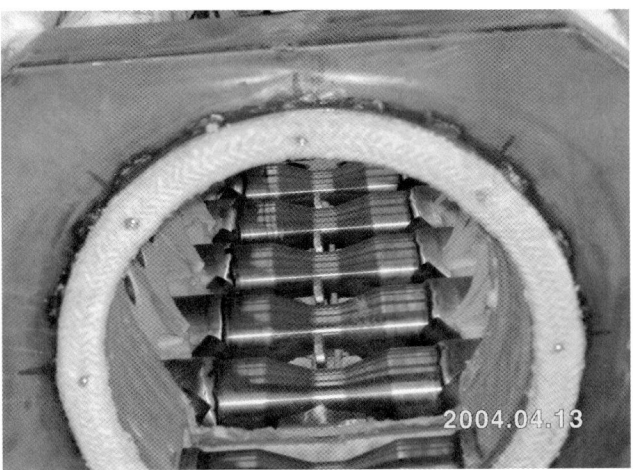

Bild 4: Ofentunnel mit angetriebenen Rollen

5.6 Schrottoptimierung

Die Optimierung des Prozessschrottes ist ein modularer Bestandteil der gesamtheitlichen Prozesssteuerung. Sie beginnt mit der Längenmessung der eingesetzten Stangen. Eine weitere Längenmessung der von den Stangen entsprechend einer optimalen Pressstücklänge abgeschnittenen Bolzen ergibt ein Maß für die zu erwartende Restlänge. Diese wird entweder so aufgeteilt, dass zwei verwertbare Bolzenlängen entstehen, oder ein kurzes Reststück wird vorübergehend ausgeschleust und beim nächsten Blockabruf durch eine verkürzte Länge vom Anfang der folgenden Stange zur optimalen Blocklänge ergänzt. Das Resultat ist eine 100-%ige Nutzung des eingebrachten Aluminiums.

5.7 Warmschere

Unmittelbar hinter dem Ofen befindet sich in den meisten Anwendungsfällen eine senkrecht wirkende Warmschere mit einem geschlossenen ringförmigen Werkzeug. Die Klemmung der Stangen erfolgt durch zwei von der Seite wirkende Spannringe sowie durch einen Niederhalter zwischen dem Ofen und der Schere. Damit werden deformationsarme Schnitte mit einer Winkelabweichung von <1 % erreicht, die für die überwiegende Zahl der Produkte den optimierungsbedingten Einsatz geteilter Blöcke unkritisch machen. Diese Ausführung erlaubt außerdem eine höhere Schergeschwindigkeit, was wiederum der geringen Totzeit der Ofenanlage entspricht.

6 Positive Ergebnisse der neuen Öfen

Die Expert Konstruktions GmbH hat bereits mehrere Stangenerwärmungsöfen in der beschriebenen Bauweise geliefert und in Betrieb genommen. Die Ergebnisse bestätigen die Richtigkeit des gewählten Überlegungsansatzes, aber auch die Notwendigkeit bestimmter konstruktiver Vorkehrungen zur Beherrschung der hohen Energiedichte. Dies betrifft z. B. eine besonders wirkungsvolle Isolierung der Ofenwände und besondere Sorgfalt bei der Auswahl der Ventilatoren.

Die gebauten Öfen erreichen Aufheizgeschwindigkeiten von 1,3 K/s. Die Temperaturgenauigkeit von Block zu Block liegt im Bereich von 480 °C bei ±5 K.

Der praktische Betrieb hat bewiesen, dass die neuen Öfen dank ihrer hohen Energiedichte eine signifikante Steigerung des Wirkungsgrades verglichen mit konventionellen Reihenbrenner-Öfen erzielen. Bei vergleichbarem Ergebnis bedeutet das einen um 3 % geringeren Gasverbrauch. Ein Umstand, dem gerade bei den heutigen hohen Energiekosten eine immense Bedeutung zukommt.

Warmarbeitswerkstoffe für Strangpressmatrizen in der Buntmetallverarbeitung

Dipl. Ing. Wilfried Kortmann
S+C Märker GmbH

1 Einleitung

Die Wirtschaftlichkeit des Strangpressverfahrens wird in hohem Maße durch die Werkzeugkosten beeinflusst. Dies besonders auch durch die Matrizenkosten. Ein hohes Preis-Leistungs-Verhältnis wird daher auch bei diesen Werkzeugen gefordert.

Für das Strangpressen von Drähten, Profilen und Rohren aus Buntmetallen wird je nach Verwendungszweck eine Vielfalt von Warmarbeitswerkstoffen eingesetzt.

2 Verwendete Werkzeugmaterialien

2.1 Warmarbeitsstähle

An die Warmarbeitswerkstoffe werden folgende grundsätzliche Anforderungen gestellt:
- hohe Warmfestigkeit bzw. Warmhärte,
- hoher Warmverschleißwiderstand,
- hohe Zeitstandsfestigkeit,
- Temperaturwechselbeständigkeit,
- Formstabilität,
- hohe Warmzähigkeit,
- geringe Neigung zum Kleben.

Betrachtet man die Vielfalt der zu verpressenden Legierungen mit ihren unterschiedlichsten Verformbarkeitseigenschaften, so wird klar, dass all diese Anforderungen leider auch eine große Anzahl Warmarbeitswerkstoffe erfordern, wenn man für jeden Prozess Höchstleistungen erwartet.

In der Tabelle 1 sind die heute für Matrizen eingesetzten Werkstoffe zusammengefasst.

Die martensitischen, härtbaren Warmarbeitsstähle der Gruppe 1 sind bei Matrizen praktisch nur als Fassungswerkstoffe zu gebrauchen. Für die eigentliche Formgebung kommen sie nicht zum Einsatz.

Bei den Warmarbeitsstähle der zweiten Gruppe 2 handelt es sich zwar auch um martensitische, härtbare Warmarbeitsstähle. Sie sind jedoch aufgrund ihrer höheren Legierungsanteile, insbesondere durch den zusätzlichen Co-Gehalt auch für einteilige Matrizen bedingt verwendbar. Ihr Einsatzgebiet als eigentliche Form gebende Matrize beschränkt sich jedoch auf Presstemperaturbereiche bis ca. 700 °C. Zusätzlich auch nur dann, wenn die Serien klein sind, kurze Presszeiten und längere Totzeiten, oder mehrere Werkzeuge im Umlauf die eigentliche Temperaturbelastung der Matrizen in Grenzen halten. Für Matrizen mit Einsätzen sind sie jedoch vielfach im Gebrauch.

Tabelle 1: Matrizenwerkstoffe für Buntmetalle

Werkst. Nr. Mat. No.	Kurzname Code	AISI	sonst. Bez. others	chemische Zusammensetzung Nominal Analysis						andere / others
				C	Cr	Mo	V	Ni	W	
1.2343	X38CrMoV 5 1	H11		0,40	5,0	1,3	1,0			
1.2365	X32CrMoV 3 3	H10		0,30	3,0	2,8	0,6			
1.2678	X45CoCrWV5-5-5	H19		0,45	4,5	0,5	2,0			W 4,5 Co 4,5
1.2714	56 NiCrMoV 6			0,55	0,7	0,3		1,7		
1.2888	X20CoCrWMO10-9			0,20	9,5	2,0				Co 10,0 W 5,5
1.2731	X50NiCrWV13-13			0,50	13,0	--		13,0		W 2,5
1.2758	X50WNiCrVCo12-12			0,50	4,0	0,7	1,1	11,5	12,5	Co 2,0
~1.2779	~X6NiCrTi 26-15		W 512	0,05	15.0	1,3	0,3	25,5		Ti 2,8+B
Sonderwerkstoffe										
2.4668	NiCr 19 NbMo		Inc. 718	0,05	19,0	3,0		52,5		Nb 5,0
2.4973	NiCr 19 CoMo		R 41	0,08	19,0	10,0		Rest		Co 11,0
2.2979	CoCr 28 Mo		Stellite HS21	0,30	28,0	5,5		2,5		Co Rest
P 42 H	CoCr 32 W 16		Stellite 3	2,20	36,0				16,0	Co Rest + Fe
P 42 W	CoCr 26 W 15		Stellite 4	0,90	26,0				15,0	Co Rest + Fe Nb
Molybdän			MHC	0,1		Rest				Hf 1,2
			TZM	0,03		Rest				0,5 Ti 0,08Zr
Cermotherm				Mo + Zr 02 (85 % / 15 %)						
Hartmetall	G 20			WC 89 Co 11						
Keramik	Zircoa			ZrO : 96,7 - 97,0 MgO: 3,0 - 3,3						

Als Auswahlkriterium bei den Warmarbeitsstählen der Gruppen 1 und 2 kann die Anlassbeständigkeit dienen (Bild 1). Der Werkstoff 1.2714 wurde nur zu Vergleichszwecken als niedrig legierter Warmarbeitsstahl im Bild mit aufgeführt. Als Matrizenwerkstoff kommt er nicht zum Einsatz.

Die Warmarbeitsstähle der Gruppe 3 zählen zu den austenitischen Stählen. Eine Wärmebehandlung im klassischen Sinn durch Härten und Anlassen ist bei diesen Stählen nicht möglich. Lediglich durch Lösungsglühen und Warmauslagern oder durch eine Kaltverformumg lassen sich Härtesteigerungen erzielen. Die erzielbaren Härten liegen nicht so hoch wie bei den Warmarbeitsstählen der Gruppen 1 und 2, jedoch verläuft die Warmfestigkeitskurve flacher, d. h., bei steigenden Temperaturen verlieren sie die Härte nicht so stark wie die martensitischen Warmarbeitsstähle. Diese Warmarbeitsstähle werden sowohl für einteilige als auch für mehrteilige Matrizen mit zusätzlichen Einsätzen verwendet.

Der im Bild 2 aufgeführte austenitische Warmarbeitsstahl hat sich aufgrund seiner relativ guten Warmfestigkeit inzwischen auch für Profilmatrizen im Messingbereich bewährt.

2.2 Sonderwerkstoffe

Die Vielfalt der Buntmetall Werkstoffe wurde bereits oben erwähnt. Sie drückt sich auch bei den erforderlichen Presstemperaturen aus, die zwischen 650 °C und 1050 °C (AgNi–CuNi) liegen können. Spätestens hier wird deutlich, dass es den „besten" Matrizenwerkstoff nicht gibt. Im Temperaturbereich oberhalb 700 °C ist das Einsatzgebiet der Stähle beendet.

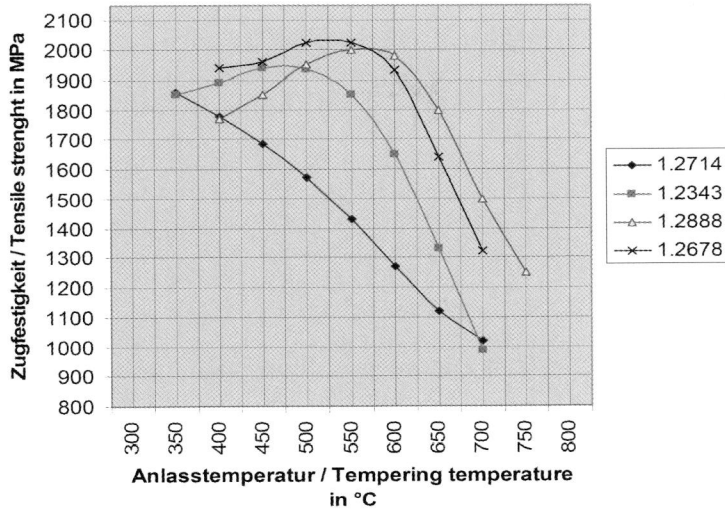

Bild 1: Anlassbeständigkeiten von Warmarbeitsstählen

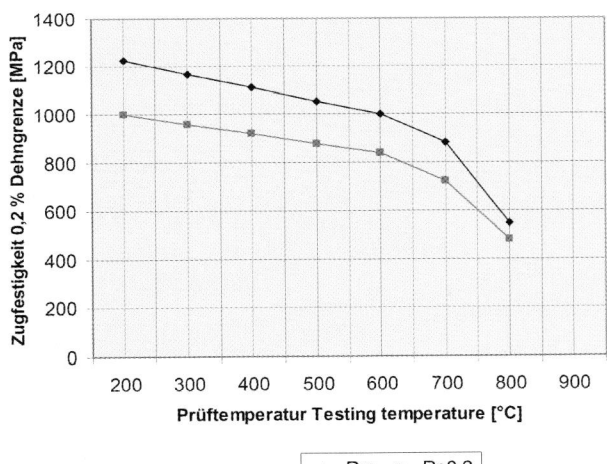

Bild 2: Warmfestigkeit von W 512

Hier beginnt das Einsatzgebiet der Nichteisen Metalle oder sogar der nichtmetallischen Werkstoffe. (Siehe Tabelle 1).

2.2.1 Nickelbasis-Legierungen

Für Strangpressmatrizen im Buntmetallbereich haben sich zwei Nickelbasislegierungen durchgesetzt. Sie zeichnen sich durch sehr hohe Warmfestigkeit aus und werden im Temperaturbereich 700 °C bis etwa 950 °C verwendet. Oberhalb einer Werkzeugtemperatur von 850 °C verlieren sie zwar deutlich an Festigkeit, neben der Bolzentemperatur spielen jedoch, wie oben bereits erwähnt, die Presszeit und damit die tatsächlich auf die Matrize wirkende Temperaturbeanspruchung, das Pressverhältnis, die Produktform, die zulässige Produkttoleranz etc. eine große Rolle. Daher können Nickelbasis Legierungen auch oberhalb 850 °C Bolzentemperatur eingesetzt werden. Entscheidend ist wie letztendlich die tatsächliche Belastung auf die Matrize aussieht.

Die Güte nach Werkstoff Nr. 2.4668 eignet sich aufgrund von Klebneigungen bei Messing hauptsächlich für Kupfer und beschränkt sich auf Presstemperaturbereiche bis ca. 850 °C. Bei niedrigen Temperaturen erreicht diese Ni- Basislegierungen höhere Festigkeiten (bis etwa 1400 N/mm²) als die Legierung nach Werkstoff Nr. 2.4973. Trotz der hohen Werkstoffkosten wird 2.4668 nicht nur als Matrizen-Einsatz sondern auch für einteilige Matrizen verwendet. Bei der Cu-Verarbeitung ist sie heute fast Standardwerkstoff, da sie neben Matrizen auch noch für andere Werkzeuge angewendet wird (z. B. Pressscheiben).

Die Legierung 2.4973 deckt hauptsächlich den oberen zuvor genannten Temperaturbereich für Nickelbasis Legierungen ab. Darüber hinaus ist Zeitstandsfestigkeit von 2.4973 sehr hoch. Da Zeit und Temperatur in einer engen Wechselbeziehung bei den Festigkeitseigenschaften stehen, ist gerade diese Eigenschaft der Warmarbeitswerkstoffe von außerordentlicher Bedeutung. Die Zeitsandsfestigkeiten von 2.4973 ist im Bild 3 aufgeführt.

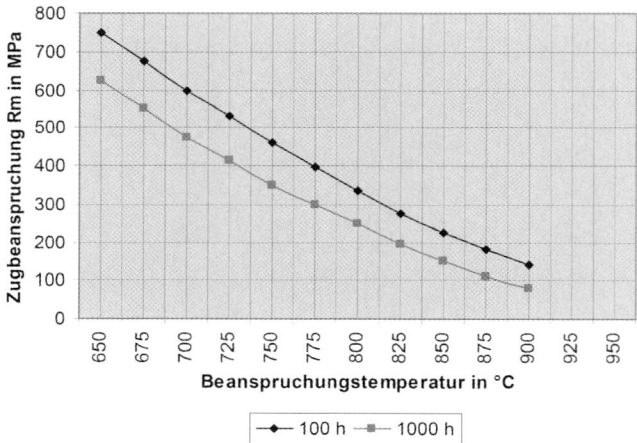

Bild 3: Zeitsandsfestigkeit für Werkstoff 2.4973 (SL 15)

Da aufgrund der hohen Legierungskosten der Preis dieser Nickelbasis Legierung sehr hoch ist, wird sie ausschließlich als Matrizeneinsatz verwendet.

Auch aus diesem Grunde wurde diese Güte ausgesucht für einen Feldversuch bei verschiedenen Buntmetall Strangpressern als Matrizenwerkstoff für diverse Produkte. Es sollte hierbei vor allem der Einfluss der Matrizen Material Qualität untersucht werden. Die Ergebnisse werden im Folgenden noch erläutert.

2.2.2 Kobalt-Basislegierungen (Stellite)

Neben den Nickel-Basislegierungen haben sich auch Kobalt-Basislegierungen (Stellite) als Matrizen-Einsatz-Werkstoff vielfach bewährt. Co-Basislegierungen zeichnen sich durch hohen Widerstand gegen Erosion, Abrasion, Fressen und Korrosion aus. Diese Eigenschaften werden auch bei hohen Arbeitstemperaturen weitestgehend beibehalten. Hinzu kommt noch eine Oxidationsbeständigkeit bei hohen Temperaturen. Aus der Vielzahl der Stellite haben sich für das Schwermetall Strangpressen die drei in der Tabelle 1 aufgeführten Legierungen für Matrizeneinsätze herauskristallisiert. Ein großer Teil der Stellite wird als Aufschweißlegierung hergestellt. Dieser Bereich soll an dieser Stelle nicht betrachtet werden.

Die überwiegende Anzahl der Stellite wird als Gusslegierung erzeugt. Dies trifft auch für die aufgeführten Legierungen P42H (Stellite 3) und P42W (Stellite 4). Der Unterschied bei diesen Güten liegt hauptsächlich im C-Gehalt, der bei P42W (Stellite 4) bei 0,90 % liegt und bei P42H (Stellite 3) bei 2,20 %. Mit steigenden C-Gehalt wird in erster Linie die erreichbare Härte beeinflusst und damit auch der Warmverschleißwiderstand. P42W (Stellite 4) erreicht eine Härte von 43–48 HRC und P42H (Stellite 3) eine Härte von 50–55 HRc, jeweils im gegossenen Zustand. Mit dieser relativ hohen Härte ist leider auch eine relativ hohe Riss- und Thermoschockanfälligkeit verbunden. Daher werden die gegossenen Stellite hauptsächlich für Matrizeneinsätze mit einfachen Konturen verwendet wie Drahtmatrizen, einfache Vierkant- oder auch Sechskantmatrizen ohne scharfe Kanten und auch nur im kleineren Abmessungsbereich.

Sobald es in größere Abmessungen oder etwas schwierigere Profile geht sollte von den gegossenen Legierungen Abstand genommen werden und anstelle die geschmiedete Co-Basis Legierung nach Werkstoff Nr.2.4979 (Stellite HS 21, P63) verwendet werden. Diese Legierung ist aufgrund des niedrigeren C-Gehaltes von nur 0,30 % schmiedbar und damit auch wesentlich zäher als die gegossenen Legierungen. Sie erreicht jedoch auch nur eine Härte von 40 bis max. 44 HRc nach einem Lösungsglühen und anschließenden Warmauslagern.

Alle Kobaltbasis Legierungen werden für die Verarbeitung sowohl von Kupfer als von Messing eingesetzt bis zu Presstemperaturen von ca. 1000 °C. Auch bei diesen Temperaturen können bei einigen sandgegossenen Co-Basislegierungen noch Zugfestigkeiten von mehr als 200 N/m² erreicht werden. Druckfestigkeiten sind bei Hartlegierungen generell sehr hoch.

2.2.3 Molybdänlegierungen

Molybdän besitzt als hochschmelzendes Metall eine hohe Warmfestigkeit, einen sehr niedrigen Dampfdruck und eine geringe Wärmeausdehnung sowie eine ausgezeichnete elektrische und thermische Leitfähigkeit bis zu sehr hohen Temperaturen. Durch geeignete Legierungszusammensetzung und Herstellprozesse lassen sich die Eigenschaften der Molybdänwerkstoffe in einem weiten Bereich variieren.

Durch die sehr guten Festigkeitseigenschaften, die sich bis zu hohen Temperaturen nur geringfügig verändern, haben sich Molybdänlegierungen einen festen Platz als Matrizenwerkstoff bei der Buntmetall Verarbeitung gesichert. Lediglich wenn die Rekristallisationstemperatur überschritten wird, nimmt die Zugfestigkeit stark ab. Das unerwünschte Kornwachstum kann jedoch durch die Einlagerung feinstdisperser Teilchen gehemmt werden. Hierdurch sind Anwendungstemperaturen bis ca. 1500 °C möglich.

Im Strangpressbereich haben sich die beiden Molybdän Legierungen TZM und MHC bewährt. Ein Vergleich der Warmfestigkeitseigenschaften dieser Legierungen ist im Bild 4 festgehalten. Gegenüber Stählen, Ni- und Co-Basislegierungen besitzen Molybdänlegierungen wesentlich höhere Wärmeleitfähigkeiten (113 W/mK bei 1000 K) bei sehr niedrigen Wärmeausdehnungskoeffizienten ($4,0 \times 10^{-6}$ m/mK).

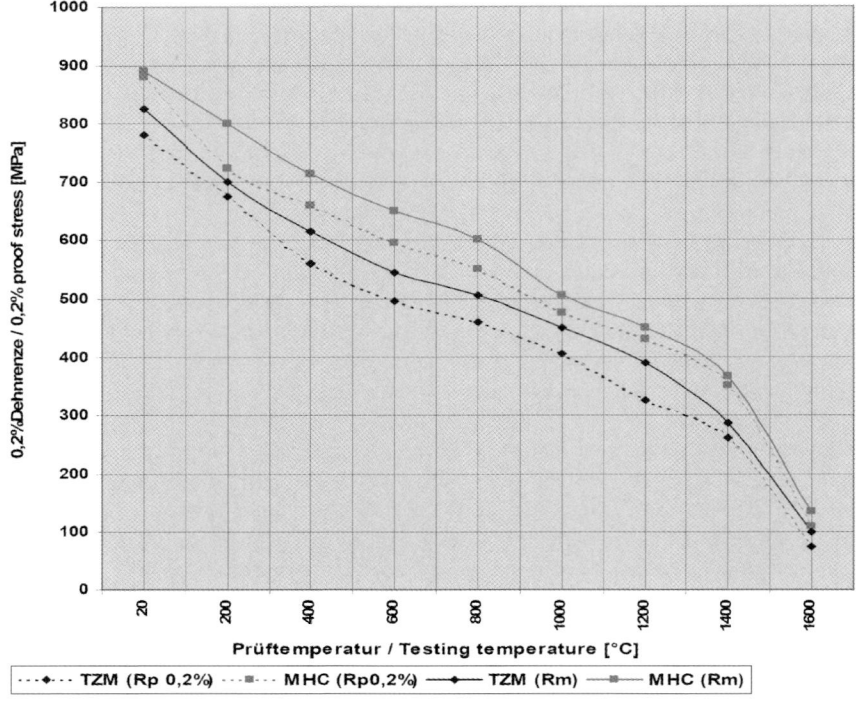

Bild 4: Zugfestigkeiten und 0,2-%-Dehngrenzwerte für TZM und MHC

2.2.4 Metallkeramische Verbundwerkstoffe

Die metallkeramischen Verbundwerkstoffe nehmen eine Zwischenstellung zwischen metallischen und keramischen Werkstoffen ein.

Ein bedeutender Vertreter ist unter dem Handelsnamen Cermotherm bekannt. Wie aus der Tabelle 1 zu erkennen, handelt es sich um einen Verbundwerkstoff, der aus der Metallkomponente Molybdän und der keramischen Komponente Zirkonoxid besteht. Gegenüber der Keramik besitzt dieser Werkstoff den Vorteil der besseren Bearbeitbarkeit. Er lässt sich bohren, drehen und elektroerosiv bearbeiten. Im Vergleich zu den Molybdän-Basislegierungen zeichnet sich Cermotherm durch höhere Oxidationsbeständigkeit und Korrosionsbeständigkeit aus und weist sehr gute Gleiteigenschaften und Formbeständigkeit auf. Die geringe Duktilität schränkt seine Anwendung jedoch ein. Cermotherm findet als Matrizeneinsatz für Messingverarbeitung vereinzelt Verwendung.

2.2.5 Keramik-Werkstoffe

Grundsätzlich ist ein direkter Vergleich mit den bisher behandelten metallischen Werkstoffen bei Keramik nicht möglich. Bei der Keramik handelt es sich um einen inerten Werkstoff, der keine Reaktion mit Metallen eingeht. Aus diesem Grund werden mit Keramik-Matrizen verbesserte Oberflächengüten erreicht. Aufgrund hoher Härte und Druckfestigkeit auch bei Temperaturen weit über 1000°C und geringem Reibungskoeffizient besitzt Keramik hohen Verschleißwiderstand selbst bei höchsten Arbeitstemperaturen. Keramiken weisen eine sehr geringe Wärmeausdehnung auf. Deshalb erhalten sie auch bei hohen Temperaturen ihre Maßstabilität.

Umgekehrt sind Keramiken kerbempfindlich und sehr spröde. Sie besitzen nur geringe Zugfestigkeit. Darüber hinaus sind sie stoß- und thermoschockempfindlich. Die meisten Keramiken sind nur durch Diamantschleifen bzw. Läppen bearbeitbar. Dies erfordert sehr formgenaue Herstellung der Keramik. Formkomplizierte Profile sind sehr schwierig darstellbar. Es werden zwei Hauptgruppen unterschieden:

- Keramik auf stabilisierter Zirkonoxidbasis,
- Keramik auf Aluminiumoxidbasis.

In der Tabelle 1 ist die heute gebräuchlichste Keramik für Strangpressmatrizen auf Basis Zirkonoxid aufgeführt.

Der Erfolg der Keramiken wird in erster Linie durch die betrieblichen Einsatzbedingungen und durch sachgemäße Einpassung in die Fassung beeinflusst. Im Rahmen dieses Berichtes soll hierauf jedoch nicht im Einzelnen eingegangen werden

2.2.6 Hartmetall

Als letzter hier diskutierter Werkstoff ist in der Tabelle 1 Hartmetall aufgeführt. Dieser Werkstoff aus Wolframkarbid mit Kobaltbindephase ist hinreichend bekannt aus der Zerspanung und anderen Bereichen der Massivumformung. Auch beim Strangpressen sowohl von Leichtmetall aber auch von Messing hat sich das Hartmetall Anwendungsgebiete erschlossen. Es muss jedoch beachtet werden, dass beim Strangpressen Hartmetallsorten verwendet werden, die nicht zum Oxidieren neigen. Da auch Hartmetall praktisch nur Druckspannungen auffangen kann und da darüber hinaus Hartmetall ebenfalls einen sehr niedrigen Wärmeausdehnungskoeffizienten besitzt, muss mit entsprechend hoher Vorspannung in den Halter eingeschrumpft werden. Verwendet werden meist Güten mit relativ hohen Co-Gehalten, das heißt, relativ zähe Qualitäten (G 20).

3 Vergleich der Eigenschaften von Matrizenwerkstoffen

Um nun die Auswahl der verschiedenen Warmarbeitswerkstoffe für den Einsatz als Matrize bei der Buntmetallverarbeitung zu erleichtern, soll im folgenden versucht werden, die einzelnen Werkstoffe im Eigenschaftsvergleich darzustellen. Dies ist nicht in allen Fällen möglich, da zum Beispiel Keramiken so gut wie keine Zugfestigkeiten aufweisen und somit auch nicht in einem Vergleichsdiagramm „Zugfestigkeiten verschiedener Warmarbeitswerkstoffe" aufgeführt werden können.

Die Zugfestigkeit bei erhöhten Temperaturen ist eine der wichtigsten Eigenschaften der Warmarbeitswerkstoffe für Matrizen und Matrizeneinsätze. Im folgenden Bild 5 wurden daher die wichtigsten Vertreter der verschiedenen Werkstoffgruppen miteinander verglichen.

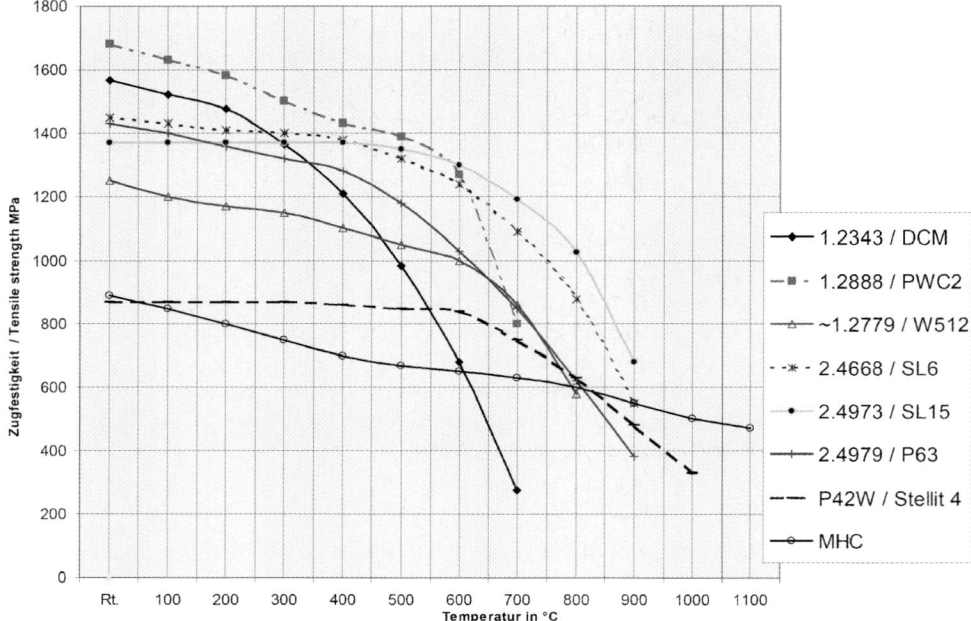

Bild 5: Warmzugfestigkeit von Warmarbeitswerkstoffen

Der martensitischen Warmarbeitsstähle 1.2343 zeigt mit steigender Temperatur einen deutlichen Festigkeitsabfall. Er ist daher höchstens bis etwa 600°C einsetzbar. Aus diesem Grunde ist er bei Buntmetallen für den eigentlichen Form gebenden Teil der Matrizen nicht geeignet. Lediglich als Fassung für Matrizeneinsätze kann er Verwendung finden. Der zweite martensitische Warmarbeitsstahl 1.2888 besitzt von allen härtbaren Warmarbeitsstählen die höchste Warmfestigkeit. Er findet auch als Werkstoff für Profilmatrizen ohne Einsatz Verwendung beim Messing Strangpressen. Alternativ können für diesen Verwendungszweck auch die austenitischen Warmarbeitsstähle ~ 1.2779 (W512) und 1.2758 (nicht im Diagramm enthalten) verwendet werden.

Die beiden Nickel-Basislegierungen 2.4668 und 2.4973 weisen bis etwa 900 °C die höchsten Warmfestigkeitswerte auf. Erst bei Temperaturen darüber hinaus zeigen Stellite und besonders die Molybdänlegierung MHC höhere Werte. MHC kann bis weit über 1000 °C eingesetzt werden.

Leider ist allein aus der Warmfestigkeit noch nicht die Anwendbarkeit für bestimmte Matrizen abzuleiten. Eine Reihe weiterer Eigenschaften ist von Bedeutung, wie Rissanfälligkeit, Thermoschockbeständigkeit, Zähigkeit, Verschleißwiderstand etc.

Viel entscheidender als die Warmfestigkeit ist die Zeitstandsfestigkeit, denn das Kriechverhalten der Werkstoffe ist sehr unterschiedlich, wie am Beispiel in Bild 6 zu erkennen ist.

Aufgeführt ist die Zugspannung bei der nach 1000 h auf Prüftemperatur Bruch auftritt. Die beiden Ni-Basis Legierungen liegen mit ihren Werten doch ca. 150 °C höher als die martensitischen und austenitischen Warmarbeitsstähle. Leider liegen keine vergleichbaren Werte für Co-Basis Legierungen bzw. Molybdän-Legierungen vor.

Wie bereits erwähnt, kommen Sonderlegierungen bis hin zur Keramik hauptsächlich im Temperaturenbereich oberhalb 700°C bis über 1000°C zum Einsatz. Die meisten dieser Werk-

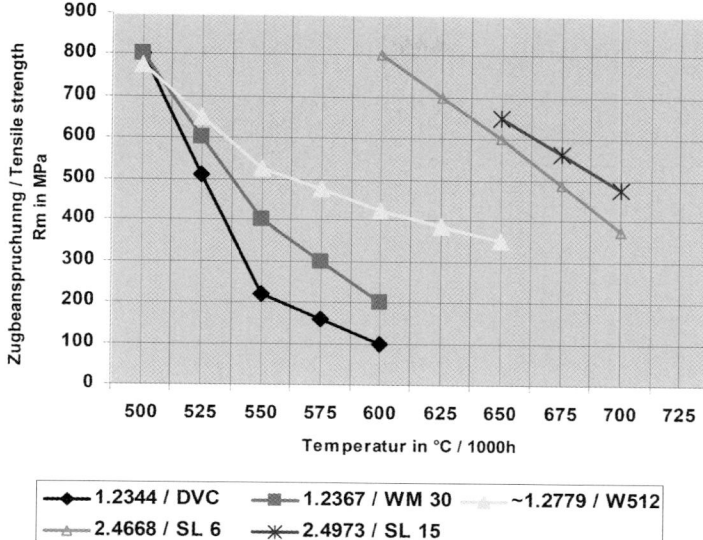

Bild 6: Zeitstandfestigkeit einiger Warmarbeitswerkstoffe

stoffe werden entweder aus Kostengründen oder aus Zähigkeitsgründen als Einsatz in Matrizen gefasst bzw. eingeschrumpft. Die Problematik liegt hierbei in dem unterschiedlichen Wärmeausdehnungskoeffizienten der beiden Partner. Wie stark sich diese Werte unterscheiden können, zeigt Bild 7.

Die Werkstoffe, die aufgrund hoher Temperaturbelastbarkeit am ehesten als Fassungswerkstoff infrage kommen, nämlich die austenitischen Warmarbeitsstähle, liegen leider in ihren Wärmeausdehnungswerten am weitesten entfernt von den zu fassenden Werkstoffen, wie z.B. Keramik. Einen Kompromiss bietet der Kobalt-legierte Warmarbeitsstahl 1.2678 (PWC). Sollte auch der nicht zum Erfolg führen, muss das Problem konstruktiv gelöst werden. Zum Bild 7 ist noch zu erwähnen, dass für die Nickel-Basislegierung 2.4668 (SL 6) und für die geschmiedete Stellitelegierung 2.4979 (P 63) nur eine Kurve gezeichnet ist. Es handelt sich um die Werte für 2.4668 (SL 6). Aus Übersichtlichkeitsgründen und weil die Werte sehr eng beieinander liegen wurde die Güte 2.4979 (P 63) daneben gestellt.

Das gleiche wurde auch bei der Darstellung der Wärmeleitfähigkeit (Bild 8) zugestanden. Auch bei dieser physikalischen Eigenschaft liegen die Werte für 2.4668 (SL 6) und 2.4979 (P 63) praktisch deckungsgleich. Bei der Wärmeleitfähigkeit liegen, umgekehrt zur Wärmeausdehnung, die Werte des austenitischen Stahles ~ 1.2779 (W 512) wesentlich näher bei den zu fassenden Werkstoffen als der zuvor erwähnte Co-legierte Warmarbeitsstahl 1.2678 (PWC). Auch hier wird die Problematik der unterschiedlichen Eigenschaften von Fassungswerkstoff und Einsatz deutlich. Die Mo-Legierungen TZM und MHC wurden nicht im Bild 8 aufgenommen, da sie außerhalb des Darstellungsbereiches liegen (ca. 142 W/m·K bei Raumtemperatur und ca. 88 W/m·K bei 1500 °C.)

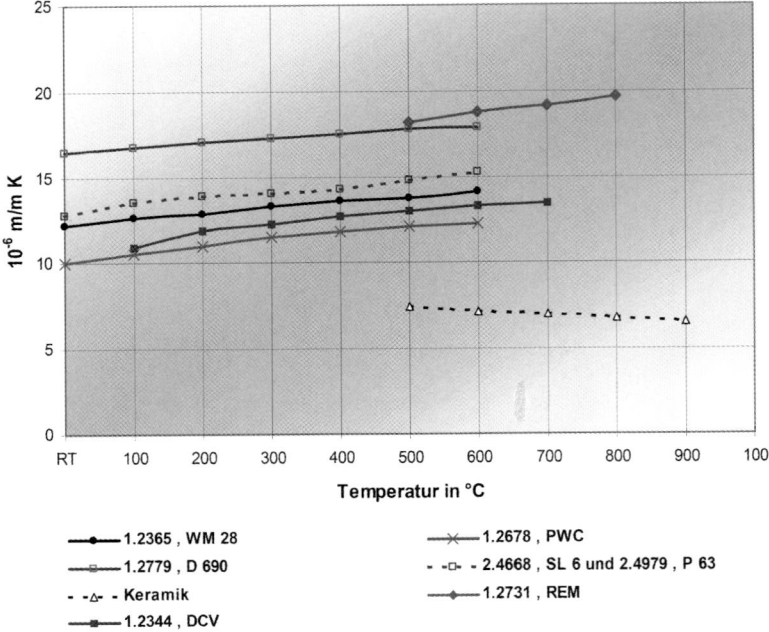

Bild 7: Vergleich der Wärmeausdehnungskoeffizienten einiger Warmarbeitswerkstoffe

4 Ergebnisse Feldversuch mit Ni-Basislegierung 2.4973/SL 15

4.1 Vorgang

Bei all den aufgeführten Warmarbeitswerkstoffen liegt es natürlich nahe zu vermuten, dass die Lebensdauer von Matrizen nicht nur von den aufgeführten chemischen Zusammensetzungen und damit von den aufgezeigten mechanischen und physikalischen Eigenschaften abhängt.

Die diskutierten Eigenschaften sind nur bei einwandfreier Materialqualität zu erwarten. Sicherlich hat daher auch die Materialqualität einen Einfluss auf die Standzeit. Da die Matrizenwerkstoffe für Buntmetallverarbeitung alle sehr hoch legiert sind, haben sie einen zum Teil sehr hohen Preis. Es ist daher verständlich, dass die Verbraucher gerade auch diesen Aspekt in Betracht ziehen müssen.

Im Arbeitskreis Schwermetall des Strangpressausschusses der DGM wurde daher vereinbart, in einem größer angelegten Feldversuch gerade den Einfluss der Materialqualität auf das Standzeitverhalten durch Praxistests zu untersuchen.

Für diesen Feldversuch wurde die Ni-Basislegierung 1.4973 ausgewählt, da sie zum einen sehr teuer ist und zum anderen bei den verschiedensten zu verpressenden Legierungen Verwendung findet.

Bei Untersuchungen frühzeitig ausgefallener Matrizen war in der Vergangenheit ein grobes Korn als Ausfallursache ermittelt worden. Es wurden daher Versuche mit sehr grobkörnigen Material als auch mit normal ausgebildeter Korngröße gefahren.

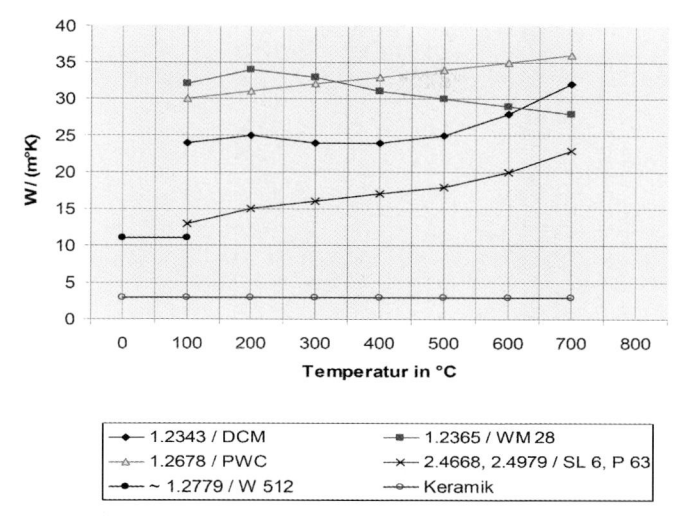

Bild 8: Vergleich von Wärmeleitfähigkeiten

4.2 Versuchsergebnisse

Es hatten sich acht Schwermetall – Strangpressunternehmen an der Versuchreihe beteiligt. Im Bild 9 ist die Versuchs-Legierung 1.4973 nochmals aufgeführt. Die Versuchsmaterialien wurden mit stark unterschiedlichen Korngrößen bei ansonsten gleichen Eigenschaften erzeugt. Das Bild 10 zeigt die unterschiedlichen Gefügezustände.

In der oberen Bildhälfte sind die Normalgefüge mit unterschiedlicher Vergrößerung aufgeführt, während die untere Bildhälfte das Probenmaterial mit starker Kornvergröberung ebenfalls in unterschiedlichen Vergrößerungen darstellt. Aus diesen Ausgangsmaterialien wurden dann von den Teilnehmern im Feldversuch unterschiedliche Matrizen mit unterschiedlichen Konturen angefertigt. Eine Auswahl der vielfältigen Ausführungen zeigt das folgende Bild 11.

Mit diesen Matrizen, gefertigt jeweils in „gutem" und jeweils in „schlechtem" Material, wurden auf verschiedenen Pressen die unterschiedlichsten Buntmetalle mit unterschiedlichsten Pressbedingungen eingesetzt. Die verpressten Materialien und die Pressbedingungen sind im folgenden Bild 12 festgehalten.

Trotz dieser sehr unterschiedlichen Einsatzbedingungen waren die Ausfallkriterien bei allen Matrizen ähnlich. In erster Linie sind die Werkzeuge durch Rissbildung hauptsächlich in den Profilecken ausgefallen. Aber auch an den Matrizen für Rundabmessungen und an Profilen mit guten Eckenradien traten die gleichen Fehler auf. Dies lässt den Schluss zu, dass die Profilgeometrie nur eine untergeordnete Rolle spielt.

Neben Rissen waren weitere Ausfallkriterien in Deformationen (Maßänderungen der Profilgeometrie), Verschleiß auf den Laufflächen der Profile und Klebneigung zu suchen. Diese Ausfälle traten jedoch nur bei bestimmten Versuchbedingungen bzw. bestimmten verpressten Legierungen auf. Das folgende Bild 13 gibt einen Überblick über die unterschiedlichen Ausfallursachen

Diese Ausfallursachen zeigten sich in gleicher Weise sowohl bei den Matrizen mit feinem Gefüge als auch bei den grobkörnigen Werkzeugen. Im letzten Bild 14 sind die erreichten Standzeiten sowohl für die feinkörnigen als auch für die grobkörnigen Gefüge mit den wichtigs-

WERKSTOFFBLATT
Sonderlegierung "MÄRKER SL 15"

Werkstoff-Nr.: 2.4973

DIN-Kurzname: NiCr19CoMo

Chemische Zusammensetzung:

in %	C	Ni	Cr	Co	Mo	Ti	Al	B	Fe
	0,08	Rest	19,00	11,00	10,00	3,00	1,60	+	max. 5,00

Charakteristik:
Ni-Basislegierung mit sehr hoher Warmfestigkeit und Zunderbeständigkeit.

Anwendungshinweise:
Werkzeuge zum Strangpressen von Schwermetallen wie Matrizen, Matrizeneinsätze, Dornspitzen. Thermisch hochbeanspruchte Sinterwerkzeuge, Warmscherenmesser, Hammerbacken, Dorne für Schmiedemaschinen.

Lieferzustand:
Werkzeuge aus "SL 15" sind im Lieferzustand verwendbar. Sie werden im Regelfall vollständig wärmebehandelt und vor- bzw. fertigbearbeitet geliefert.

Wärmebehandlung:
Lösungsglühen: 1070 - 1080°C/4-5h/Luft oder Wasser
Warmauslagern: 760 - 770°C/16h/Luft

Mechanische Eigenschaften bei 20°C: (Richtwerte)

Wärmebehandlung	$R_{p0,2}$ N/mm²	R_m N/mm²	A_5 %
lösungsgeglüht + ausgelagert	980	1300	7

Bild 9: Werkstoffblatt

ten Versuchsparametern aufgezeigt. Es wurden bei den Versuchen noch wesentlich mehr Versuchsparameter aufgezeichnet. Aus Übersichtsgründen wurden sie in die Darstellung jedoch nicht übernommen. Es ließen sich auch aus den nicht aufgeführten Daten keine wesentlichen zusätzlichen Rückschlüsse ziehen

29

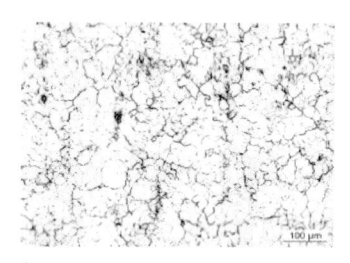

Ausgangszustand
Lösungsgeglüht 1080 °C / 4 h / Wasser
Warmausgelagert 760 °C / 16 h / Luft

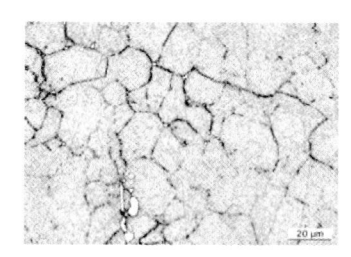

wie links aber stärker vergrößert

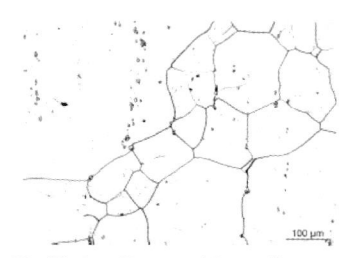

Nachbehandlung auf Grobkörnigkeit
Lösungsgeglüht 1140 °C / 4 h / Wasser
Warmausgelagert 760 °C / 16 h / Luft

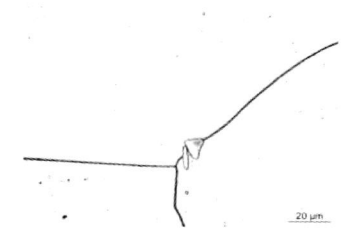

wie links aber stärker vergrößert

Bild 10: Ausgangsmaterial zum Versuch „Standzeit Matrizen", Matrizenwerkstoff 2.4973 (SL 15, Lieferhärte ca. 40 HRc)

Abm. Matrize: Ø 112 x 40 mm
Profil: 31 x 4,4 mm

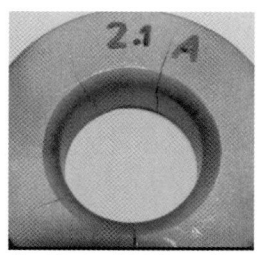

Abm. Matrize: Ø 50 / 22 mm x 15 mm

Abm. Matrize : Ø 140 x 50 mm
Profil: 62,3 x 12,7 mm

Abm. Matrize: Ø 130 mm x 30 mm
Profildurchmesser: 69,88 mm

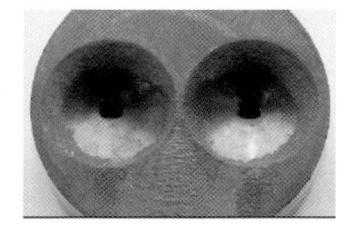

Abm.: Matrize Ø 90 mm x 35 mm
Profil: 4,12 x 3,12 mm, zweiadrig

Bild 11: Übersicht der verschiedenen Profile zum Versuch „Standzeit Matrizen"

Firma	Werkstoff	Bolzenabmessung	Pressbedingungen Presstemp.	Pressabmessg.	Adernzahl	max. Pressenpresskraft
Buntmetall Amstetten	E-Cu	234 x 650	840°C	62,3 x 12,7	1	220
Trefimetaux S.A Niederbruck	Cu a1	900 mm	850 grdC	6,35 x 30,6 mm	1	25 MN direkt
MKM Hettstedt	E- Cu 57	D=250 x 610 mm	850 grd C	31 x 4,4 mm	1	Pressdruck 280 bar
Swissmetal	CuCrZr	?	920 grd C	Profil 18331 (Trapez)	1	Pressdruck 210 bar
	CuNi2Si	?	900 grd C	Profil 16428 (Trapez)	1	Pressdruck 230 bar
Diehl Metall	Sondermessing		730 grd C	D = 69,89 mm	1	?
Fuchs	CuZn37Mn3Al2PbSi	D=290 x 480 mm	740 grd C	35 mm(?)	4 (in einem Matrizeneinsatz)	25 MN direkt
Wieland	CuFe2P	Ø 240x 320	960 grd C	D=22 mm	2	35 MN
Umicore	AgC3 AgC5	D=110 x 270 mm D=110 x 270 mm	680 - 700 grd C 690 - 710 grd C	4,07 x 3,27 mm	2	Presse: max. 13 MN Ist: max. 11 MN

Bild 12: Zusammenstellung der Versuchsparameter „Standzeit Matrizen", Matrizenwerkstoff: 2.4973 (SL 15, Lieferhärte ca. 40 HRc)

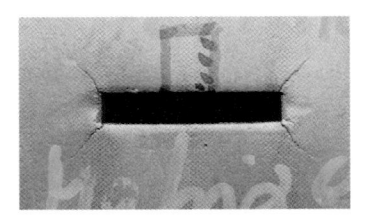

Risse an den Profilkanten und Deformation Einlaufkante

Risse an den Profilkanten und Verschleiß Lauffläche

Risse an Einlaufradius und Lauffläche

Risse an den Profilkanten und Deformation der Einlauffläche

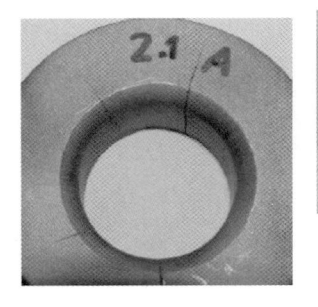

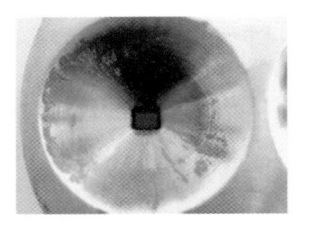

Risse an Profilkanten und Verschleiß Einlaufschräge

Bild 13: Versagenserscheinungen der Matrizen aus dem Versuch „Standzeit Matrizen"

Firma	Pressbedingungen						Bemerkungen
	Werkstoff	Presstemperatur	grobes Gefüge		feines Gefüge		
			Standzeit	Härte der Matrize	Standzeit	Härte der Matrize	
Buntmetall Amstetten	E-Cu	840°C	56	40 HRc	56	39 HRc	trotz unterschiedlicher Mikrostruktur sind die Presszahlen gleich
Trefimetaux Niederbruck	Cu a1	850 grdC	307	38 bis 39 HRc	377	38 bis 39 HRc	Matrize mit feinerem Gefüge erreichte eine etwas höhere Standzeit
MKM Hettstedt	E-Cu 57	850 grd C	55 (Nr1)	38 bis 39 HRc	48 (Nr.2) 48	38,2 - 39,9 HRc	es wurden 2 Matrizen getestet gleiches Verhalten, gleiche Ausfall- ursache
Swissmetal	CuCrZr	920 grd C	65(Nr. 5)	38 bis 39 HRc	58(Nr.4)	38 bis 39 HRc	
	CuNi2Si	900 grd C	10(Nr.11)	37 bis 38 HRc	13(Nr.10)	37 bis 38 HRc	kein wesentlicher Unterschied zwischen den Gefügezuständen; Ergebnis wird durch Presswerkstoff, Pressbedingungen beeinflusst
Diehl Metall	Sondermessing	730 grd C	189(V3) 210(V4)	38,5 HRc	189(V1) 206(V2)	40 HRc	kein Unterschied zwischen den Gefügezuständen;
Fuchs	CuZn37Mn3Al2PbSi	740 grd C	105(F)	38 bis 39 HRc	105(G)	38 bis 39 HRc	keine Aussage
Wieland	CuFe2P	960 grd C	265(Mat.Nr. 74)	39 bis 39,5 HRc	271(Mat.Nr. 71)	42 bis 42,5 HRc	entspricht einer guten Leistung
Umicore	AgC3 AgC5	680 - 700 grd C 690 - 710 grd C	329(Nr. 3) 214(Nr. 4)	37,5 bis 39 HRc	633(Nr. 1) 430(Nr. 2)	40 bis 42 HRc	

Bild 14: Zusammenstellung der Versuchsergebnisse „Standzeit Matrizen", Matrizenwerkstoff: 2.4973 (SL 15, Lieferhärte ca. 40 HRc)

4.3 Zusammenfassung der Versuchsergebnisse

Es haben sich acht Unternehmen der Buntmetallverarbeitung an dem Praxisversuch

„Standzeit Matrizen aus 2.4973 (SL15)"

beteiligt. In erster Linie ging es darum zu ermitteln wie sich ein „gutes" und ein „schlechtes" Werkzeugmaterial auf die Standzeiten der Pressmatrizen auswirken. Allen Unternehmen wurde Material aus der gleichen Fertigung zur Verfügung gestellt. Es wurden dann unter den unterschiedlichsten Einsatzbedingungen Werkstoffe aus einem breiten Spektrum der Buntmetalle verpresst.

Ein deutlicher Unterschied zischen gutem und schlechtem Werkzeugmaterial ist nur bei zwei von acht beteiligten Unternehmen herausgekommen. Hierbei ist zu berücksichtigen, dass bei einem dieser zwei Unternehmen Silber-Kohlenstoff Legierungen mit vergleichsweise niedrigen Presstemperaturen verarbeitet wurden.

Bei allen anderen Versuchen liegen die Standzeiten bei beiden Materialqualitäten praktisch gleich. Auch ein Einfluss unterschiedlicher Härtewerte lässt sich aus den Versuchsergebnissen nicht erkennen.

Deutlich zeigt sich jedoch, dass Rissbildung die Hauptausfallursache ist. Aufgrund der Rissausbildung kann erkannt werden, dass es sich hierbei um Ermüdungsrisse durch Thermospannungen/Thermoschockrisse handelt. Diese werden mit steigender Presstemperatur je nach

Presszyklus immer stärker. Es sollten die empfohlenen Vorwärmtemperaturen der Matrizen bei diesem Werkzeugwerkstoff um mind. 50 °C erhöht werden (auf mind. 550 °C). Auch sollte darauf geachtet werden, dass die Werkzeuge nach einem Presszyklus oder bei Unterbrechungen nicht zu weit herunterkühlen.

Der Einfluss der Pressbedingungen hat den Einfluss der Werkzeugqualität deutlich überlagert. Ob dies bei anderen Werkzeugwerkstoffen ebenfalls der Fall ist, kann aus diesen Resultaten jedoch nicht abgeleitet werden. Es wird deutlich, dass es sehr schwer ist nur aus den aufgezeigten Werkstoffeigenschaften allein die optimale Werkstoffauswahl aus dem vielschichtigen Angebot von Werkstoffen für Matrizen bei der Buntmetallverarbeitung zu treffen. Versuche werden immer erforderlich bleiben.

Prozessgeregelte Blockaufnehmer – Smart Containers

W. Eckenbach
MARX GmbH & Co. KG, Iserlohn

1 Einführung

Die Zieldarstellung dieses Vortrages ist die Entwicklung der Temperaturführung in modernen Blockaufnehmern mit Mehrfach-Zonenheizung und integrierter Sektionen Kühlung zur Erreichung eines geregelten konstanten Temperaturverhaltens darzustellen. Langjährige Entwicklungen unter dem Gesichtspunkt der Erfahrungsnutzung von Pressenherstellern, Zulieferanten, Prozesstechnologen gelten der Temperaturführung und dem Anforderungsprofil der Pressenbetreiber (Bild 1).

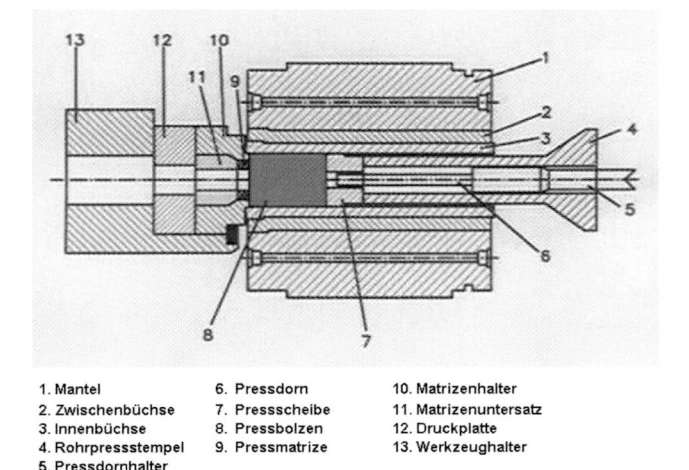

1. Mantel
2. Zwischenbüchse
3. Innenbüchse
4. Rohrpressstempel
5. Pressdornhalter
6. Pressdorn
7. Pressscheibe
8. Pressbolzen
9. Pressmatrize
10. Matrizenhalter
11. Matrizenuntersatz
12. Druckplatte
13. Werkzeughalter

Bild 1: Werkzeugausrüstung einer Metallrohr- und Strangpresse

Messtechnische Datenerfassung und ihre Auswertung erlaubt Reaktionsmodelle prozessvisualisiert darzustellen und mit Ergebnisprotokollen zu vergleichen.

Neben der Entwicklung von Stahlqualitäten und geometrischer Gestaltung von Blockaufnehmern sind Heizung und Kühlung die wesentlichen Einflusswerkzeuge moderner Strangpresstechnologie. Die Abstimmung dieser Leistungsträger ist produktions- und qualitätsbestimmend, eben so, wie diese Komponenten die Lebensdauer des Blockaufnehmers als Presswerkzeug beeinflussen.

Unabgestimmtes Regelverhalten entscheidet über die Standzeit des Blockaufnehmerwerkzeuges in Abhängigkeit von den verwendeten Stahlqualitäten und der mechanischen konstruktiven Gestaltung. Unangemessene Kühlung und Heizung belastet den Blockaufnehmer bis zum Zerbersten. Es gilt also Kompetenz im Regelverhalten und in der konstruktiven Gestaltung bei optimaler Materialauswahl für den optimierten Produktionsprozess zu nutzen.

2 Entwicklung und Fertigung

Seit den 80er Jahren sind Herstellung, Verfahrenstechnik, Um- und Aufrüstung von Strangpresseinrichtung einem wesentlichen Veränderungsprozess unterlegen.

Während früher nur der Pressblock, seine Temperatur und sein prozessbezogenes Erwärmungsverhalten von Bedeutung schien, haben Belastungsveränderungen, Vergrößerungen von Blockdurchmesser und Länge, Legierungsänderungen, Presskraft und Pressvolumen ein stetiges Umdenken herbeigeführt.

Sorgfältige Messreihen und Protokolle wurden von neuen und instand zu setzenden Aufnehmern von verantwortungsbewussten Herstellern erstellt und eine Wende in soweit eingeleitet, dass die Stahlhersteller nicht mehr nur nach Vorgabe und Zeichnung des Anlagenherstellers Qualitätsarbeit leisteten, sondern, die gemessenen und protokollierten Informationen und Veränderungen, geometrischer und physikalische Abweichungen ebenso, wie Verschleißmerkmale erfasst hatten und eine Lösungsdiskussion mit Betreibern und Pressenherstellern beginnen konnte.

2.1 Werkstoffauswahl

	Werkstoff Nr.	AISI / SAE	Analyse – Chemical Composition					
			C	Cr	Mo	V	Ni	Others
Mantel / Mantle	1.2311	P20	0,40	2,0	0,2	--	--	+1,5 Mn
	1.2323	--	0,45	1,4	0,8	0,3	--	
		4340	0,40	0,8	0,3	--	1,8	
	1.2343	H11 (H13)	0,38	5,0	1,3	0,4	--	
Zwischenbüchse / Liner Holder	1.2323	4340	Siehe oben / see above					
	1.2343	H11 (H13)	Siehe oben / see above					
	1.2367	--	0,37	5,0	3,0	0,6	--	
Innenbüchse / Liner	1.2323	--	0,45	1,4	0,8	0,3	--	
	1.2343	H11	0,38	5,0	1,3	0,4	--	
	1.2344	H13	0,40	5,0	1,3	1,0		
	1.2367	--	0,37	5,0	3,0	0,6		

Nicht mehr zu empfehlen / No longer recommended   Bedingt empfehlenswert / Limited recommendation   Heute gebräuchlich / Current recommendation

Bild 2: Werkstoffauswahl für Blockaufnehmer an Leichtmetall-Strangpressen

2.1.1 Mantel

Inzwischen gibt es eine Vielfalt von verwendeten Warmarbeitswerkstoffen, die für die einzelnen Bauteile der Blockaufnehmer Verwendung finden. Während in früheren Zeiten hauptsächlich beim Aluminiumstrangpressen Materialgüten von 1.2311 für Mäntel verwendet wurden, weiß man heute, dass die Warmfestigkeit und Ermüdungsfestigkeit so gering sind, dass dieser Stahl jetzigen Ansprüchen nicht mehr genügt. Als Standardwerkstoff für Mäntel wird heute wegen der guten Kombination aus Warmfestigkeit, Zeitstandfestigkeit und Zähigkeit fast ausschließlich 1.2343 verwendet (Bild 2).

2.1.2 Zwischenbüchsen

Soweit Zwischenbüchsen zum Einsatz kommen, sollte auch hier die gleiche Stahlqualität verwendet werden. Bei gekühlten Blockaufnehmern, wie sie später noch beschrieben werden, ist die Verwendung des Warmarbeitsstahles nach Werkstoffnummer 1.2367 vorzuziehen, der durch seinen höheren MO-Gehalt noch bessere Warmfestigkeit als 1.2343 aufweist (Bild 2).

2.1.3 Innenbüchse

Gleiches gilt für den Bereich der Innenbüchse. Auch hier gibt es einen entsprechenden Qualitätswechsel des zu verwendenden Werkstoffes. Auch hier wird die Qualität 1.2343 eingesetzt, teilweise auch 1.2344, die in Übersee geläufiger ist und mit nahezu gleichen Eigenschaften dort auch verwendet wird. Für schwer pressbare Aluminiumlegierungen hat sich die Materialqualität 1.2367 bewährt, da auch der Warmverschleißwiderstand höher ist als beim 1.2343 und 1.2344. Der Wechsel der Materialqualitäten ist insbesondere auf die Erfahrung mit Auswahlkriterien für Blockaufnehmer zurückzuführen. Hier hat man die Grenzbelastbarkeiten erleben und damit auch Abhilfe schaffen können (Bild 2).

2.2 Fehlerliste (Zusammengestellt von S+C Märker)

Hier sind einige Beispiele aufgelistet, wie solche Fehler sich darstellen:

2.2.1 Fehlerursachen an Aluminium Blockaufnehmern – Mantel

- Verlust der Festigkeit durch thermische Überbelastung
- Ausglühen des Mantels durch Außenbeheizung
- Ermüdungsrisse, hauptsächlich an scharfen Kanten und Bohrungen
- Spannungsrisse an Heizungsbohrungen
- Spannungsrisse an Kühlbohrungen

2.2.2 Fehlerursachen an Aluminium Blockaufnehmern – Zwischenbüchse

- Verlust der Festigkeit durch thermische Überbelastung
- Deformationen am Innen- und Außendurchmesser
- Verrutschen der Zwischenbüchse, Verlust der Schrumpfspannung
- Risse durch Rissverlängerung an Innenbüchsen

2.2.3 Fehlerursachen an Aluminium Blockaufnehmern – Innenbüchse

- Längsriefen (von der Pressscheibe)
- Risse
- Aluminium Anklebungen und Verschleiß
- Beschädigungen der Abdichtflächen durch Lufteinschlüsse
- Beschädigungen der Abdichtfläche durch den Matrizenhalter bzw. die Matrize, Verlust der Härte oder zu hohen Anpressdruck
- Ausbauchen der Innenbüchsenbohrung durch plastische Verformung infolge thermischer oder mechanischer Überbelastung
- Verschieben der Innenbüchse, Verlust der Schrumpfspannung

3 Fehleranalyse – Thermische Belastung

Die wesentlichen Fehlerquellen werden begründet durch thermische Belastungen und Überlastungen und aus den daraus resultierenden Spannungen im Blockaufnehmer selbst, die dann in Verbindung mit den metallurgischen Eigenschaften zum Ausfall des Blockaufnehmers führen. Solche Ausfallsituationen werden nochmals gefördert durch entstehende Risse an Heizungs- und Kühlbohrungen, da hier die Spannungsbelastung nochmals deutlich größer und komplexer auftritt (vgl. Kap. 2.2.1) (Bild 3).

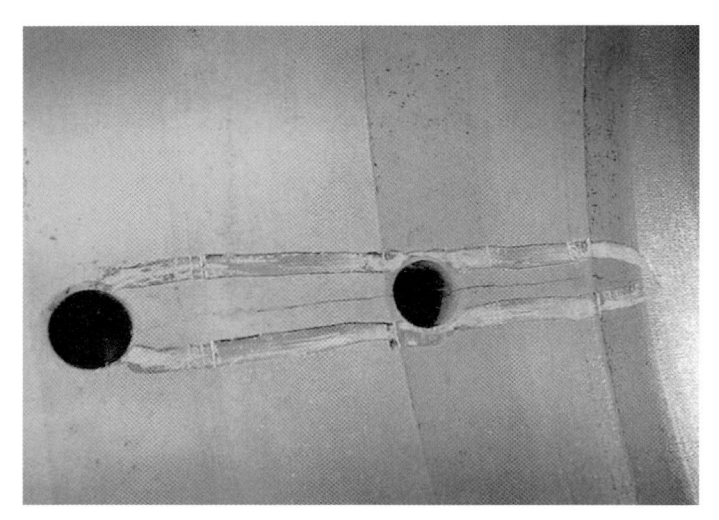

Bild 3: Rissbildung an Kühlbohrungen eines Blockaufnehmer-Mantels

Aus diesen Gründen geben Lieferanten von Blockaufnehmern für ihre Stahlqualitäten eine Aufheizgeschwindigkeit von ca. 40°/h als max. Wert an. Ebenso werden Ausgleichsphasen erwartet, in denen über zeitlichen Stillstand ein konduktiver Ausgleich im Blockaufnehmer selbst stattfinden kann. Wenn wir die starke Belastung im Blockaufnehmer durch thermische Spannungsspitzen beim Aufheizen des Blockaufnehmers betrachten, muss man auch die umgekehrte Seite, nämlich das zu schroffe Abkühlen beim Einschalten vorhandener Kühleinrichtungen in die Betrachtung mit einziehen. Dieses gilt insbesondere wenn auf kleinstem Raum Heizung und Kühlung auf den Mantel wirken, insbesondere beim Anlaufen der Kühlung bei heißem Mantel mit weiterlaufender Heizung (Bild 4).

Eine der kritischsten thermischen Situationen in einem gekühlten Blockaufnehmer liegt zwischen der Kühl- und der Heizungsbohrung. Hier sind die Abstände der Heizpatronen etwa 100 mm, die Patrone selbst hat einen Durchmesser von 32 mm, die quer dazu verlaufenden Kühlbohrungen haben einen Durchmesser von 25 mm (Bild 4).

4 Prozess-Steuerung – Regelungsmechanismen

Um diesen Wechselwirkungen aus Kühlluft und Oberflächenüberhitzung über die Heizelemente exakt gegen wirken zu können, ist es notwendig ein intelligentes Kontroll- und Steuerungssystem einzuschalten. Diese Steuerungstechnik muss wissen welche Temperaturen an welcher Stelle herrschen, muss die Differenzen der einzelnen Temperaturpunkte aufnehmen und dann mit geeigneten Mitteln eine Zu- und Abschaltung von Heizung und Kühlung ermöglichen. Hier gilt es ebenso die Kühlung regelbar zu gestalten, wie auch die Heizung selbst zeitlich getaktet oder geregelt zu bedienen (Bild 5).

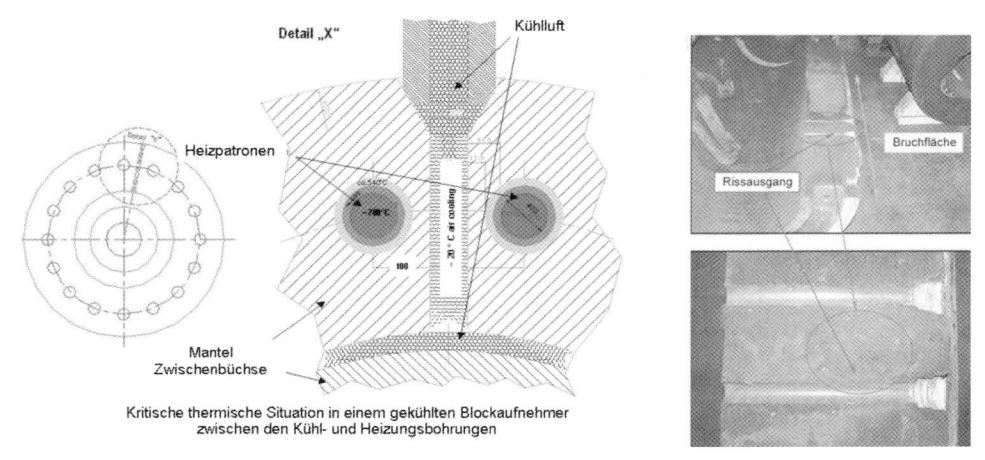

Bild 4: *Links:* kritische thermische Situation; *rechts:* gerissener Blockaufnehmermantel, Rissausgang Kreuzungspunkt Heizelemente/Kühlbohrungen

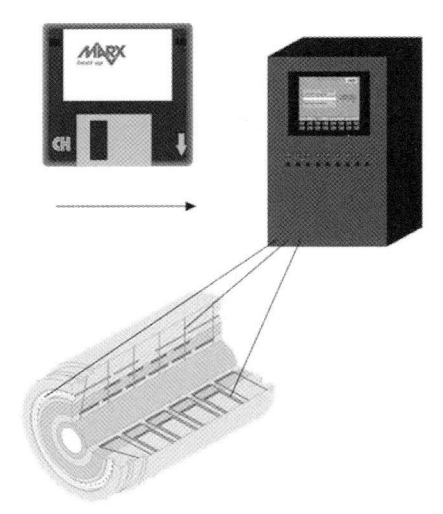

Bild 5: Software-Tool.

Es erweist sich also, dass der Stahl trotz seiner hohen Materialqualität während des Produktionsprozesses immer wieder an seine Grenzbelastungen stößt und eine intelligente Unterstützung durch thermische Systeme benötigt.

4.1 Zonenheizung

Hierzu war es erforderlich neue, angemessene belastbare Heizsysteme mit segmentierten Zuordnungen zu entwickeln (Bild 6). Kühlung über Druckluft in Segmentbauweise mit Regelmöglichkeiten für den Mengenluftstrom wurden eingebracht, mit der Zielrichtung den Blockaufnehmer geringst möglich stressbelastet zu gestalten, so dass ein nahezu temperaturhomogener Zustand erreicht wird, d. h.: die Neutralisierung des Einflusses des Blockaufnehmers mit möglichst geringer Temperaturbelastung durch den Pressblock, keine ungleiche Ausdehnung und geometrische Veränderung der Innen- und Zwischenbüchse im Mantel, dienten dem Ziel. Stress- und Schrumpfbelastungen des Blockaufnehmers wie im ungenutzten, kalten Herstellungszustand optimal zu erreichen (Bild 7+8).

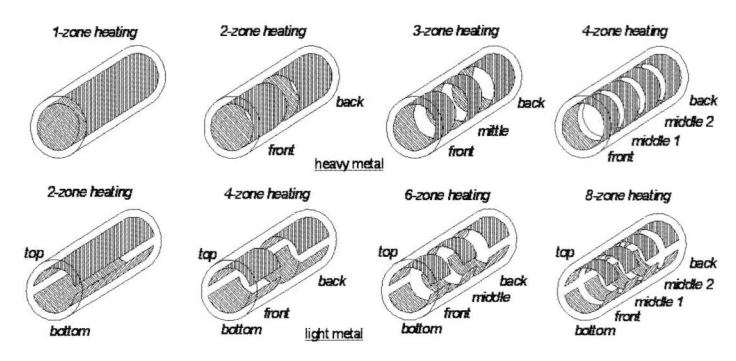

Bild 6: Heizzonen

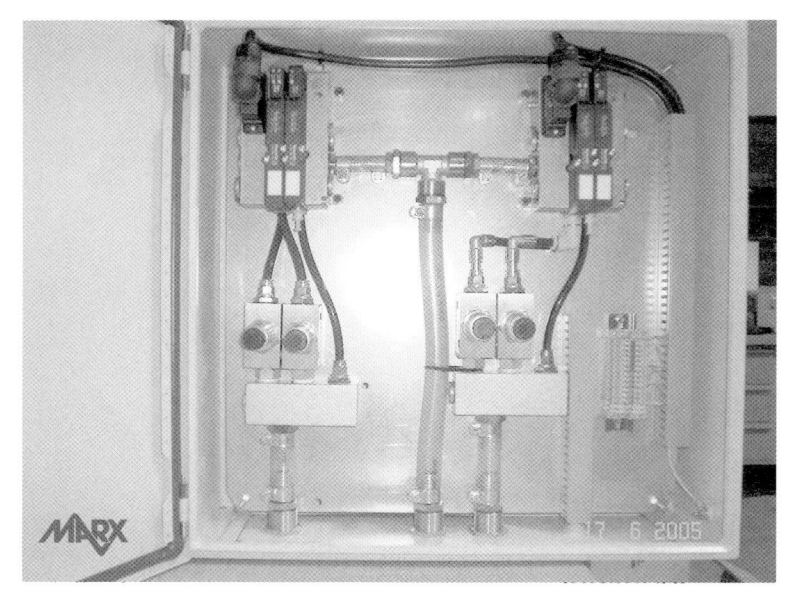

Bild 7: Luftregelung

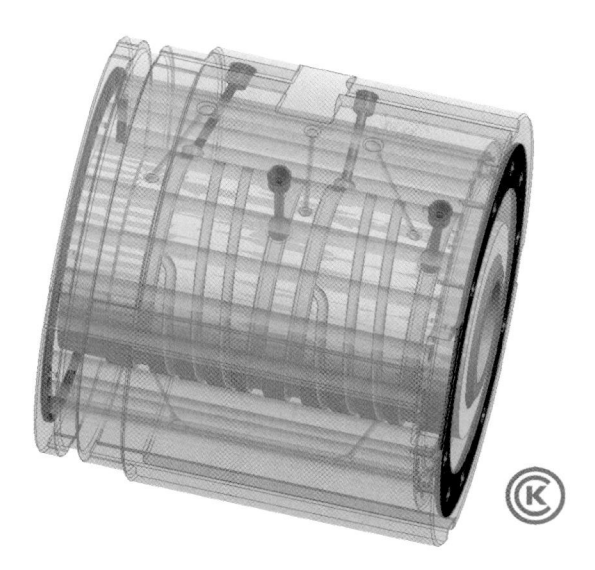

Bild 8: Konstruktiver Aufbau der Luftstromkanäle

4.2 Luftregelung

Hierzu wurden zunächst einmal messtechnische Einrichtungen geschaffen, die die Temperatur des Blockaufnehmers in unterschiedlichen Betriebszuständen erfassen und die Energieverteilung zuordnen und entsprechende Gegenmaßnahmen einzuleiten vermochten.

Der Einfluss der Energiezufuhr durch unterschiedliche Bolzenlängen, Presstemperaturen, Presszeiten war ebenso zu berücksichtigen. Hierbei war es insbesondere wichtig, die Differenzen unterschiedlicher Messpunkte aufzuzeigen, miteinander zu verknüpfen und hieraus eine Regelungsabfolge zu entwickeln, die sowohl heizen, wie auch kühlen konnte. Immer mit der Zielrichtung der Egalisierung des Temperaturniveaus und der Linearität der Temperaturverteilung im gesamten Blockaufnehmer.

4.3 Temperaturerfassung

So wurden bis zu 10 Messpunkte, verteilt im Mantel und an der Innenbüchse vorgegeben (Bild 9), die mit ihrer Wertinformation die Entscheidung in jedem Verfahrenszustand unter der Berücksichtigung von dominanten und weniger dominanten Notwendigkeiten herbeiführen musste. Die Messdatenerfassung wurde mit speziellen Thermoelementen sichergestellt, die als Doppelthermoelement, flexibel einbringbar und über Kontaktclip festsetzbar, gestaltet werden können (Bild 10).

Die hochflexiblen Elemente sind sowohl als Einsteckelement, wie auch als dauerhaftes Einbauelement im Blockaufnehmer verfügbar (Bild 10). Wenn die Innenbüchse überhitzt war, musste Kühlung die Innenbüchse temperaturmäßig entlasten, die gleichzeitig auftretende Abkühlung durch diese Kühlung im Mantel konnte durch Aufwärmen des Mantels zum gleichen Zeitpunkt an notwendiger Stelle ausgeglichen werden.

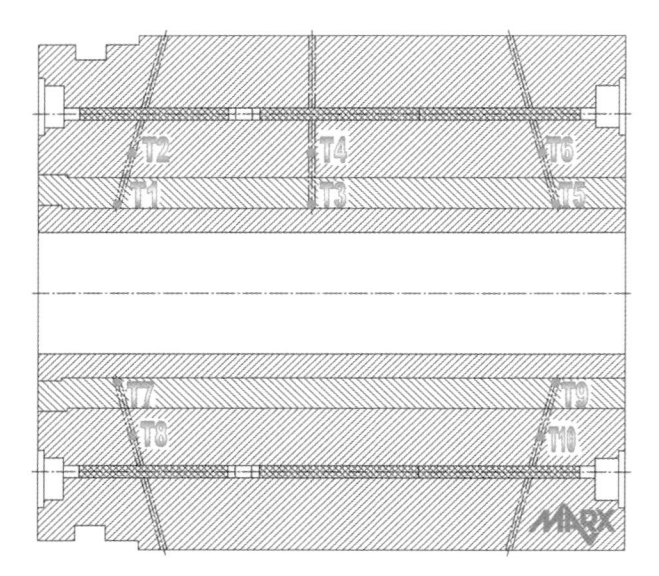

Bild 9: Messpunkte im Blockaufnehmer

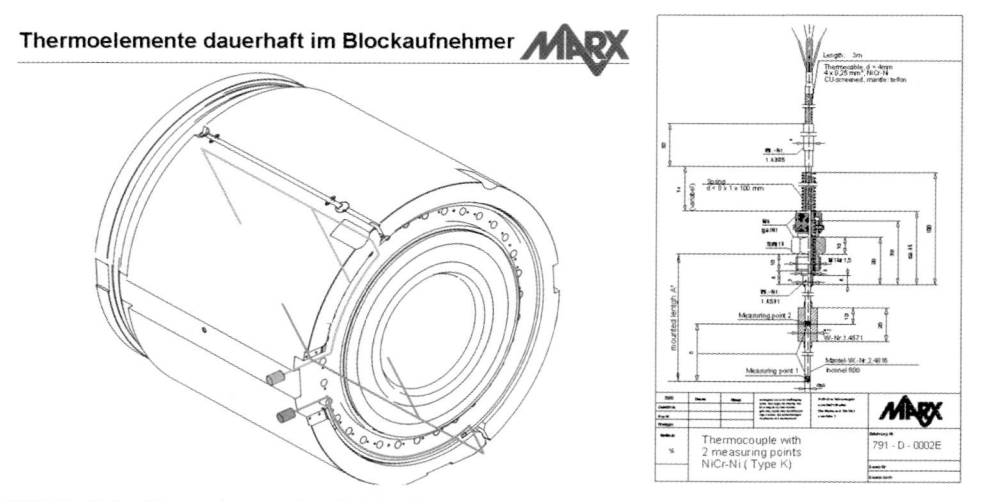

Bild 10: *Links:* Thermoelemente dauerhaft im Blockaufnehmer; *rechts:* Thermofühler

Art und Lage der Gestaltung von Kühlspiralen, aufgeteilt in entsprechende Gruppen, waren die wichtigste Voraussetzung mit der alsbaldigen Erkenntnis, dass die Kühlluftbelastung auf einem erhitzten Metallzylinder erhebliche Risiken und Metallbelastungspunkte darstellten (Bild 11 und 12).

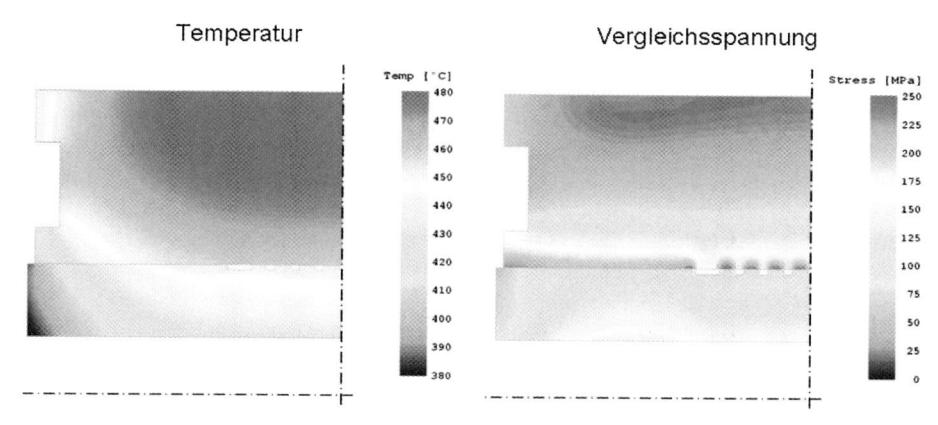

Bild 11: Zustand nach dem Aufheizen

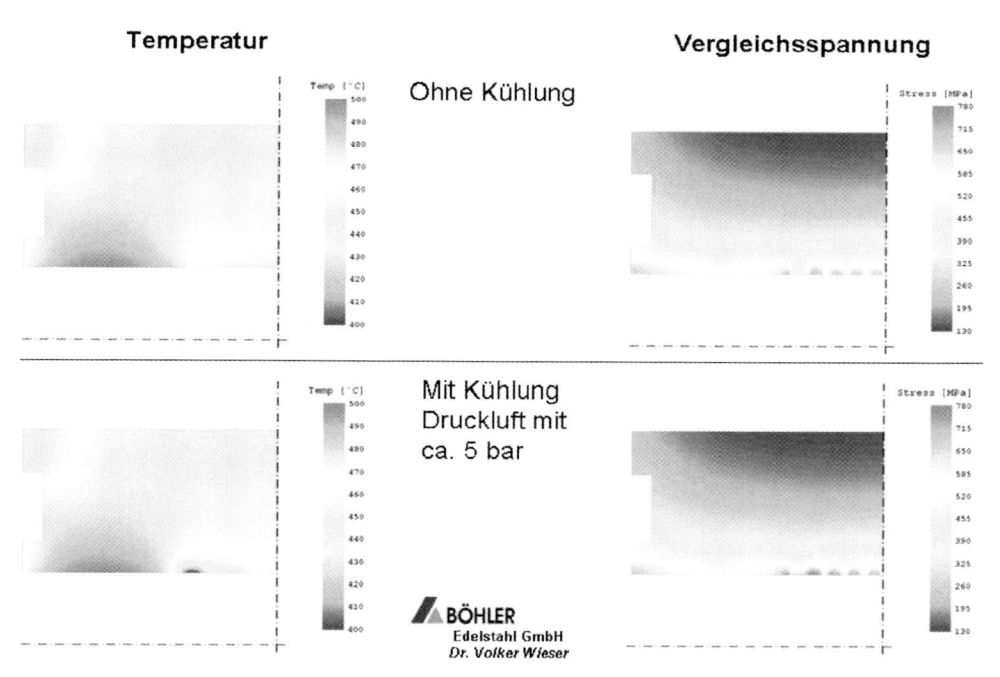

Bild 12: Zustand nach 35 Zyklen

4.4 Simulation

Die Anordnung von singulären Kühlspiralen mit unterschiedlichen Längenausbildungen, getrennte Luftzu- und Abführung waren eine besondere Notwendigkeit, unterstützt durch die Regelung des Luftmengenstroms, der das partielle Abkühlungsverhalten beeinflussen konnte um Unterkühlungen und Schrumpfungen im Kühlbereich, bzw. Lufteintrittsbereich auszuschließen.

4.5 Kühlungsgestaltung (Prinzip)

Die von mir bevorzugte Technik sieht vor, mehrere Kühlgruppen mit jeweils eigenen von anderen Gruppen getrennten Zu- und Abführungen auszustatten und über Regelventile die Luftmenge gemäß Temperaturvolumeninformation zu gestalten (Bild 13).

Eine weitere unterstützende Komponente der Luftkühlung ist, den Energietransfer von überhitzten Zonen zu kälteren Zone zu ermöglichen (Bild 14).

Mit dem gleichzeitigen Ein- und Austritt kalter, bzw. warmer Druckluft wird eine Abschwächung des Temperaturgefälles erreicht und über die Luftvolumenregelung unterstützt.

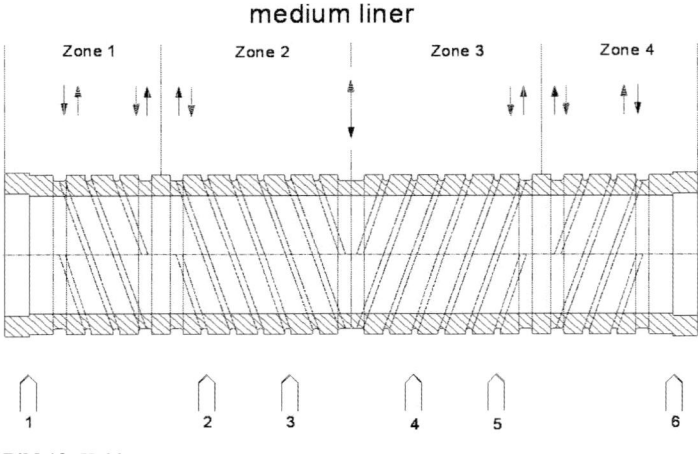

Bild 13: Kühlzonen

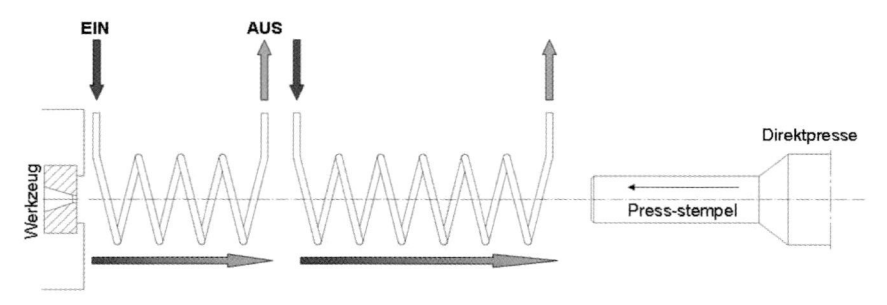

Bild 14: Luftkühlung an einer Direktpresse

4.6 Airprotect

Hierbei ist es ebenfalls inzwischen zum Standard geworden Kaltlufteinlässe mit Luftberührungsschutzeinrichtungen so auszurüsten, dass die Luftzuführungsbohrung nicht im direkten Kontakt mit der Kühlluft verbunden ist (Bild 15).

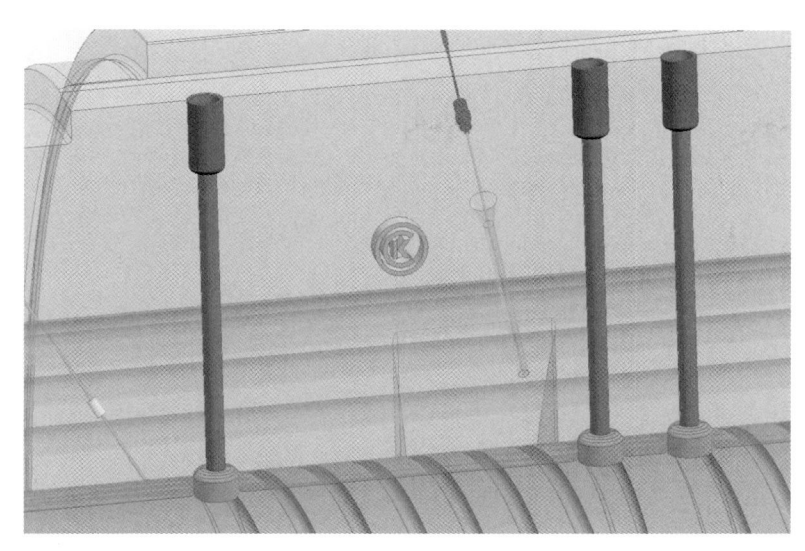

Bild 15: Airprotect

4.7 Heizpatronen

Seit der abgeschlossenen Entwicklung von Hochleistungsheizpatronen für den Einsatz im Blockaufnehmer bieten sich vielfältige Möglichkeiten der Heizungsgestaltung und zonenmäßigen Aufteilung.

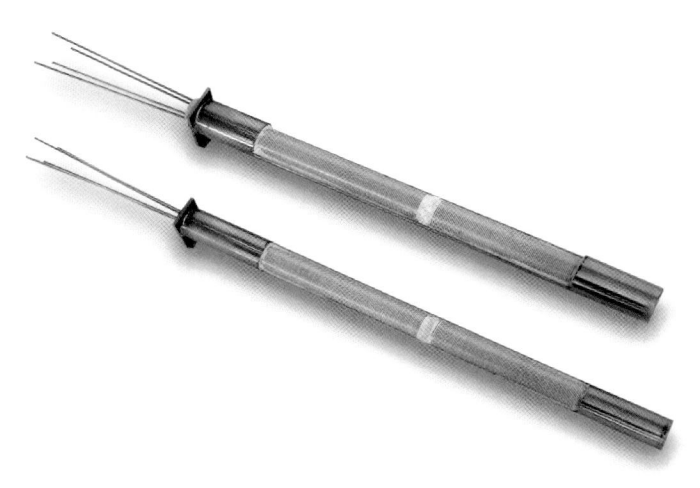

Bild 16: Hochleistungs-Heizpatronen

Der Stand der Technik erlaubt die Herstellung von Mehrzonenpatronen, den losen Einbau mit ca. 0,5 mm Bohrungstoleranz, die Beheizung jeden Blockaufnehmers mit einer Aufheizkurve von min. 40 °C/h, ein rasches Nachheizen bei abfallenden Temperaturen im Endbereich des Aufnehmers, eine konstante max. Oberflächentemperatur der Patrone, die in der Bohrung selbst dann mit dieser max. Temperatur die Innenbohrung bestrahlt (Bild 16).

Die Eindringtiefe dieser max. Temperatur der Patronenoberfläche ist bei ca. 10 mm Tiefe so weit abgeflacht, dass Temperaturen im Bereich unter 540 °C erreicht sind, so dass rund um die Kernbohrung herum durchaus eine minimale Aufweichung des Materials zu erwarten ist, die Eindringtiefe der erweichten Zone jedoch nicht mehr als 10 mm beträgt und der optimale Abstand der Patronen von ca. 100 mm Mitte/Mitte einen massiven Steg zwischen den Bohrungsanordnungen zurück lässt, der die Stabilität des Blockaufnehmers im vollen Umfange gewährleistet (Bild 17).

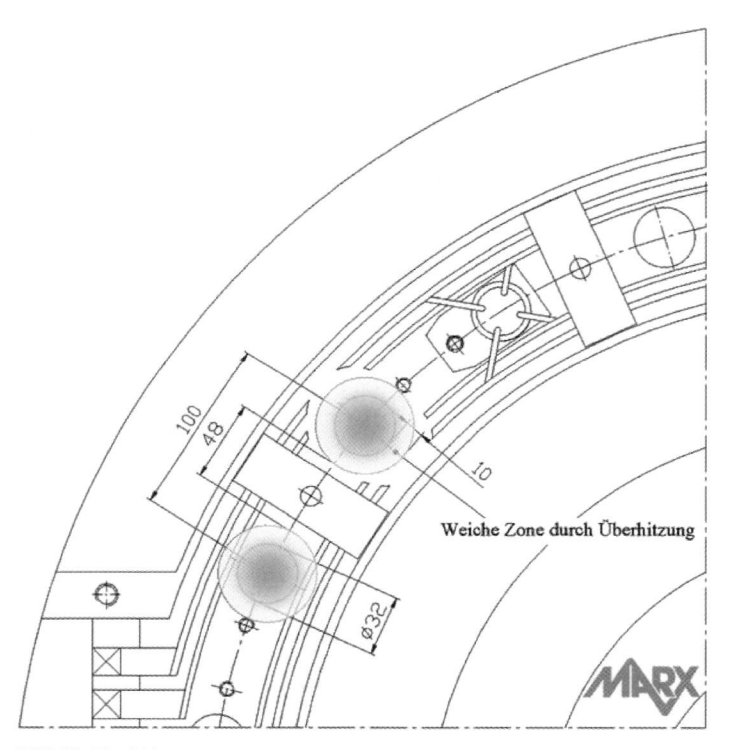

Bild 17: Umfelderwärmung

4.8 Prozess-Steuerung

Etwa 100 mm von der Außenfläche und in der zentralen Mitte oben/unten/vorne/hinten werden an der Innenbüchse und im Mantel die thermischen Daten erfasst und der Software im Prozesscontroller zugeleitet. Aus diesen Ergebniswerten wird ein Prozesssystem angeregt, das den Temperaturverlauf im Blockaufnehmer in gewünschter Linearität axial und radial ansteuert.

Die Steuerung arbeitet auf dem Prinzip differenzwertgeführter Temperaturregelung. Hierzu werden die Temperaturen des Blockaufnehmers in dem Prozesssystem in ihrer absoluten Wertigkeit radial und axial erfasst. Ebenso ist auch die Differenz zu benachbarten Messpunkten zu bewerten (Bild 18).

Bild 18: Steuerschrank

Die Wertigkeit der Messung der einzelnen Funktionspunkte steuert die jeweiligen Heizsegmente im Blockaufnehmermantel und die zugehörigen Kühlsegmente im Innen- oder Zwischenbüchsenbereich über ein integriertes Softwarepaket.

Das Softwarepaket strebt ein annähernd gleichmäßiges Temperaturverhalten über die gesamte Länge des Blockaufnehmers an, das radiale Verhalten wird linear fallend nach Außen angestrebt.

5 Messwert-Analyse

Auf diese Weise lassen sich die im Rahmen der konstruktiven Gegebenheiten erreichten Parameter über eine entsprechende Automatisierung und Prozessvisualisierung in das System integrieren und eine Vergleichmäßigung und Verflachung des Temperaturverlaufs im Blockaufnehmer feststellen (Bild 19+20). Wir haben:

- Zuordnung von Heizkörpern in Zonensegmenten,
- Mehrfachtemperaturerfassung im Mantel und Innenbüchsenbereich,
- Zuordnung von Kühlgruppen mit Energietransfer über Luftmengenregelung

Es gilt: je näher die Messpunktinformation an kritischen Positionen angesiegelt wird, je größer ist der Regelaufwand zur Optimierung und Harmonisierung des Temperaturverlaufs.

5.1 Messprotokoll – 66 MN Presse, Philadelphia

66 MN Press Container Aircooling not in use

Date	Time	T1	T2	T3	T4	T5	T6	T7	T8	T9	T10
23.1.03	09:44:35	428	452	478	482	430	435	428	452	432	435
23.1.03	09:54:36	428	452	478	482	430	435	428	452	432	435
23.1.03	10:04:37	428	452	478	482	430	435	428	452	433	435
23.1.03	10:14:38	428	452	478	482	430	435	428	452	433	435
23.1.03	10:24:39	428	452	478	482	431	435	428	452	433	435
23.1.03	10:34:40	428	452	478	482	431	435	428	452	433	435
23.1.03	10:44:41	428	452	478	482	431	435	428	452	433	435
23.1.03	10:54:42	428	452	478	482	431	435	428	452	433	435
23.1.03	11:04:43	428	452	478	482	431	435	428	452	433	435
23.1.03	11:14:43	428	452	478	482	431	435	428	452	433	435
23.1.03	11:24:44	428	452	478	482	431	435	428	452	433	435
23.1.03	11:34:45	428	452	478	482	431	435	428	452	434	435
23.1.03	11:44:26	428	452	478	482	432	435	428	452	434	435

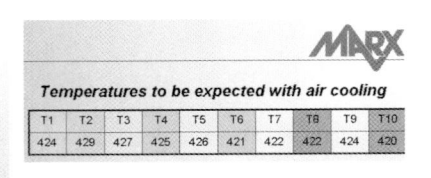

Temperatures to be expected with air cooling

T1	T2	T3	T4	T5	T6	T7	T8	T9	T10
424	429	427	425	426	421	422	422	424	420

Bild 19: 66 MN Presse

5.2 Messprotokoll – 50 MN Presse, Great Britain

Time	T1	T2	T3	T4	T5	T6	T7	T8	T9	T10	H1	H2	H3	H4	K1	K2	Setp.	Billet Size	Alloy	Bill Temp	RAM Speed	Remark
08:30	390	408	416	417	387	377	390	408	386	376	0	1	0	1	1	1						Batch 97591/011 Billet 4
08:45	387	412	416	416	390	377	388	411	389	376	1	1	0	1	1	1						Batch 97591/011 Billet 5
09:00	391	409	417	417	396	377	391	408	400	376	0	0	0	0	1	1						Batch 97591/011 Billet 6
09:15	387	410	418	418	390	379	387	409	393	379	1	0	1	0	1	1						Batch 97591/011 Billet 7
09:30	390	412	416	417	389	378	391	411	386	378	0	0	0	1	1	1						Batch 97591/011 Billet 7

Bild 20: 50 MN Presse

6 Neuentwicklung am Beispiel eines Flachblockaufnehmers

Abschließend ein Beispiel eines Flachblockaufnehmers, der als besonders gefährdetes Werkzeug gilt.

Die meisten Firmen haben weltweit inzwischen auf das Pressen mit Flachblockaufnehmern verzichtet, da die Instandsetzungskosten und Verschleißkosten nicht in den Griff zu bekommen waren. In wenigen Ausnahmen in Europa, USA und Korea arbeiten derartige Blockaufnehmer auch heute noch und benötigen in jedem Falle eine entsprechende Temperaturführung, um die erheblichen Temperaturunterschiede zwischen Flachseite und Außenseite zu harmonisieren, so dass die häufigen Rissbildungen und Zerplatzungen in den seitlichen Außenbereichen abgestellt werden können.

Zu diesem Zweck wurde eine 8-Zonen-Heizung für die unterschiedliche geometrische Gestaltungsvariante gewählt, um in den Flachbereichen der Innenbüchse mit höherem Materialanteil noch heizen zu können, während in den Außenbereichen durch die deutlich näher anliegende Pressblockführung keine Erwärmung mehr erforderlich ist, sondern eher eine Rücknahme der Erwärmung durch Kühlung. Die 8-Zonen Heizung ermöglicht eine vorne/hinten/oben/unten und jeweils seitlich gelagerte Erwärmungszone mit entsprechend zugehörigen Messelementen, so dass wir in diesem Falle von einer 8-fachen Doppeltemperaturerfassung sowie einer mittigen Doppelthermoelementen-Temperaturerfassung ausgehen müssen und somit 18 Temperaturinformationen mit 8 schaltbaren Heizzonen rechnen können (Bild 21).

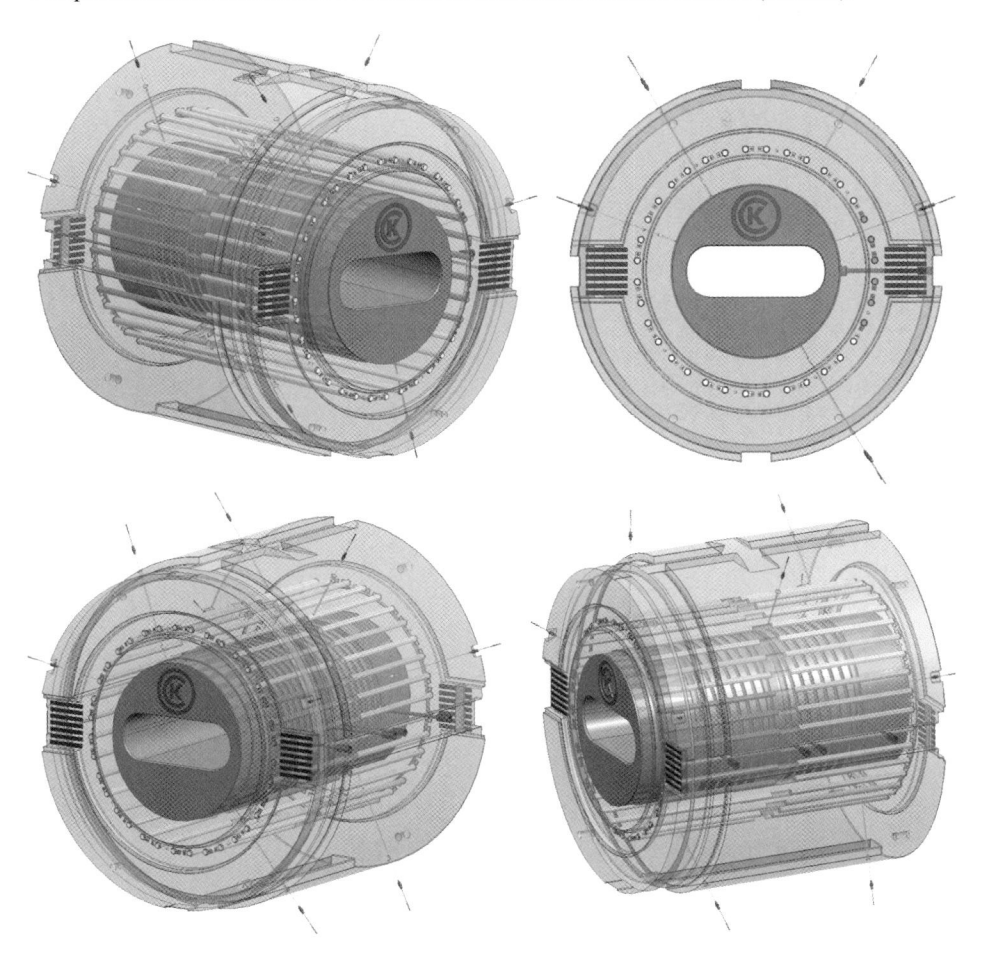

Bild 21: Flachblockaufnehmer

Soweit die Konstruktion es erlaubt, lassen sich hier auch noch Kühleinrichtungen in mind. 2–3 Zonen einregeln, die dann die Hochtemperaturseitenbereiche herunterkühlen können und die Energie in die weniger hochtemperierten Oben/Unten Flachseitenteile einbringen können.

Durch eine Temperaturangleichung wird z. B. die Balligkeit der Flachinnenbüchse auf den Flachseiten reduziert, bzw. vermieden. Die Stressbelastung in den Seitenübergängen von Flach auf Rund wird ebenso stark reduziert. Der durch die Temperaturbelastung und den Energieeintrag in der Innenbüchse nicht mehr aufgeheizte Mantel kann Zonenweise nachgeregelt werden und auf diese Weise eine Entspannung des Schrumpfverbundes in Richtung auf die eingestellten Erstwerte wieder ermöglichen.

Die Zielsetzung in einem Flachblockaufnehmer durch diese Art der Regeleinrichtungen thermische Verhältnisse zu entwickeln, wie sie bei Rundblockaufnehmern durch ordnungsgemäße zielgerichtete Regelung möglich sind, ist als sehr wahrscheinlich anzusehen. Der Einsatz dieser Systeme wird zurzeit vorbereitet und erprobt. Ergebnisse hierzu in verbindlicher Art liegen noch nicht vor.

Literatur

[1] W. Kortmann, *Werkzeugtechnologie für Aluminium-Strangpressen*, S+C Märker GmbH, Lindlar
[2] K. Gillmeister, *Moderne Anwendungsentwicklungen für Werkzeugstahl in der Strangpresstechnologie,* Kind & Co Edelstahlwerk, Wiehl
[3] V. Wieser, *Simulationsergebnisse bei Strangpress-Werkzeugen im Produktionsprozess,* Forschungszentrum Böhler AG, Kapfenberg
[4] K. Brümmer, *Druckluft-Prozessautomatisierung,* MARX GmbH & Co. KG, Iserlohn
[5] M. Bauser, G. Sauer, K. Siegert, *Aluminium Fachbuchreihe Strangpressen,* 2. Auflage, Düsseldorf, 2001

Diagnoseerfahrung und Entwicklungspotential an Strangpresswerkzeugen

W. Hähnel, K. Gillmeister
Kind & Co., Edelstahlwerk KG, Wiehl

1 Einführung

Das Hauptlieferprogramm von Kind & Co Edelstahlwerk KG ist die Entwicklung und Herstellung von geschmiedeten Werkzeugstählen. KCo greift dabei auf eine mehr als 100jährige Erfahrung zurück in der Herstellung und Veredelung von Werkzeugstählen. Mit seinen ca. 600 Mitarbeitern an den Standorten Wiehl/Bielstein und Lindlar/Kaiserau betreibt KCo die dafür notwendige Anlagentechnik wie Stahlwerk mit ESU-Umschmelzanlage, Schmiedepressen, Ringwalzwerk, Glüherei, Vergüterei, Vakuum-Härterei, Fertiglager und mechanische Werkstatt inklusive einem Dienstleistungscenter für die Strangpressindustrie.

Ein besonderer Schwerpunkt des Dienstleistungscenters ist neben den metallurgischen Untersuchungen und Schadensanalysen das Umbüchsen und Instandsetzen von gebrauchten Blockaufnehmern. Eine eigens dafür entwickelte Datenbank ermöglicht es den Blockaufnehmer während seiner Lebensdauer diagnostisch zu begleiten und durch unterschiedliche Maßnahmen standzeitverlängernd einzuwirken.

Außerdem werden mit Hilfe der vorhandenen Anlagentechnik klassische Werkzeugstähle auf ihre notwendigen Eigenschaften hin optimiert und auch neue Werkzeugstähle nach den Erfordernissen des Marktes entwickelt. Besonderer Schwerpunkt hierbei ist die Entwicklung von warmfesten hochzähen High Premium und Top-Güten wie z.B. TQ1. Diese Stahlgüten zeichnen sich durch einen stark reduzierten Anteil an Spurenelementen im Werkzeugstahl aus.

Sowohl die Erfahrungen aus den Entwicklungen von neuen Werkzeugstählen, als auch die Erfahrungen aus unserem Dienstleistungscenter werden gebündelt und in Beratungsgesprächen mit Strangpressern auf zukünftige Werkzeuge übertragen. Dieser ständig stattfindende kontinuierliche Verbesserungsprozess führt zu höheren Standzeiten der Werkzeuge, sicherem und zuverlässigem Produktionsprozess an der Strangpresse, höhere Produktqualität und letztlich auch zu Kostenersparnissen beim Anwender.

In dem nachfolgenden Beitrag werden einige exemplarische Beispiele an konkreten Werkzeugen der Strangpresse beschrieben und auch zukünftiges Verbesserungspotential aufgezeigt.

2 Werkstofftechnik

2.1 Anforderungsprofil

Das Anforderungsprofil an eine Strangpresse ist besonders in den letzten Jahren stark gestiegen. Der Markt dieser Strangpressanlagen verlangt hohe Produktivität, Flexibilität bezüglich der Produktvielfalt und eine nahezu 100% Verfügbarkeit. Geprägt durch dieses immer steigendes Anforderungsprofil, hat in den letzten Jahren eine Weiterentwicklung der einsetzbaren Werkstoffe stattgefunden. Um diesem Anforderungsprofil gerecht zu werden, sind in den letzten Jahren vermehrt Diskussionen über Werkstoffeigenschaften geführt worden. Je nach Anwendung der Werkzeuge stehen neben Gefüge, Analyse und Festigkeit zunehmend Eigenschaften wie Zähigkeit, Warmfestigkeit, abrasiver Verschleißwiderstand im Vordergrund.

Ziel ist es, die in der Prozesstechnik eingestellten Werkstoffeigenschaften in geforderte Werkzeugeigenschaften zu übertragen.

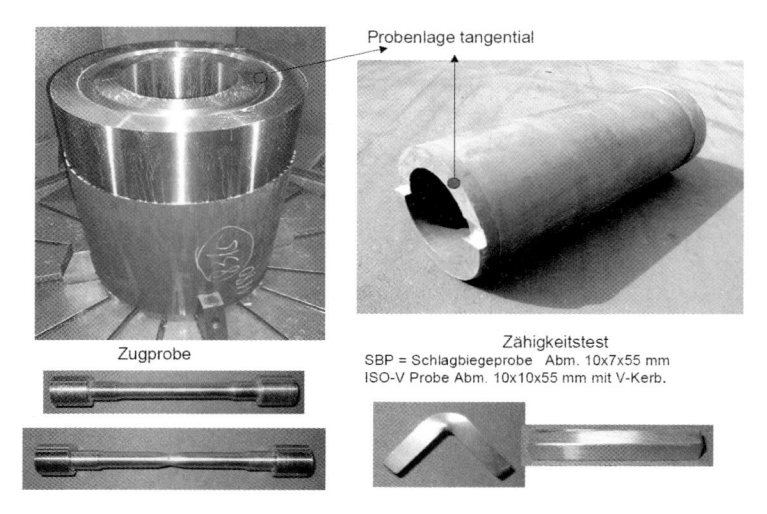

Bild 1: Probenentnahme an geschmiedeten Bauteilen

Um diese Werkzeugeigenschaften sicherzustellen und nachzuweisen, werden an geschmiedeten und wärmebehandelten Bauteilen an repräsentativen Stellen Proben entnommen.

Diese Ergebnisse werden zusammen mit den Prozessdaten einem kontinuierlichen Verbesserungsprozess (KVP) unterzogen.

2.2 Forschung und Entwicklung von Stahlgüten

Wenn wir von Warmarbeitsstählen sprechen, meinen wir im klassischen Sinn Cr-Mo-V Legierungen, die sich besonders durch folgende Eigenschaften auszeichnen:
- Hohe Anlassbeständigkeit,
- hohe Warmfestigkeit,
- hoher Warmverschleißwiderstand,
- hohe Warmzähigkeit und
- hohe Temperaturwechselbeständigkeit.

Weiterhin finden austenitische und Ni-Basis legierte Stähle ihre speziellen Anwendungen in der Strangpressindustrie.

Ziel in der Werkstoffentwicklung ist, das maximale Werkstoffpotential auszuschöpfen und dabei bei hohen Verwendungshärten auch optimale Duktilität einzustellen.

Ein Meilenstein in der Werkstoffentwicklung der letzten 10 Jahre sind sicherlich die sogenannten Super-Clean Warmarbeitsstähle wie zum Bsp. TQ1 aus dem Segment der Top-Güten. Aus den beiden Werkstoffen 1.2343 und 1.2367 ist es uns gelungen die Zähigkeit des einen mit der Warmfestigkeit des anderen zu kombinieren. Zusätzlich sorgt eine modifizierte Fertigung und das ESU-Umschmelzverfahren für eine Stahlgüte aus dem Top-Segment.

Tabelle 1: Übersicht der Warmarbeitsstähle für die Strangpressindustrie

Dominial	W.-Nr. Mat.-No.	Kurzname Name	AISI	AFNOR	Richtanalyse / Reference Analysis in Mass-%							Stahltyp Steel type
					C	Cr	Mo	Ni	V	W	Co	
KTW	1.2311	40CrMnMo7	~ P 20	40CMD8	0,42	2,00	0,20	-	-	-	Mn 1,50	M
CM 167	1.2323	48CrMoV6-7	-	45CDV6	0,45	1,50	0,75	-	0,30	-	-	M
USN	1.2343	X37CrMoV5-1	H 11	Z38CDV5	0,38	5,20	1,30	-	0,40	-	-	M
USD	1.2344	X40CrMoV5-1	H 13	Z40CDV5	0,40	5,20	1,30	-	1,00	-	-	M
RP	1.2365	32CrMoV12-28	H 10	32DCV12-28	0,32	3,00	2,80	-	0,60	-	-	M
RPU	1.2367	X38CrMoV5-3	-	Z38VDV5-3	0,38	5,00	2,80	-	0,60	-	-	M
TQ1 *)	-	-	-	-	0,36	5,20	1,90	-	0,55	-	-	M
Q 10	-	-	-	-	0,36	5,20	1,90	-	0,55	-	-	M
HWD	1.2678	X45CoCrWV5-5-5	H 19	Z40KCWV05-05-05	0,40	4,50	0,50	-	2,10	4,50	4,50	M
PW 15	1.2713	55NiCrMoV6	L 6	55NCDV7	0,55	0,70	0,30	1,70	0,10	-	-	M
PWM	1.2714	55NiCrMoV7	~ L 6	~ 55NCDV7	0,55	1,10	0,45	1,70	0,10	-	-	M
AWS	1.2731	X50NiCrWV13-13	-	-	0,50	13,00	-	13,0	0,60	2,40	-	M
MA-Rekord	1.2758	X50WNiCrVCo12-12	-	-	0,55	4,00	0,60	11,5	1,10	12,00	1,50	M
RPCo	1.2885	X32CrMoCoV3-3-3	H 10A	-	0,32	3,00	2,80	-	0,60	-	3,00	M
RM 10 Co	1.2888	X20CoCrWMo10-9	-	-	0,20	9,50	2,00	-	-	5,50	10,00	M
HMoD	1.2889	X45CoCrMoV5-5-5	H 19A	-	0,45	4,50	3,00	-	2,00	-	4,50	M
HWF	1.2779	X6NiCrTi26-15	A286	Z6NCTDV25 15B	≤ 0,08	15,00	1,50	26,0	-	Ti 2,30	-	A
SA 718	2.4668	NiCr19Fe19Nb5Mo3	UNS No 7718	NC19FeNb	0,05	19,00	3,00	53,0	-	Nb 5,0 Ti 0,9 Al 0,5	-	Ni
SA 50 Ni	2.4973	NiCr19CoMo	R41	-	≤ 0,12	19,00	9,50	Rest Balance	-	Ti 3,0 Al 1,6	11,00	Ni

*) erzeugt nach dem Elektro-Schlacke-Umschmelzverfahren (ESU)
   produced by Electro-Slag-Remelting technology (ESR)

M = martensitisch / martensitic
A = austenitisch / austenitic
Ni = Nickel-Basis-Legierung / Nickel base super alloy

„offene" Erzeugung　　　　　　　　　　　ESU-Erzeugung

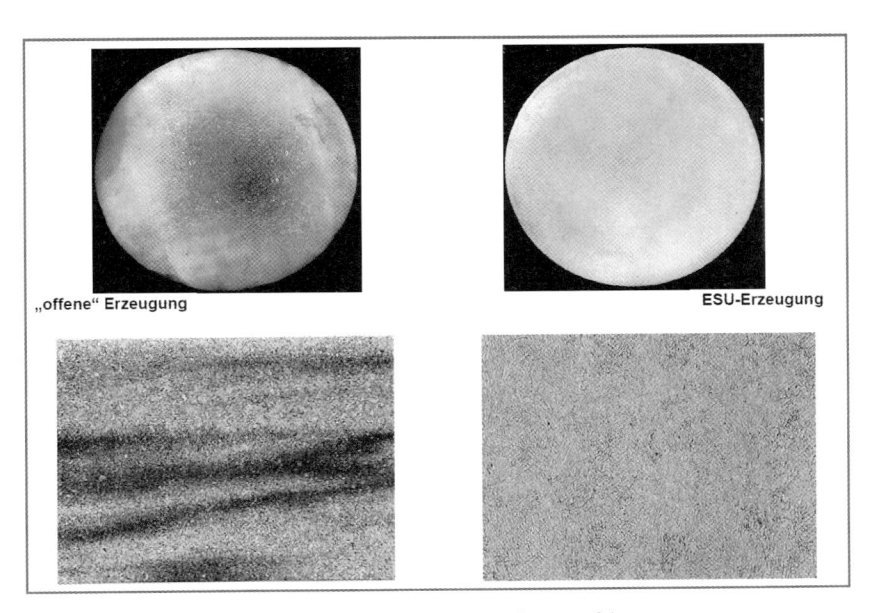

Bild 2: Seigerungsverhalten der unterschiedlichen Herstellungsverfahren

Integriert in den KVP Prozess ist auch die Werkstoffentwicklung, die mit den sogenannte Super-Clean Güten eine entscheidende Steigerung der Werkzeugeigenschaften erreicht.

Betrachten wir nur mal die Zähigkeit der Werkstoffe aus dem Premium-Bereich im Verhältnis zu der Top-Legierung TQ1, so ist durch dieses modifizierte und reinere Herstellungsverfahren die Zähigkeit um bis zu ca. 30% gesteigert worden.

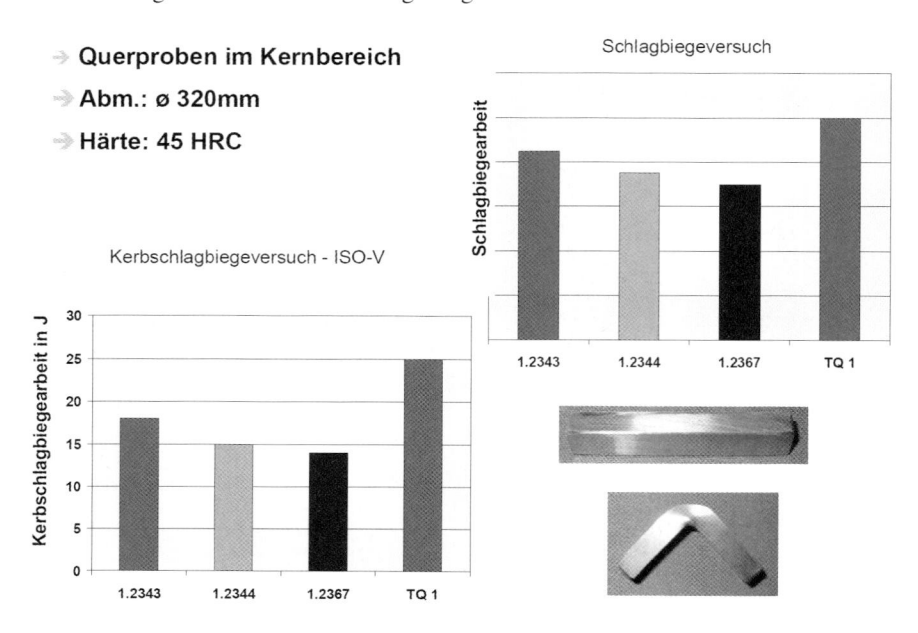

→ **Querproben im Kernbereich**
→ **Abm.: ø 320mm**
→ **Härte: 45 HRC**

Bild 3: Vergleich von Zähigkeiten an Warmarbeitsstählen

Die Zähigkeitssteigerung führt bei gleichen Härten der Werkzeuge zu geringeren Rissneigungen und dementsprechend längeren Standzeiten.

Resultierend daraus können die Werkzeuge bei gleichem Zähigkeitsniveau mit höhere Festigkeiten verwendet werden.. Gerade bei Indirekt-Pressstempeln wird durch die hohen Flächenpressung am Stempelschaft auch eine um ca. 600 N/mm² höhere Festigkeit gefordert. Diese höhere Festigkeit von bis zu 1750 – 1850 N/mm² wurde bisher bei den traditionellen Werkstoffen z.B. 1.2343 nur zu Lasten der Zähigkeit erreicht. Heute sind wir durch diese High-Premium Stähle und Top-Güten in der Lage, diese hohe Festigkeit ohne Zähigkeitseinbußen an Pressstempeln einzustellen.

Weitere Anwendungen dieser Top-Stähle sind Innenbüchsen, die mit einer höheren Festigkeitslage gegenüber traditionellen Warmarbeitsstählen eingestellt werden. Dadurch wird vorwiegend die Standzeit der Dichtflächen, abrasiver Verschleiß in der Bohrungsoberfläche und plastischen Maßveränderungen entgegengewirkt. Dies führt letztlich auch zu verbesserter Produktqualität.

Nachfolgend einige Bildbeispiele für erfolgreiche TQ1 Anwendungen (Stempel, Innen- und Zwischenbüchsen, Pilgerwalze, Matrizen).

Aktuell arbeiten wir an einem weiteren High-Premium Stahl mit Namen HP1. HP1 wird gezielte Spurenelemente haben mit einem ähnlich hohen Anspruch an die Zähigkeit und Wirt-

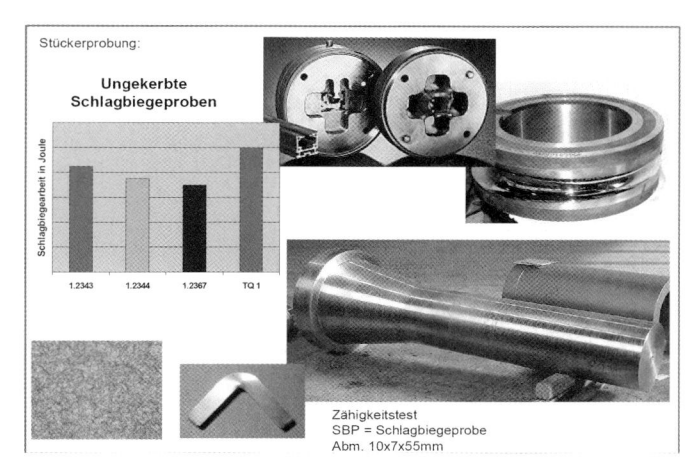

Bild 4: TQ1 Anwendungen

Bild 5: Neuentwicklung von hochzähen Warmarbeitstahlen

schaftlichkeit. In nebenstehender Grafik ist der HP1 mit seinen Eigenschaften Zähigkeit über Warmfestigkeit dargestellt.

3 Herstellungsverfahren der Schmiederohlinge

Neben der Stahlerzeugung und den Legierungselementen hat auch das Herstellungsverfahren einen wesentlichen Einfluss auf die Werkzeugeigenschaften.

Neben der Standard Stabschmiedung favorisieren wir in unserm Haus konturnahes Schmieden und 3d-Schmieden der Werkzeugstähle. Beide Schmiedeverfahren haben einen wesentlichen Einfluss auf Eigenschaften im Werkzeug.

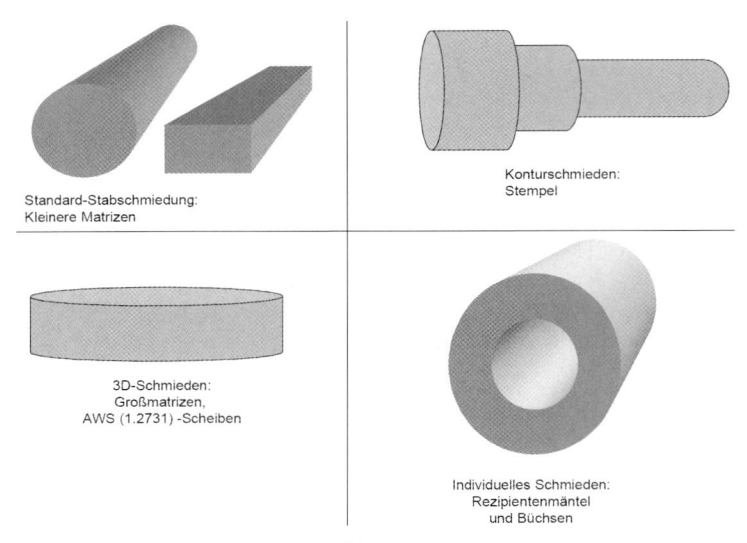

Bild 6: Unterschiedliche Schmiedeverfahren

Gefügestruktur und Faserverlauf im Stahl werden dadurch besonders positiv beeinflusst. An einem einfachen Flachstück aus dem Werkstoff 2.4379 (SA 50 Ni) sind in unterschiedlicher Lage Proben entnommen worden, um daraus Werkstoffeigenschaften zu ermitteln.

Allein nur die geänderte Faserausrichtung an Strangpressmatrizen hat einen großen Einfluss auf die Zähigkeit.

Auch bei Pressstempeln ist es von Vorteil die Rohkontur möglichst nahe an der Fertigkontur zu schmieden. Der damit günstiger ausgerichtete Faserverlauf im Pressstempel, wirkt sich positiv auf seine maximale Belastbarkeit aus.

Gerade die Übergänge von Fuß zu Schaft gelten als kritische Gefahrenstellen und werden durch diese Freiformschmiedetechnik entschärft.

Allseitiges Schmieden von 3d-Scheiben, bei Matrizen für Schwermetall oder Leichtmetall für die Aluminiumindustrie zeichnen sich durch praktisch isotropen Werkstoffcharakter aus.

Gerade Matrizen mit unsymmetrischen Durchbrüchen und demnach auch zusammengesetzten Zug-, Druck- oder Torsionsbelastungen erfordern in allen 3 Dimensionen nahezu gleiche technologische Werkzeugeigenschaften.

Die für den Rezipienten notwendigen einzelnen Büchsen werden auf der Freiformschmiedepresse individuell hergestellt. Nach dem Vorschmieden und Stauchen wird der Block gelocht und anschließend über einen Dorn axial rotierend ausgeschmiedet.

Durch diesen Schmiedeprozess wird gegenüber der traditionellen Stabschmiedung. ein höherer Umformungsgrad erreicht. Dieses hat auf die Duktilität einen positiven Einfluss.

Mechanische Eigenschaftswerte n. d. Wärmebehandlung

Abmessung: 80 ø mm
Festigkeit 1250-1280 N/mm²

Probenlage Quer
SBP = 38; 48; 66   **ø = 50 Joule**

Faserrichtung

Probenlage Längs
SBP = 86;103; 130   **ø = 103 Joule**   Faserrichtung

Rundstab geschmiedet

Faserrichtung   Faserrichtung

Flachstab geschmiedet

Faserrichtung   Faserrichtung

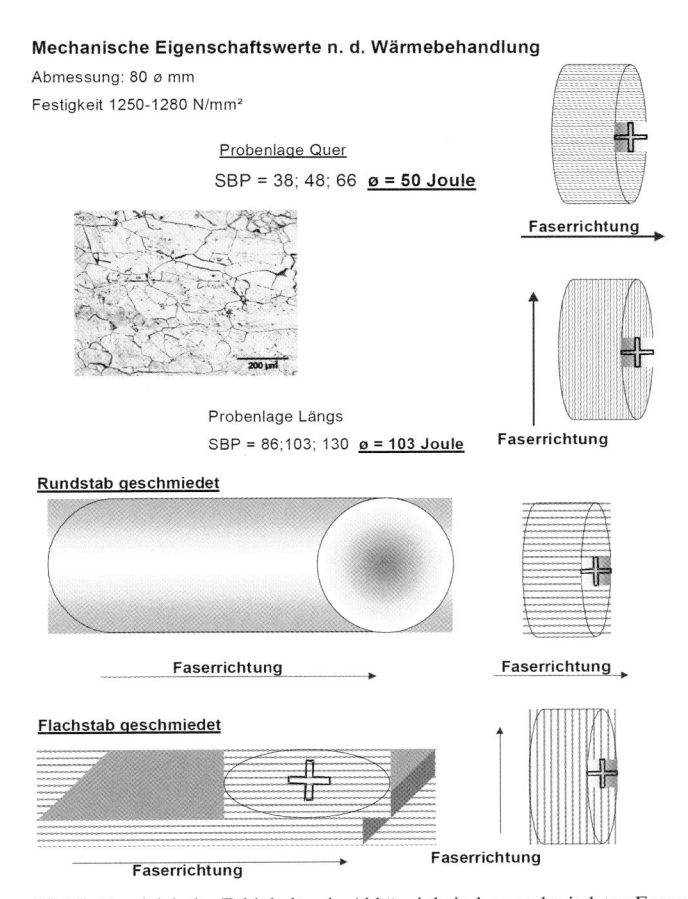

Bild 7: Vergleich der Zähigkeiten in Abhängigkeit der geschmiedeten Faserrichtung

Länge = 3995 mm

Bild 8: Konturschmiedung von Pressstempeln

4 Wärmebehandlung

Ein weiterer nicht zu unterschätzender Einfluss auf die Werkzeugeigenschaften hat die Wärmebehandlung der Werkzeugstähle. Nachfolgende Parameter haben hierbei eine wesentliche Bedeutung:

Bild 9: 3d-Schmieden einer Matrize

Bild 10: Schmieden eines Rezipientenmantels

4.1 Ausgangsgefüge

Das Ausgangsgefüge sollte nach DGM Merkblatt oder NADCA Richtreihe qualifiziert werden.

4.2 Wärmebehandlungsparameter

Hier wirken entscheidend Austenitisierungstemperatur und Haltezeit bei martensitischen Stählen.

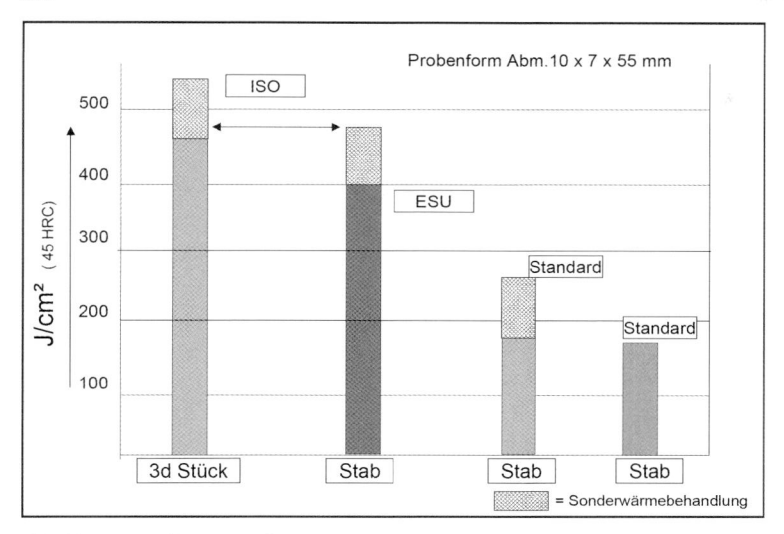

Bild 11: Werkstoffeigenschaften in Abhängigkeit der Herstellverfahren

Für die Warmarbeitsstähle liegt diese Temperatur zwischen 1000 und 1130 °C. Wichtig hierfür ist eine durchgreifende Stückerwärmung und entsprechend der Querschnittsgeometrie angepasste Haltezeit. Je nach Anforderung werden diese Parameter individuell eingestellt. Ein Überhitzen oder Überzeiten des Strangpresswerkzeuges kann zwar die Warmanlassbeständigkeit gesteigert werden, aber ein unerwünschtes Kornwachstum zu Folge haben.

4.3 Abkühlungsgeschwindigkeit

Grundsätzlich verlangen martensitische Stähle hohe Abkühlungsgeschwindigkeiten, um verlangte Werkstoffeigenschaften zu erreichen. Ungenügende Abkühlungsgeschwindigkeiten haben den Nachteil, dass nicht akzeptable Umwandlungsgefügezustände entstehen und damit einen negativen Einfluss auf die Werkstoffeigenschaften haben.

4.4 Anlassen

Durch mehrmaliges Anlassen wird nicht nur die geforderte Festigkeit eingestellt, sondern auch Restaustenit vollständig in Martensit umgewandelt. Ist dies nicht der Fall, wird das Potential der Zähigkeit des Werkstoffes nicht voll ausgeschöpft. Aus diesem Grund ist ein 3-maliges Anlassen zu empfehlen.

Um das optimale Werkstoffpotential zu erreichen, müssen die aufgezählten Parameter berücksichtigt werden.

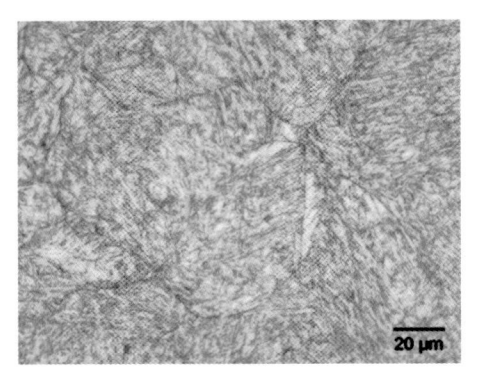

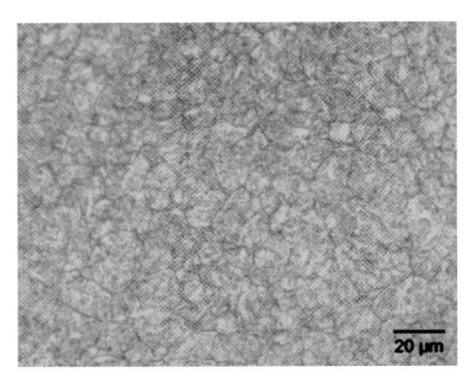

Bild 12: Vergleich von Grobkorn / Feinkorn an geätztem Schliffbild

Vielfach wird aus Kosten- und Terminzwängen diese optimale Wärmebehandlung verlassen und damit nicht die maximalen Eigenschaften des Stahles ausgeschöpft.

5 Oberflächentechniken – Nitrieren, Oxidieren

Oberflächentechniken werden eingesetzt, um Reibwiderstand und Klebneigung zu verringern oder eine nichtmetallische Isolationsschicht an Strangpresswerkzeugen zu erzeugen.
Nachfolgend soll auf zwei wesentliche Oberflächentechniken näher eingegangen werden.

5.1 Nitrieren

Unter Nitrieren versteht man das Anreichern der Randschicht eines Werkstückes mit atomaren Stickstoff. Durch diese Anreicherung entsteht eine nichtmetallische Oberfläche und ein oberflächlicher Härteanstieg auf ca. 1200HV.

Bild 13: Aufbau einer Nitrierschicht

Anwendung findet das Nitrieren bei Matrizen für Aluminium-Profile. Dadurch wird verwendungsspezifisch eine geringere Haft- und Klebneigung und ein höherer Verschleißwiderstand der Matrize erreicht.

Nachfolgender Aufbau einer Nitrierschicht ist zu empfehlen:
- Verbindungszone (weiße Zone) . 6 – 10 µm
- Diffusionszone: 0,10 – 0,15mm

5.2 Oxidieren

Als weitere Oberflächentechnik kommt an Schwermetall-Rohrpressdornen ein spezielles Oxidationsverfahren zur Anwendung. Die bei diesem Verfahren hergestellte oxidierte Oberfläche sorgt für optimale Startbedingungen an Rohrpressdornen gegenüber unbehandelten Dornen.

Die eingestellten Schichtstärken betragen ca. 4 –6 µm.

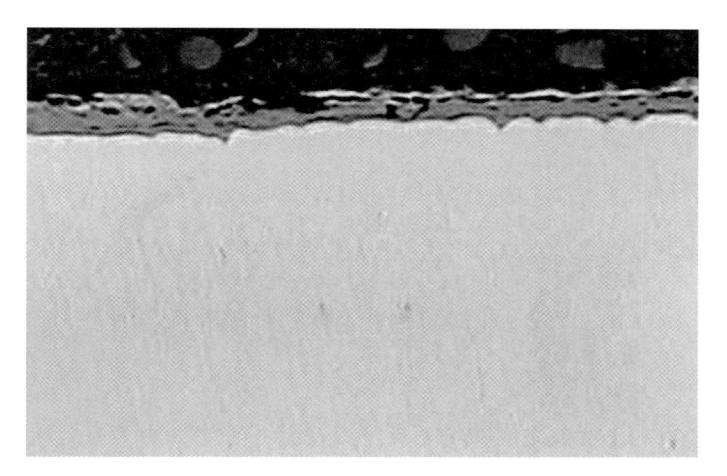

Bild 14: Oxidschicht an Strangpressdornen

Beide Verfahren haben sich etabliert und sorgen für Standzeitverbesserungen der Werkzeuge und qualitativen Verbesserungen an Strangpressprodukten.

6 Inspektion und Schrumpftechnik

Die Einzelkomponenten jedes Rezipienten, wie Mantel. Zwischenbüchse und Innenbüchse unterliegen einer Belastungssituation, die früher oder später zu einem Büchsenwechsel zwingen.

Im Rahmen dieser Tätigkeiten unterziehen wir den Container einer umfangreichen Inspektion um Rückschlüsse auf weitere Verwendungsfähigkeit oder zusätzlicher Maßnahmen einzuleiten.

Neben den generellen Prüfungen wie Maß-, Riss-, und Heizungskontrolle nimmt heute die genaue Untersuchung der empfindlichen Thermofühler- und Luftzufuhrbohrungen mittels Boroskop eine wichtige präventive Rolle ein.

6.1 Datenbank gestützte Eingangsinspektion

Alle Inspektionsergebnisse und durchgeführte Maßnahmen werden in einer speziellen Datenbank gespeichert. Dies ermöglicht, eine umfassende Historie der Rezipienten zu erstellen und einen kontinuierlichen Verbesserungsprozess (KVP) gemeinsam mit Kunden zu entwickeln.

Neuentwicklungen wie A-P System, WT-Kühlung und modifizierter Heizungsanschluss, die später noch erläutert werden, sind aus diesem KVP entstanden.

Alle wichtigen Informationen werden in der Datenbank dokumentiert und stehen für zukünftige Beurteilungen vollständig zur Verfügung.

6.2 Schrumpftechnik

Im praktischen Betrieb wirken auf den Rezipienten stark wechselnde mechanisch – thermische Spannnungssituationen. Anwendungsspezifische Spannungsberechnungen berücksichtigen neben dem Pressdruck, Block- und Manteltemperaturen nicht zuletzt die Schrumpfspannungen.

Besonders wichtig ist es, die unterschiedlichen Ausdehnungskoeffizienten der verwendeten Werkstoffe zu berücksichtigen.

7 Werkzeugtechnik und Design

Neben der optimalen Ausstattung der Werkstoffe bezüglich Zusammensetzung, Festigkeit, Struktur, Gefüge, Zähigkeit, Warmfestigkeit und Verschleißwiderstand steckt auch im Design und in der Werkzeugtechnik ein ganz wesentliches Entwicklungspotential zur Verbesserung von Strangpresswerkzeugen. Diese Entwicklungen werden nachfolgend an einigen Beispielen beschrieben.

7.1 Air Protection-System (AP-System, Gebrauchsmuster 203 18 917.5)

An luftgekühlten Rezipienten sorgt ein AP-System für einen sicheren und reibungslosen Betrieb. Nach umfangreichen Untersuchungen an angerissenen Luftzuführbohrungen haben wir ein Schutzrohr entwickelt.

Ohne dieses A-P System traten in der Mantelbohrung an den Luftzuführbohrungen axiale Risse auf, die aufwendig ausgefräst und geschweißt wurden.

Nachdem wir dieses AP-System seit nunmehr einigen Jahren im Einsatz haben, sind alle damit ausgerüsteten Rezipienten an den kritischen Stellen rissfrei. Überprüfungen werden mit Hilfe eines Boroskopes digital dokumentiert.

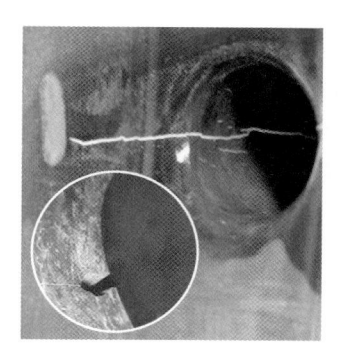

Bild 15: Entwicklung A-P System im Rezipientenmantel

7.2 Wärmetauscher-Kühlung (WT-Kühlung, Gebrauchsmuster 201 17 589.4)

Die von außen radial in den Rezipienten einströmende Luft, wird axial mittels Kühlspiralen auf die Zwischenbüchse umgeleitet.

Um die Oberfläche zu vergrößern und eine turbulente Strömung zu erzeugen ist die Kühlspiralentopografie wellenförmig ausgebildet.

Ziel dieser Ausführung ist es, die Anzahl der Innenbüchsen pro eingebaute Zwischenbüchse zu steigern.

Bisher konnte man bei Schwermetall-Strangpressen ca. 2 Innenbüchsen mit gleicher Zwischenbüchse verwenden. Nach ersten Testergebnissen konnten wir drei Innenbüchsen in gleicher Zwischenbüchse einbauen.

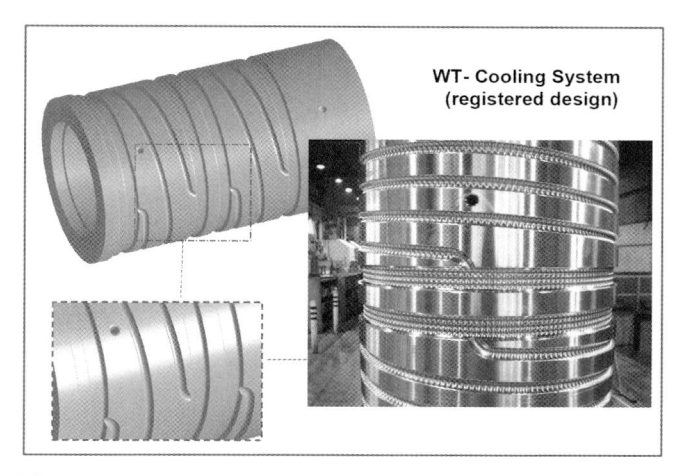

Bild 16: WT-Kühlung an einer Zwischenbüchse

7.3 Heizungsanschluss

Besonders auffällig in der Risskontrolle unserer Eingangsinspektion ist der Heizungsanschluss an Rezipienten. Hier gilt es so wenig wie möglich Gewindebohrungen zur Befestigung der Heizungsanschlüsse einzubringen.

Wie in Bild 19 zu sehen ist, entfallen die Gewindebohrungen an den besonders kritischen Stellen im Mantel, ohne das die Stabilität darunter leidet.

Weiterhin ist konstruktiv darauf zu achten, dass die Radien und Übergänge großzügig ausgeführt werden, um vorprogrammierte Anrisse zu vermeiden.

7.4 Sicherung der Büchsen gegen Verschieben

Die Innen- und Zwischenbüchse im Rezipient werden mit Positiv- oder Negativschultern einseitig gegen Verschieben gesichert. Wird der Rezipient in beiden Richtungen betrieben, sollte an Innen- und Zwischenbüchse eine Doppelschulter installiert werden.

Bild 17: Schadensfälle am Heizungsanschluss

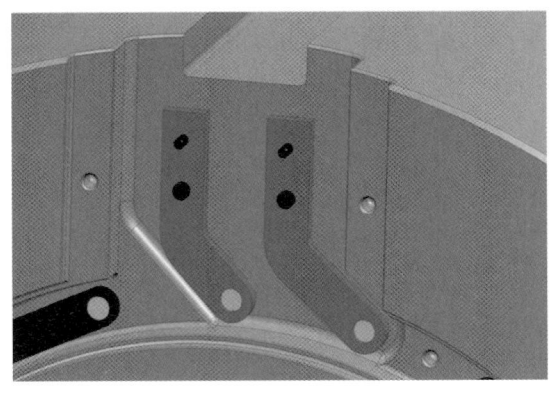

Bild 18: Modifizierter Heizungsanschluss

Bild 19: Radien und Übergänge an Heizungstaschen

Die Doppelschulter verhindert ein Verschieben der Büchsen in beide Richtungen. Nachteilig ist der höhere Aufwand beim Umbüchsen. Die Büchse wird mit Stickstoff unterkühlt in den vorgewärmten Mantel eingeschrumpft. Außerdem muss vor dem Ausschrumpfen die Doppelschulter zerspant werden.

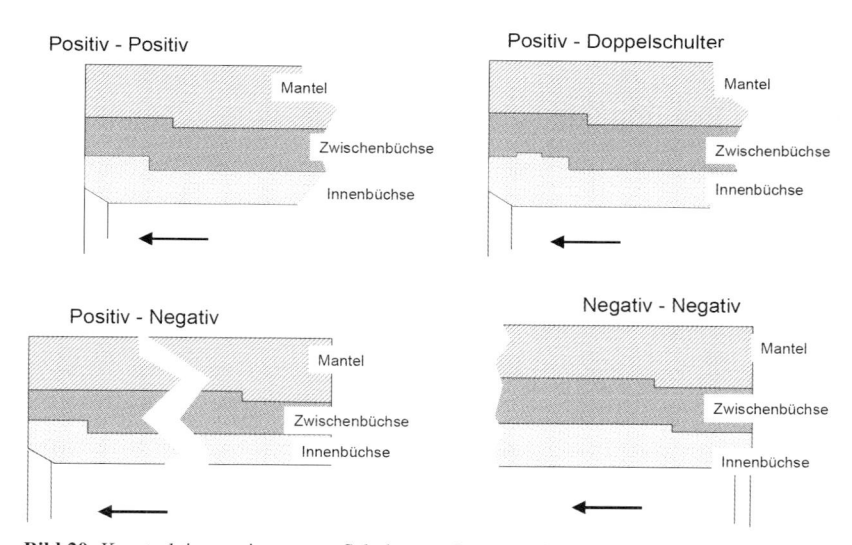

Bild 20: Konstruktionsvarianten von Schultern an Innen- und Zwischenbüchsen

Der 40% höheren Ausdehnungskoeffizient bei austenitischen Büchsen gegenüber martensitischen Büchsen muss bei der Auswahl der Schulterkonstruktion berücksichtigt werden.

Physikalisch bedingt hebt sich beim Erkalten der Innenbüchse die Positivschulter wenige Millimeter vom Bund ab. Beim späteren Einsatz setzt sich die Büchse um diesen Spalt.

Dies ist bei Negativschulter kaum vorhanden und wird heutzutage an modernen Leichtmetall-Rezipienten eingesetzt.

7.5 Vorwärmen von Rezipienten

Vor Inbetriebnahme des Rezipienten sollte dieser durchgreifend auf min. 380-400°C vorgewärmt werden. Vorzugsweise sollte das Vorwärmen außerhalb der Presse in einer externen Vorwärmstation erfolgen.

7.6 Pressstempel

Wie bereits erwähnt, werden Pressstempel immer höheren spezifischen Druckbelastungen ausgesetzt und dementsprechend werden Premium-Warmarbeitsstähle mit höheren Festigkeiten verwendet.

Neben dem Stahl wird aber auch die Konstruktion optimiert. Gerade die Übergänge von einem Vierkantfuß zum runden Schaft führen häufig zu Anrissen wie in Bild zu erkennen ist. Durch konstruktive Änderungen und den Einsatz von hochzähem Werkstoff TQ1 konnte eine betriebssichere Verwendung gewährleistet werden.

Bild 21: Schaden an einem Pressstempelfuß

8 Zusammenfassung

Das sich ständig ändernde Anforderungsprofil in der Strangpressindustrie erfordert einen kontinuierlichen Forschungs- und Entwicklungsprozess an Werkstoffen, Fertigung und Design. Dieser kontinuierliche Prozess wird durch ein intelligentes Datenbanksystem unterstützt. Sowohl Informationen aus diagnostizierten Schadensfällen und Erfahrungen aus Strangpressbetrieben fließen in das System ein. Mit Hilfe dieser Systematik verfolgen wir in Zusammenarbeit mit Anwendern gezielte Weiterentwicklungen. In dem vorliegenden Beitrag wurde an Beispielen die erreichten Entwicklungsschritte dargestellt. Durch eine hohe Fertigungstiefe und damit verbundenem Know-How werden Entwicklungen an Strangpresswerkzeugen beschleunigt und in ein sicheres Fertigungsverfahren umgesetzt. Unsere Erfahrungen haben gezeigt, dass individuelle Entwicklungen und Verbesserungen nicht global auf vergleichbare Anwender vollständig übertragbar sind. Gesteigert werden kann dieser Prozess durch einen direkten und offenen Informationsaustausch mit den Anwendern.

9 Literatur

Bücher

[1] Laue / Stenger, Strangpressen
[2] M. Bauser / G. Sauer / K. Siegert, Strangpressen

Patente

[3] Kind & Co Edelstahlwerk, deutsches Gebrauchsmuster 203 18 917.5, A-P System
[4] Kind & Co Edelstahlwerk, österreichisches Gebrauchsmuster GM 874/2003, A-P System
[5] Kind & Co Edelstahlwerk, deutsches Gebrauchsmuster 201 17 589.4, WT-Kühlung

Produktionslinien nach Strangpressen für Kupfer- und Messingprodukte

Ing. Johann Vielhaber, Ing. Herbert Plank
ASMAG-Anlagenplanung und Sondermaschinenbau GmbH, A-Scharnstein

1 Einführung

Asmag ist eine international tätige Firma mit Sitz in Österreich und hat sich in einem Unternehmensbereich auf die Planung und Herstellung von Produktionslinien und Maschinen nach Buntmetallstrangpressen spezialisiert.

Anhand von allgemeinen Betrachtungen zu diesem Thema und anhand eines exemplarischen Fallbeispieles wollen wir zeigen, wie die Anlagentechnik bei derartigen Produktionslinien aussehen kann und welche Verarbeitungsschritte heute schon nach dem Pressen des Produktes verkettet werden. Betrachtet werden Auslaufsysteme zur Herstellung von Kupfer- und Messingprodukten.

2 Allgemeines

An neue Auslaufsysteme für Messing- und Kupferprodukte werden heutzutage immer höhere Ansprüche gestellt. Die hohe Produktqualität, die das Presswerkzeug verlässt, soll auf den Folgeeinrichtungen nicht nur beibehalten, sondern noch verbessert werden. Gleichzeitig muss die Produktivität bei Neuanlagen wesentlich erhöht werden.

Aus diesen Gründen haben die Maschinen direkt nach der Strangpresse heute zumindest den gleichen Stellenwert wie die Strangpresse selbst, dh. aus den sogenannten Hilfseinrichtungen, wie Auslaufeinrichtungen früher oft bezeichnet wurden, sind Hochleistungsanlagen bzw. Präzisionsmaschinen geworden.

3 Auslegungskriterien bei Produktionslinien nach Strangpressen

Stark vereinfacht kann man Auslaufsysteme nach Strangpressen für Kupfer- und Messingprodukte in 3 Typen unterteilen:
- Unterwasserauslaufeinrichtungen (vorwiegend für Kupferprodukte)
- Trockenauslaufeinrichtungen (vorwiegend für Messingprodukte)
- Kombiauslaufsysteme (trocken und nass) für Kupfer- und Messingprodukte sowie Sonderlegierungen.

Bei der Auslegung einer neuen Produktionslinie nach einer Strangpresse müssen im Wesentlichen folgende Kriterien berücksichtigt werden:
- Produktvielfalt
- Materialqualität (Toleranzen, Oberflächenbeschaffenheit und Materialgefüge)
- Produktivität
- Verfügbarkeit

- Rüstzeiten
- Auftragsdurchlaufzeiten
- Abfallrate
- Arbeitssicherheit
- Automatisierungsgrad
- Personalaufwand.

Eine Herausforderung bei der Konzepterstellung und Auslegung der Anlage ist die Produktvielfalt. Eine Anlage, auf welcher die unterschiedlichsten Materialien (Kupfer- oder Messingprodukte oder Sonderlegierungen, in geraden Längen bzw. in Ringen gewickelt, als Rohr, Stange oder Profil) verarbeitet werden, ist grundsätzlich wesentlich aufwendiger in der Anlagentechnik, als reine Monoanlagen, haben aber den Vorteil, dass man mit derartigen Anlagen flexibler auf Marktveränderungen reagieren kann.

Monoanlagen hingegen haben den Vorteil, dass die jeweiligen Produkte auf derartigen Anlagen am wirtschaftlichsten erzeugt werden können. Voraussetzung ist aber eine entsprechende mehrschichtige Auslastung.

Grundsätzlich überwiegen bei neuen Projekten Monoanlagen bzw. Anlagen, welche den Monoanlagen nahe kommen.

Die hohen Anforderungen an die Qualität und Maßhaltigkeit der Pressprodukte erfordert eine präzise Anlagentechnik. Es sind daher Anlagentechniken notwendig, die mit früheren Anlagen kaum mehr etwas gemeinsam haben. Reine Schweißkonstruktionen sind schon lange nicht mehr ausreichend. Dementsprechend sind Asmag Auslaufeinrichtungen an den maßgeblichen Stellen mechanisch bearbeitet, um diesen hohen Qualitäts- und Toleranzanforderungen gerecht zu werden.

Nachhaltig beeinflusst wird die Qualität bei Kupferprodukten durch die Wasserkühlung. Eine Entwicklung wie das Asmag Intensivkühlrohr ermöglicht eine gezielte und reproduzierbare Kühlung des Pressproduktes. Mit dem Intensivkühlrohr und durch einsetzen von Additiven kann einerseits das Kornwachstum minimiert und somit die Korngröße klein gehalten werden, andererseits die Oxydbildung an der Materialoberfläche minimiert und somit eine nachfolgende Beizbehandlung vermieden werden.

Durch den Einsatz feinfühliger Auszieheinrichtungen bzw. hochdynamischer Rollenauslaufbahnen, welche erst durch neue Antriebstechniken möglich wurden, werden Geradheiten und Querschnittstoleranzen am Pressprodukt erreicht, welche bisher nicht möglich waren. Einerseits wird die Weiterverarbeitung durch eine wesentlich bessere Vorqualität vereinfacht und dadurch auch kostengünstiger, andererseits auch die Abfallrate reduziert.

Ein sehr wichtiger Faktor bei der Planung von Produktionslinien nach Strangpressen ist der Umrüstaufwand. Oftmals wird nur Wert auf eine möglichst hohe Schusszahl gelegt und dabei übersehen, dass diese gute Leistung aufgrund des Umrüstaufwandes zunichte gemacht wird. Gerade bei Universalanlagen ist das schnelle umrüsten oft wichtiger, als eine geringe Zykluszeit. Über eine Automatisierung und Minimierung der Umrüstarbeiten und über Wissensdatenbanken, woraus vollständige Einstellungen einfach abgerufen werden können, werden die Umrüstzeiten auf ein Minimum reduziert.

Eine wesentliche Entwicklung in der jüngsten Vergangenheit, welche sich auch beim Anlagenkonzept auswirkt, sind die anhaltend hohen Rohstoffpreise. Es wird daher immer mehr Wert auf einen niedrigen Materialumlaufbestand gelegt. Um Materialumlaufbestände bzw. Lagerbestände gering zu halten, sind kurze Auftragsdurchlaufzeiten gefordert, was bei Standardprodukten durch einen hohen Verkettungsgrad und eine Minimierung der Abfallrate erreicht wird.

Aufgrund all dieser und anderer Kriterien kann bei Neuprojekten anlagentechnisch kaum mehr eine Standardlösung verwendet werden. Jedes Projekt muss individuell betrachtet und entsprechend konzipiert werden.

Am Ende muss ein Projekt auch wirtschaftlich sein, und da zeigt sich, dass die einmaligen Investitionskosten langfristig den geringsten Teil der Gesamtkosten ausmachen. Viel wesentlicher bei derartigen Anlagen ist die Verfügbarkeit und die erzeugte Produktqualität. Stimmt einer dieser Parameter nicht, entstehen für den Betreiber der Anlage laufende Kosten, welche Einsparungen bei den Investitionskosten innerhalb kurzer Zeit wettmachen. Aus diesen Gründen und auch gerade wegen der schwierigen Wettbewerbssituation in der Kupfer- und Messinghalbzeugindustrie ist der klare Trend zu beobachten, dass immer mehr Wert auf ein gutes Verhältnis zwischen dem produzierenden Betrieb und dem Maschinenlieferanten gelegt wird.

4 Fallbeispiel

Im diesem Fallbeispiel gemäß der nachstehenden Layoutzeichnung ist eine Produktionslinie für Messingrohre beschrieben. Anhand dieser Anlage soll exemplarisch gezeigt werden, wie unterschiedliche Kundenanforderungen umgesetzt werden können.

4.1 Allgemeines

Auf der Anlage werden ausschließlich Messing- und Sondermessingrohre produziert.

Die aus der Gießerei kommenden Stangen haben eine Länge von 2,8–3,2 m und einen Durchmesser von ca. 260 oder 320 mm.

Diese werden auf einer Sägeanlage auf Längen zwischen 280 und 900 mm eingeteilt. Nach dem Erwärmen werden die gesägten Bolzen auf der Strangpresse zu Rohren mit einem Außendurchmesser von 30 bis 140 mm verpresst. Die max. Auspresslänge beträgt dabei 60 m. Auf der Einteilsäge werden die Rohre dann auf Längen zwischen 3,5m und 11,5 m gesägt.

A	Bolzensägeanlage	
B	Bolzenlagersystem	
C	Gaserwärmungsofen	
D	Rohrstrangpresse	
E	Auslaufsystem für Messingrohre	
F	Folgeeinrichtungen	

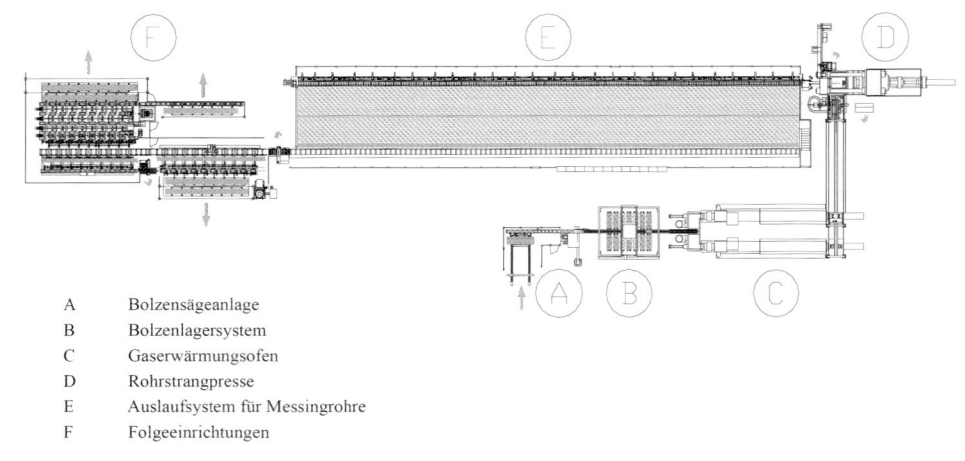

Bild 1: Gesamtlayout der Produktionslinie für Messingrohre

Die Produktionslinie setzt sich im Wesentlichen aus den nachstehenden Maschinen bzw. Baugruppen zusammen:

A) Vollautomatische Bolzensägeanlage von Firma Asmag bestehend aus:
- Aufgabetisch für Stangen
- Zulaufrollgang mit Längenmesseinrichtung für Stangen
- Hochleistungsmetallkreissäge
- Auslaufrollgang mit Wiegeeinrichtung und Abschnittlängenvermessung

B) Vollautomatisches Lagersystem für gesägte Bolzen von Firma Asmag bestehend aus:
- Bolzenmanipulator
- Lagergestelle zum Einlagern von bis zu 400 gesägten Bolzen

C) Gaserwärmungsofen

D) Strangpresse für Messingrohre
- in Kompaktbauweise, Lochdornzylinder außenliegend
- Presskraft Hauptzylinder 35 MN, Lochdornkraft 5 MN

E) Auslaufsystem für Messingrohre von Firma Asmag bestehend aus:
- Rollenauslaufbahn für eine Auspresslänge von 60m, mit 2 integrierten Probenscheren zur automatischen Probennahme am vorderen und hinteren Rohrende, einer Schutzabdeckung über der gesamten Rollenauslaufbahn und dem Parallelabschiebelineal
- Schalenquerfördereinrichtung für insgesamt 15 Rohre, einem Exzenterhubbalken, einer Produktkühleinrichtung im Bereich des Schalenquerförderers und des Exzenterhubbalkens sowie einer Einrichtung zum lagenweisen Eintransportieren der Rohre vom Exzenterhubbalken in den Sägezulaufrollgang
- Hochleistungsmetallkreissäge mit Sägezu- und Auslaufrollgang

F) Folgeeinrichtungen von Firma Asmag bestehend aus:
- Wechselmulden für Sondermessingrohre
- Nachsägeeinrichtung für Messingrohre
- Anspitzanlage bestehend aus
- hydraulischer Faltangelpresse
- induktiver Rohrendenerwärmung
- Hämmermaschine
- Wechselmulden für angespitzte Messingrohre
- Auffangmulden für Unterlängen bei Messingrohren mit vorheriger automatischer Erkennung der Unterlängen

4.2 Wesentliche Merkmale der Maschine

Aufgrund des hohen Automatisierungsgrades ist es möglich, die Gesamtanlage beginnend bei der Stangenaufgabe der Bolzensägeanlage bis zu den Wechselmulden für die angespitzen Messingrohre mit 3 bzw. 4 Mann bei Betrieb der Nachsägeanlage zu bedienen:

Bolzensägeanlage:	mannlos (vollautomatischer Betrieb)
Bolzenlagersystem	mannlos (vollautomatischer Betrieb)
Gaserwärmungsofen:	mannlos (vollautomatischer Betrieb)
Strangpresse:	2 Bediener
Auslaufsystem:	1 Bediener bei der Sägeanlage und 1 Bediener bei der Nachsäganlage (sofern diese im Einsatz ist)

Produktqualität

Das wesentlichste Kriterium für die Auslegung dieser Anlage war die gewünschte Produktqualität. Die Rohre durften weder durch die Anlage beschädigt, noch in den Maßen verändert werden. Nachstehend sind dazu einige Maßnahmen an der Maschine beschrieben.

Um eine metallische Berührung generell zu vermeiden, sind mit Ausnahme der Rollen der Rollenauslaufbahn alle mit dem Material in Berührung kommenden Flächen zwischen der Presse und der Sägeanlage beschichtet bzw. belegt.

Der heb- und senkbare Abschiebetisch zwischen den Rollen der Rollenauslaufbahn, der Parallelabschieber, die Schalen des Schalenquerförderers, sowie die Auflagen des Exzenterhubbalkens sind mit hochqualitativen Graphitplatten belegt. Die Auflagen der Einrichtung zum lagenweisen eintransportieren in den Sägezulaufrollgang sind mit Hartholzleisten belegt. Die Rollen des Sägezulaufrollganges sind mit einem hochtemperaturbeständigen Textilgewebe beschichtet. Am Sägeauslaufrollgang sind die Rollen mit Polyurethan beschichtet, welche an der Unterseite durch rotierende Kunststoffbürsten ständig gereinigt werden. Dadurch haften keinerlei Späne an den Rollen und es werden auch keine Späne über die Rollen auf die Rohroberfläche gedrückt.

Die Schalenquerfördereinrichtung unmittelbar neben der Rollenauslaufbahn sorgt dafür, dass die Rohre während der ersten Abkühlphase gerade und beschädigungsfrei bleiben. Gerade durch die lange Auspresslänge ist die Längenänderung der Rohre beim Abkühlprozess schon beträchtlich. Die Graphitplatten in den Schalen verhindern, dass durch die abkühlbedingte Längenänderung der Rohre Beschädigungen an der Oberfläche entstehen.

Die geforderte Maßhaltigkeit und Geradheit bei den Pressprodukten erforderte eine robuste und präzise Anlagentechnik. Dies konnte nur erreicht werden, indem alle wesentlichen Flächen der Anlagenteile wie Lageraufspannflächen, Flanschstellen, Aufspannflächen aller Führungen, etc. in einer Aufspannung bearbeitet und die Rahmengestelle mehrfach überdimensioniert wurden. Üblicherweise wurden bei derartigen Anlagen bisher einfache unbearbeitete Rahmen verwendet. Im Vergleich ist die beschriebene Ausführung sehr aufwendig, aufgrund unserer Erfahrung bei der Produktion von derart sensiblen Produkten aber unbedingt notwendig.

Jede Wellenverdrehung beim Quertransport der noch heißen Messingrohre beeinflusst die Geradheit der Messingrohre nachteilig. Oftmals sind die Pressprodukte zu Beginn des Kühlbettes noch gerade, am Ende des Kühlbettes allerdings krumm. Wir haben aus diesem Grund einerseits die Anlage modular aufgebaut und andererseits die Wellen mehrfach überdimensioniert. Der Antrieb erfolgt dabei über mehrere kurze Wellen mit mehreren Einzelantrieben. Gemeinsam mit Servoantriebstechnik, welche einen absoluten Synchronlauf der unterteilten Wellen gewährleistet, wird eine optimale Produktqualität erzielt.

Die robuste Bauweise, der modulare Aufbau der Maschine und die damit verbundenen kurzen Längen der Anlagenteilstücke vermeiden zudem wärmebedingte Längen- und Formänderungen der Anlagenteile.

Um eine möglichst definierte Kühlung der Rohre am Schalenquerförderer und am Exzenterhubbalken zu erreichen, sind über die gesamte Länge mehrere Reihen von Kühlventilatoren vorgesehen. Bei kurzen Auspresslängen können zudem am Schalenquerförderer und am Exzenterhubbalken bis zu 3 Rohre hintereinander abgelegt werden, wodurch die mögliche Abkühlzeit durch optimale Platzausnutzung am Kühlbett entsprechend verlängert wird.

Wesentlich für die Produktqualität ist auch der schonende und gezielte Transport der Materialien.

Bei der Rollenauslaufbahn sorgt ein hochdynamisches Antriebssystem dafür, dass die Rollengeschwindigkeit zu jedem Zeitpunkt der Auspressgeschwindigkeit entspricht und somit schlupffrei arbeitet. Mehrere kleine Rollgangsgruppen werden einzeln über Drehstromservomotore angetrieben, wodurch die zu bewegenden Massen je Antrieb kleiner und somit auch dynamischer regelbar sind.

Nur beim Transport der gepressten Rohre von der Rollenauslaufbahn in die Schalen des Schalenquerförderers werden die Rohre mit dem Parallelabschieber geschoben. Ansonsten erfolgt der Transport der Rohre bis zur vollständigen Abkühlung ohne rollen oder rutschen des Rohres. Der lagenweise Eintransport der Rohre in den Sägezulaufrollgang erfolgt durch eine Einrichtung, welche die Rohre vom Exzenterhubbalken abhebt, querverfährt und abschließend im Sägezulaufrollgang ablegt.

Für den Quertransport der Messingrohre hinter der Sägeanlage werden Schwedenhebel zum gezielten Quertransport eingesetzt. Durch diese definierten Übergaben wurde die Taktzeit minimiert und ein beschädigungsfreier Transport gewährleistet.

Qualitätskontrollen

Die laufend notwendigen Kontrollen der Rohrqualität können an verschiedenen Stellen erfolgen.
- Durch zwei in der Rollenauslaufbahn integrierte Probenscheren können automatisch Proben vom Rohranfang und vom Rohrende genommen werden. Wie oft eine automatische Probennahme erfolgen soll, kann am Bedienpult voreingestellt werden.
- Maßkontrollen sind auch durch Probennahme bei der Hauptsäge möglich.
- In der Nachsägeeinrichtung können die Rohre einzeln solange nachgesägt werden, bis die Exzentrizität und das Gefüge am Pressende in Ordnung sind. Die Nachsägeeinrichtung ist im Bypass zur Hauptanlage angeordnet, sodass das Nachsägen keinen Einfluss auf die Hauptproduktion hat. Nach dem Nachsägen werden die Gutrohre wieder automatisch in die Hauptproduktion eingeschleust.

Sicherheitskonzept

Alle Gefahrenstellen sind über Schutzeinrichtungen gesichert. Mehrere Sicherheitskreise sorgen dafür, dass beim Betreten eines abgesicherten Bereiches nur ein Teilbereich der Gesamtanlage abgestellt wird. Kurze Kontroll- oder Wartungsarbeiten behindern daher nicht grundsätzlich die Produktion der Gesamtanlage.

Eine über der gesamten Rollenauslaufbahn angeordnete heb- und senkbare Schutzabdeckung sorgt für Sicherheit bei Dornabriss bzw. bei unkontrolliert austretenden Butzen. Die Schutzabdeckung deckt die Rollenauslaufbahn während dem Auspressvorgang vollständig ab und wird nur zum Transport des gepressten Rohres von der Rollenauslaufbahn in die Schalenquerfördereinrichtung kurz angehoben.

Produktivität der Anlage

Am Ende der Anlage kann bei Vollbetrieb alle 10 sec ein fertig angespitztes Rohr mit einer Länge von 11,5 m austransportiert werden. Diese hohe Leistung ist aus verschiedensten Gründen möglich.
- Die Gesamtanlage läuft grundsätzlich vollautomatisch. Die Aufgabe des Bedienungspersonals ist lediglich die Überwachung und Kontrolle der Produktqualität.
- Wechselmulden am Ende der Anlage verhindern Anlagenstillstände durch das Warten auf einen Kran zum Entladen der Mulden. Während die Auffangmulden befüllt werden, hat der Arbeiter Zeit, die Entlademulde mit Hilfe des Hallenkranes zu entleeren. Dieses Zeitfenster zum Entladen der Mulden ist in der Praxis mehr als ausreichend.
- Unterlängen werden automatisch erkannt und in eigene Auffangmulden für Unterlängen austransportiert.
- Eine Materialverfolgungssoftware sorgt dafür, dass die Rohre an jeder beliebigen Stelle einem Auftrag zugeordnet werden können. Die auftragsrelevanten Daten werden bei Aufgabe der Stangen bei der Bolzensägeanlage automatisch von einer übergeordneten Auftragsverwaltung abgerufen.
- Aufgrund der Auftragsdaten werden alle verstellbaren Maschinenparameter (Abschnittlängen bei den Bolzen und bei den gepressten Rohren, Schnittgeschwindigkeiten, Vorschubgeschwindigkeiten und Spanndrücke bei allen Sägenanlagen, Zyklen der Probennahmen etc.) automatisch eingestellt. Umrüstzeiten und die damit verbundenen Maschinenstillstände werden dadurch auf ein Minimum reduziert.
- Stangen werden bei der Bolzensägeanlage vor dem Sägen in der Länge vermessen. Aufgrund der Gesamtlänge wird die Teillänge automatisch errechnet, sodass nach dem Sägen kein Reststück übrig bleibt.

Späne- und Schrotthandling

Die Späne aller Sägen werden gezielt abgesaugt und zu einer zentralen Spänebox transportiert. In die gleiche Box werden auch die An- und Abschnitte der Sägen vollautomatisch befördert. Dadurch ist eine sortenreine Trennung der Späne und des Schrottes einfach möglich.

Wartung der Anlage

Durch die robuste Bauweise und durch die einfache und zuverlässige Anlagentechnik ist die notwendige Wartung bei dieser Anlage auf ein Minimum reduziert. Wenn Wartung notwendig ist, wird dies automatisch angezeigt. Die gute Zugänglichkeit zu den einzelnen Wartungsstellen wurde bereits bei der Anlagenkonzeption bedacht.

Um die Anlage sauber zu halten, wurde großer Wert auf eine einwandfrei funktionierende Späneentsorgung gelegt. Zusätzlich zur Späneabsaugung wurden an Spänehäufungsstellen Förderschnecken vorgesehen, welche die Späne direkt zu den Absaugstellen befördern.

4.3 Anlagenfotos

5 Zusammenfassung

Die beschriebenen Lösungen bei Auslaufsystemen sind nur ein kleiner Querschnitt aus der Vielfalt unterschiedlichster Anlagen vor und nach Strangpressen. Alle zu beschreiben wäre zu umfangreich und letztendlich soll nur die Grundphilosophie bei der Projektierung derartiger Anlagen vermittelt werden.

Auslaufsysteme nach Strangpressen für Buntmetallprodukte stehen ganz am Anfang einer Produktionskette. Je besser die produzierte Qualität an dieser Stelle ist, umso weniger Aufwand hat man bei nachfolgenden Verarbeitungsschritten, und umso konkurrenzfähiger sind die erzeugten Produkte. Neuanlagen sind leistungsfähiger und den spezifischen Anforderungen genau angepasst. Standardlösungen sind an dieser Stelle nicht mehr gefragt, neue Techniken und Ideen hingegen schon. Asmag versteht sich hier als Partner, der gemeinsam mit dem Halbzeugproduzenten zukunftsorientierte Produktionsanlagen entwickelt. Nur so können Projekte erfolgreich und gewinnbringend realisiert werden.

Anwendungen

Innovative Wärmetauscherkonzepte

J. Mitrovic
Institut für Energie- und Verfahrenstechnik
Thermische Verfahrenstechnik und Anlagentechnik,
Universität Paderborn

1 Einleitung

Die Vielfalt von Betriebs- und Randbedingungen in Prozessen der Energie- und Verfahrenstechnik hat zur Konzeption unterschiedlicher Bauformen von Wärmeübertragern geführt. Moderne Entwicklungen dieser Apparate beachten insbesondere die Form und die Struktur der wärmeübertragenden Oberfläche, den Materialeinsatz sowie den Fertigungs- und den Betriebsaufwand.

Im vorliegenden Beitrag werden einige Bauformen von Wärmeübertragern und die Mechanismen des Wärmetransports vorgestellt. Korrelationen zur Auslegung der Apparate mit Hinweisen auf die Literatur werden lediglich als Beispiele wiedergegeben.

2 Klassifikation und Gestaltung von Wärmeübertragern

In der Praxis werden vorwiegend Wärmeübertrager mit Trennwänden eingesetzt, so dass zwischen den Fluiden keine stoffliche Wechselwirkung stattfindet [1–7]. Als Trennwände dienen unterschiedliche Elemente, beispielsweise Platten, die ihrerseits hydrodynamisch glatt oder mit Strukturen versehen sind [1, 4]. Bild 1 zeigt als Beispiel einen Wärmeübertrager mit einer spiralförmigen Führung der Fluide im Gegenstrom [8].

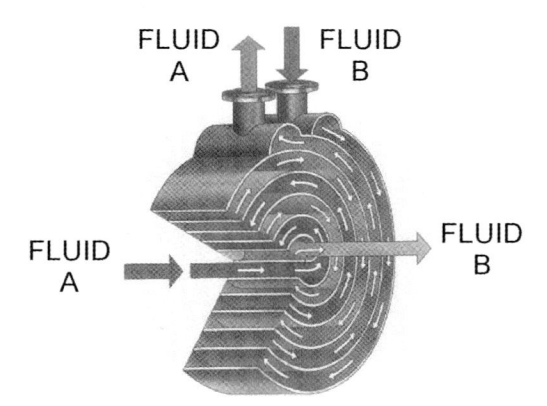

Bild 1: Wärmeübertrager mit spiralartig geführten Fluiden

Meistens werden die Fluide durch Rohre voneinander getrennt. Diese können mit unterschiedlichen Querschnitten ausgeführt und mit Strukturen ausgestattet werden [1, 2, 4]. Die Bilder 2 bis 4 zeigen einige Formen von Rohren mit Makrostrukturen, die für Wärmeübertragung geeignet sind und in modernen Apparaten eingesetzt werden.

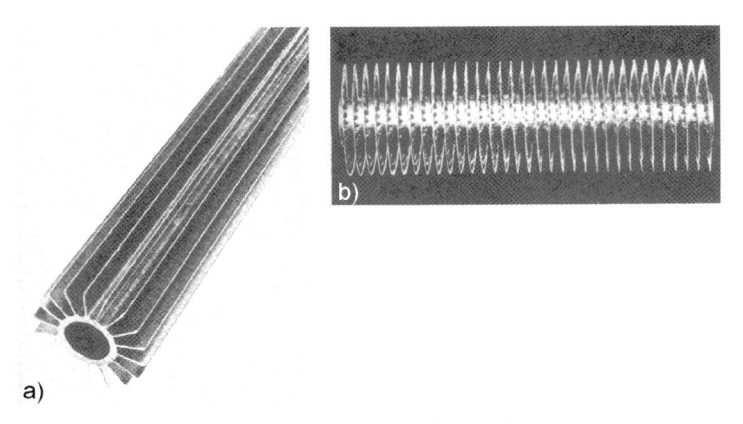

Bild 2: Beispiele von Rohren mit a) Längs- und b) Querrippen

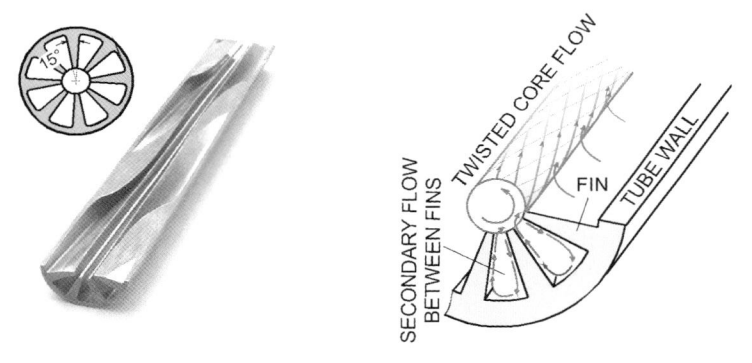

Bild 3: Rohre mit gedrallten Innenrippen sind besonders bei viskosen Fluiden effektiv (F.W. Brökelmann Aluminiumwerk GmbH, Ense).

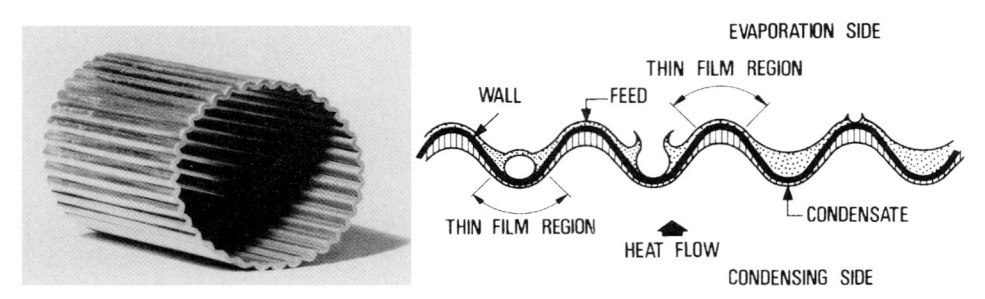

Bild 4: Rohr mit welliger Wand (Gregorig-Rohr), für Kondensation und Fallfilmverdampfung

In Wärmeübertragern werden Rohre meistens zu Bündeln zusammengefasst. Bild 5 zeigt beispielhaft ein Bündel von Rohren, die innenseitig von einem Fluid durchströmt werden. Das Bündel wird in einem Mantel untergebracht und von einem weiteren Fluid beaufschlagt.

Bezüglich der Strömung des Mantelfluids sind die Rohre im Bündel in der Regel symmetrisch *fluchtend* oder *versetzt* angeordnet, Bild 6. Bei der versetzten Anordnung bilden die Rohrachsen Dreiecke gleicher oder unterschiedlicher Seitenlängen.

Bild 5: Fotoaufnahme eines Rohrbündels

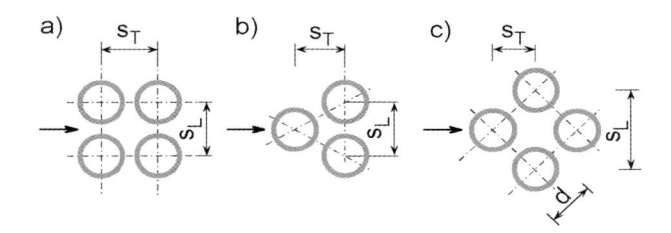

Bild 6: Anordnung der Rohre im Bündel

Die gestreiften Ausführungen der Apparate werden vorwiegend im einphasigen Bereich der Fluide eingesetzt. Wenn in einem der Fluide eine Phasenumwandlung stattfindet, müssen u. U. Besonderheiten beachtet werden wie beispielsweise Ejektion der Inertgase bei der Kondensation von Dämpfen und Verteilung des Dampfes auf die Rohre im Bündel. Bild 7 zeigt einige Möglichkeiten der Rohranordnung in liegenden Kondensatoren mit Dampfgasen und Leitblechen für die Drainage des Kondensats.

Gestaltungskriterien

Bei der Gestaltung von Wärmeübertragern sollen möglichst niedrige Gesamtkosten (Kapital- und Betriebskosten) realisiert werden. Sind die thermische Leistung und die Betriebsbedingungen spezifiziert, wirken sich auf die Größe des Wärmeübertragers die Form der wärmeübertragenden Oberfläche und die Gestaltung der Fluidströmung aus. Eine Analyse dieser

Zusammenhänge bringt unvermeidbar den Druckabfall ins Spiel. Falls dieser vorgegeben ist, hängen die Kosten der Wärmeübertragung nur noch vom Fluidstrom ab.

Als weitere Gestaltungskriterien seien beispielhaft die Kompatibilität, die Betriebssicherheit und die Reinigungsmöglichkeiten der Apparate genannt. Im Allgemeinen lassen sich jedoch keine Richtlinien empfehlen, die bei einer Auswahl der Apparate zu befolgen wären. In jedem konkreten Fall müssen Vor- und Nachteile der in Frage grundsätzlich kommenden Bauformen analysiert werden.

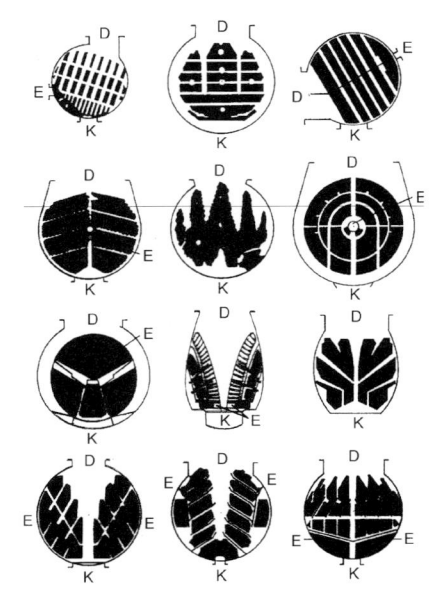

Bild 7: Anordnung der Rohre im Bündel bei Kondensatoren größerer Leistungen; D: Dampfeintritt, E: Ejektor, K: Kondensat

3 Mechanismen des Wärmetransports

3.1 Widerstände, Wärmeübergangskoeffizienten und Temperaturdifferenz

Der Wärmetransport findet durch *Leitung*, *Konvektion* und *Strahlung* statt. Diese Mechanismen kommen in Wärmeübertragern meistens gleichzeitig vor. Ihre Beiträge zum Gesamttransport hängen von der geometrischen Form des Systems, den Stoffeigenschaften der beteiligten Fluide und Trennwände sowie von den Rand- und Prozessbedingungen ab. In vielen Fällen kann der Strahlungsbeitrag im Vergleich zur Konvektion vernachlässigt werden.

Wärmewiderstände und Wärmeübergangskoeffizienten

Beim Wärmetransport müssen Widerstände lokalisiert und beherrscht werden. Ihre Definition geht aus Bild 8 hervor, das zwei durch eine Wand getrennte Fluide der Temperaturen ϑ_{F1} und $\vartheta_{F2} < \vartheta_{F1}$ zeigt. Mit den Symbolen in diesem Bild berechnet sich die Wärmestromdichte q wie folgt:

$$q_{F1} = \alpha_{F1}(\vartheta_{F1} - \vartheta_{W1}), \tag{Gl. 1}$$

$$q_W = \frac{\lambda_W}{\delta_W}(\vartheta_{W1} - \vartheta_{W2}), \tag{Gl. 2}$$

$$q_{F2} = \alpha_{F2}(\vartheta_{W2} - \vartheta_{F2}); \tag{Gl. 3}$$

wobei α_{F1} und α_{F2} die *Wärmeübergangskoeffizienten* bezeichnen.

Bei ebenen Wänden unter stationären Bedingungen ist $q_{F1} = q_W = q_{F2} = q = \dot{Q}/A$, daher

$$q = \frac{\vartheta_{F1} - \vartheta_{F2}}{R} = k(\vartheta_{F1} - \vartheta_{F2}), \tag{Gl. 4}$$

$$R \equiv \frac{1}{k} = \frac{1}{\alpha_{F1}} + \frac{\delta_W}{\lambda_W} + \frac{1}{\alpha_{F2}}. \tag{Gl. 5}$$

Die Größe R stellt den *Wärmewiderstand des Wärmedurchgangs* und die Größe k den *Wärmedurchgangskoeffizienten* dar.

Bei zylindrischen Wänden ändert sich die Wärmestromdichte q in radialer Richtung (Bild 9). Mit den Flächen und und dem Wärmestrom ergeben sich die Wärmestromdichten wie folgt

$$q_{F1} = \frac{\dot{Q}}{A_1}, \quad q_{F2} = \frac{\dot{Q}}{A_2}, \tag{Gl. 6}$$

$$\frac{1}{kA} = \frac{1}{2\pi L}\left(\frac{1}{r_1 \alpha_{F1}} + \frac{\ln(r_2/r_1)}{\lambda_W} + \frac{1}{r_2 \alpha_{F2}}\right). \tag{Gl. 7}$$

Gleichungen (4) und (6) bilden die Grundgleichungen zur thermischen Auslegung von Wärmeübertragern. Die Wärmeübergangskoeffizienten α_{F1} und α_{F2} hängen von den Bedingungen des Wärmeübergangs und der Form der wärmeübertragenden Oberfläche sowie von den Stoffwerten der Fluide ab.

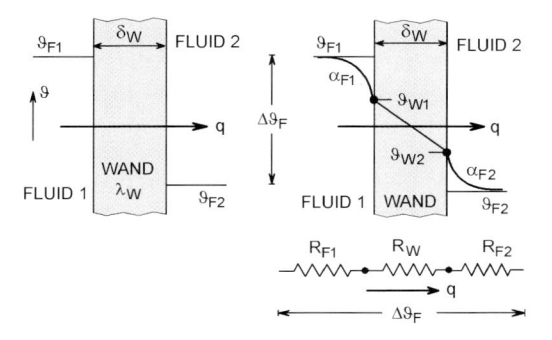

Bild 8: Definition der Transportwiderstände

Treibende Temperaturdifferenz

Die Temperaturdifferenz $\Delta\vartheta_F = \vartheta_{F1} - \vartheta_{F2}$ in Gln. (4) und (6) ändert sich längs der Strömung, so dass unter q nach diesen Gleichungen die lokale Wärmestromdichte zu verstehen ist. Die mittlere Wärmestromdichte erhält man durch Integration der Verteilung von q längs der wärmeübertragenden Oberfläche.

Mit den Bezeichnungen in Bild 10 ergibt sich der Wärmestrom $\dot{Q}$ zu

$$\dot{Q} = kA\Delta\vartheta_{\log}, \tag{Gl. 8}$$

mit der *logarithmischen Temperaturdifferenz* $\Delta\vartheta_{\log}$.

$$\Delta\vartheta_{\log} = \frac{(\vartheta_{F1a} - \vartheta_{F2a}) - (\vartheta_{F1e} - \vartheta_{F2e})}{\ln\frac{(\vartheta_{F1a} - \vartheta_{F2a})}{(\vartheta_{F1e} - \vartheta_{F2e})}} \quad \text{(Gleichstrom),} \tag{Gl. 9}$$

$$\Delta\vartheta_{\log} = \frac{(\vartheta_{F1a} - \vartheta_{F2e}) - (\vartheta_{F1e} - \vartheta_{F2a})}{\ln\frac{(\vartheta_{F1a} - \vartheta_{F2e})}{(\vartheta_{F1e} - \vartheta_{F2a})}} \quad \text{(Gegenstrom).} \tag{Gl. 10}$$

Die logarithmische Temperaturdifferenz ist größer bei der Gegen- als bei der Gleichstromführung der Fluide, so dass man die Apparate nach Möglichkeit in Gegenstrom betreiben sollte. Bild 11 verdeutlicht den Effekt der Fluidführung auf die thermische Leistung für den Fall gleicher Wärmekapazitäten der Fluide bei unendlich langen Rohren.

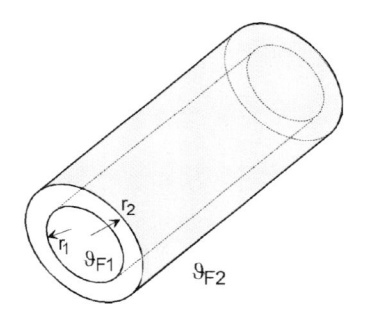

Bild 9: Wärmedurchgang bei einer zylindrischen Wand

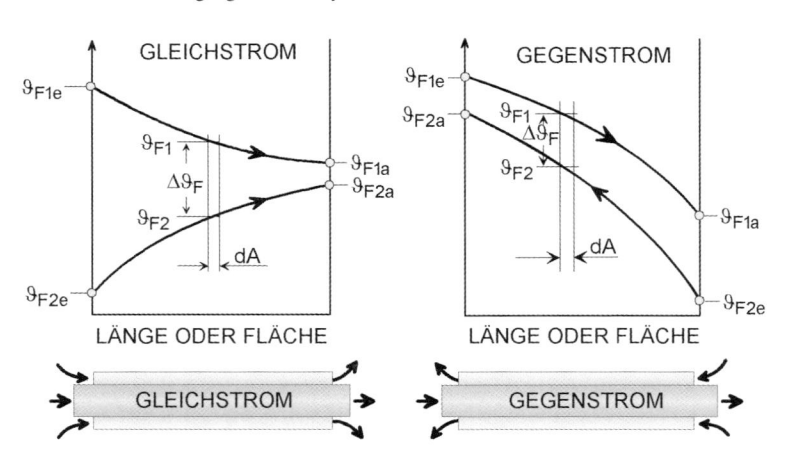

Bild 10: Temperaturverläufe bei Gleich- und bei Gegenstromführung der Fluide

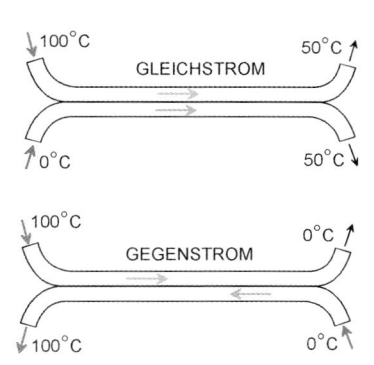

Bild 11: Einfluss von Gleich- und Gegenstromführung auf die Temperaturänderung der Fluide bei gleichen Wärmekapazitäten.

3.2 Wärmetransport durch Konvektion

3.2.1 Einphasige Systeme

Der konvektive Wärmetransport ist maßgeblich durch Fluidströmung bestimmt. Wie in Bild 12 veranschaulicht entsteht an der Oberfläche eines umströmten Körpers eine dünne Strömungsgrenzschicht, in der sich die Strömungsgeschwindigkeit u_∞ von Null an der Körperoberfläche auf die der ungestörten Außenströmung ändert.

Innerhalb der Grenzschicht unterscheidet man zwischen der laminaren und der turbulenten Strömung. Die Dicke δ_L der laminaren Unterschicht ergibt sich näherungsweise aus

$$\frac{u_\tau \delta_L}{\nu} \approx 5, \qquad (\text{Gl. 11})$$

mit der Schubspannungsgeschwindigkeit

$$u_\tau = \sqrt{\frac{\tau_W}{\rho}} = \sqrt{\frac{\zeta}{8}}, \qquad (\text{Gl. 12})$$

worin ζ den Widerstandsbeiwert bezeichnet.

Diese Zusammenhänge gelten näherungsweise auch bei Rohrströmungen. Wenn diese turbulent und ausgebildet sind, erhält man mit dem Widerstandsbeiwert ζ nach Blasius

$$\zeta = \frac{0{,}3164}{Re^{1/4}}, \qquad (\text{Gl. 13})$$

das Verhältnis

$$\frac{\delta_L}{d} \approx \frac{25}{Re^{7/8}}, \qquad (\text{Gl. 14})$$

worin Re die mit der mittleren Strömungsgeschwindigkeit $\bar{u}$ und dem Rohrdurchmesser d gebildete Reynolds-Zahl bezeichnet,

$$Re = \frac{\bar{u} d}{\nu}. \qquad (\text{Gl. 15})$$

Ferner bezeichnet in den obigen Gleichungen ρ die Dichte, ν die kinematische Viskosität des Fluids und τ_W die Wandschubspannung.

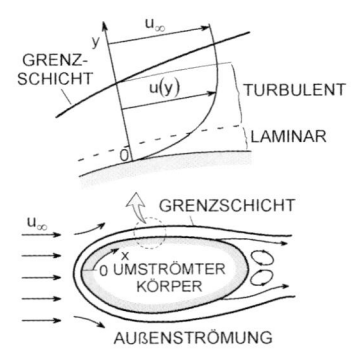

Bild 12: Grenzschicht an einem umströmten Körper

Nach Gl. (14) nimmt die Dicke δ_L der laminaren Unterschicht im turbulenten Bereich mit zunehmender Reynolds-Zahl Re ab. Wählt man für die Reynolds-Zahl Re einen Wert im unteren Bereich der turbulenten Rohrströmung, $Re = 4000$, erhält man nach Gl. (14). vFolglich nimmt die Dicke δ_L der laminaren Unterschicht bei einer turbulenten Rohrströmung höchstens 2 % vom Rohrdurchmesser ein.

Für unsere Betrachtungen sind Rohrströmungen von zentraler Bedeutung. Bei diesen kann der Druckabfall Δp aus

$$\Delta p = \zeta \frac{L}{d} \frac{\rho \bar{u}^2}{2} \qquad \text{(Gl. 16)}$$

mit

$$\zeta = \frac{64}{Re} \quad \text{(laminar)}, \qquad \text{(Gl. 17)}$$

$$\frac{1}{\sqrt{\zeta}} = 2 \cdot \log\left(Re\sqrt{\zeta}\right) - 0{,}8 \quad \text{(turbulent, glatt)} \qquad \text{(Gl. 18)}$$

berechnet werden.

3.2.2 Gebrauchsgleichungen für Wärmeübergang
  Laminare Strömung in Rohren

Eine Rohrströmung kann sowohl hydraulisch als auch thermisch ausgebildet oder nicht ausgebildet sein. Für die Länge des hydrodynamischen Anlaufs (nicht ausgebildetes Geschwindigkeitsprofil) gilt

$$L_{HYD} \approx 0{,}06\, Re \cdot d, \qquad \text{(Gl. 19)}$$

während die Länge des thermischen Anlaufs

$$L_{THER} \approx 0{,}055\, Re \cdot Pr \cdot d \qquad \text{(Gl. 20)}$$

beträgt, d. h.,

$$L_{THER}/L_{HYD} \approx Pr. \tag{Gl. 21}$$

a) Hydraulisch-thermisch ausgebildete Rohrströmung

Unter diesen Bedingungen kann der Wärmeübergangskoeffizient α aus

$$Nu = \frac{\alpha d}{\lambda} = 3{,}66 \quad \text{(konstante Wandtemperatur)}, \tag{Gl. 22}$$

$$Nu = \frac{\alpha d}{\lambda} = 4{,}36 \quad \text{(konstante Wärmestromdichte)} \tag{Gl. 23}$$

berechnet werden.

b) Thermischer Anlauf in hydrodynamisch ausgebildeter Strömung

Das Fluid wird auf einem Längenabschnitt L mit ausgebildeter Strömung beheizt oder gekühlt, wobei an einer Stelle $x = 0$ die Entwicklung der thermischen Grenzschicht beginnt. Für die örtliche Nusselt-Zahl ($\vartheta_W = const.$) gilt:

$$Nu = \frac{\alpha d}{\lambda} = \left(\frac{1}{Re \cdot Pr}\frac{x}{d}\right)^{-1/3} - 1{,}7 \quad \text{für} \quad \frac{1}{Re \cdot Pr}\frac{x}{d} < 10^{-4}, \tag{Gl. 24}$$

$$Nu = 3{,}66 + 0{,}2355 \cdot \left(\frac{1}{Re \cdot Pr}\frac{x}{d}\right)^{-0{,}488} \exp\left(-\frac{57{,}2}{Re \cdot Pr}\frac{x}{d}\right) \quad \text{für} \quad \frac{1}{Re \cdot Pr}\frac{x}{d} \geq 10^{-3}. \tag{Gl. 25}$$

Die mittlere Nusselt-Zahl ($\vartheta_W = const.$) kann aus

$$\overline{Nu} = \frac{\overline{\alpha} d}{\lambda} = 3{,}66 + \frac{0{,}0668 \cdot Re \cdot Pr \dfrac{d}{L}}{\left(1 + 0{,}04\left(Re \cdot Pr \dfrac{d}{L}\right)^{2/3}\right)} \tag{Gl. 26}$$

berechnet werden. Die Bezugstemperatur für die Wärmestromdichte ist die mittlere Fluidtemperatur.

c) Hydrodynamisch-thermischer Anlauf

Hier gelten die Beziehungen

$$\overline{Nu} = \frac{\overline{\alpha} d}{\lambda} \approx 1{,}615 \left(Re \cdot Pr \frac{d}{L}\right)^{1/3} \cdot \varepsilon, \tag{Gl. 27}$$

$$\varepsilon \approx 0{,}6 \left(\frac{1}{Re}\frac{L}{d}\right)^{-1/7} \left(1 + 2{,}5 \frac{1}{Re}\frac{L}{d}\right), \quad \text{für} \quad \frac{1}{Re}\frac{L}{d} < 0{,}1.$$

Der gesamte Bereich kann näherungsweise erfasst werden durch

$$\overline{Nu} = \left(3{,}66^3 + 4{,}17 \cdot Re \cdot Pr \cdot \frac{d}{x}\right)^{1/3}. \tag{Gl. 28}$$

d) Turbulente Strömung in Rohren

Bei Strömungen in runden Rohren ($4 \cdot 10^3 < Re < 5 \cdot 10^6$ und $0,5 < Pr < 10^6$) gilt die Beziehung (Mittelwert)

$$\overline{Nu} = \frac{\overline{\alpha} d}{\lambda} = \frac{(\zeta/8) Re \cdot Pr}{K + 12,7 (Pr^{2/3} - 1)\sqrt{\zeta/8}}, \qquad \text{(Gl. 29)}$$

$$K = 1,07 + \frac{900}{Re} - \frac{0,63}{1 + 10 \cdot Pr}, \qquad \text{(Gl. 30)}$$

$$\zeta = (1,82 \cdot \log Re - 1,64)^{-2}. \qquad \text{(Gl. 31)}$$

Diese von Petukhov und Popov entwickelte Gleichung diente als Grundlage zu der im VDI-Wärmeatlas [9] empfohlenen Korrelation.

e) Turbulente Strömung längs eines Rohrbündels

Bei Rohranordnungen in Form eines gleichseitigen Dreiecks, Bild 3.6, gilt für die mittlere Nusselt-Zahl

$$\overline{Nu} = \frac{\overline{\alpha} d_h}{\lambda} = \left(0,032 \frac{s}{d} - 0,0144\right) Re^{0,8} Pr^{1/3}, \quad \frac{s}{d} = 1,1 \ldots 1,5, \qquad \text{(Gl. 32)}$$

$$Re = \frac{\overline{u} d_h}{\nu} > 10^4, \qquad d_h = \frac{4A}{U}$$

Stoffwerte bei $\vartheta = (\vartheta_W + \vartheta_F)/2$; A: Fläche, U: benetzter Umfang des Strömungsquerschnitts.

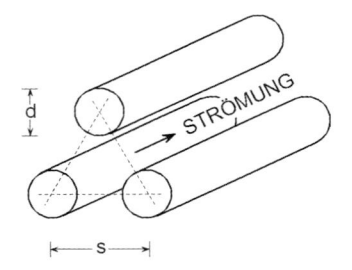

Bild 13: Strömung längs eines Rohrbündels.

f) Einzelrohr in Querströmung

Wenn ein Rohr (Zylinder) einer Querströmung ausgesetzt ist, stellen sich unterschiedliche Strömungsformen sowohl in der Grenzschicht als auch im Strömungsnachlauf ein. Bei kleinen Reynolds-Zahlen verläuft die Strömung in der Grenzschicht laminar und ohne Ablösung. Die Entwicklung der laminaren Strömung mit zunehmender Reynolds-Zahl Re vollzieht sich über ein System von Wirbeln, was schließlich bei großen Reynolds-Zahlen zu turbulenter Grenzschicht mit Strömungsablösung führt.

Diese Strömungsstrukturen wirken sich empfindlich auf den Wärmeübergang aus. Die örtliche Nusselt-Zahl Nu ändert sich daher relativ stark am Zylinderumfang (Bild 14). Dennoch lässt sich die mittlere Nusselt-Zahl verhältnismäßig zuverlässig durch

$$\overline{Nu} = \frac{\overline{\alpha}d}{\lambda} = 0,3 + \frac{0,62 Re^{1/2} Pr^{1/3}}{\left(1+\left(\frac{0,4}{Pr}\right)^{2/3}\right)^{1/4}} \left(1+3,9228\cdot10^{-4} Re^{5/8}\right)^{4/5} \qquad \text{(Gl. 33)}$$

$$Re = \frac{u_\infty d}{\nu} = 10^2 \ldots 10^7, \quad q = \overline{\alpha}(\vartheta_W - \vartheta_\infty)$$

erfassen [10] (Stoffwerte bei $\vartheta = (\vartheta_W + \vartheta_F)/2$).

Im Vergleich zu Experimenten liefert (Gl. 33) meistens um bis zu 20 % niedrigere Werte. Etwas besser schneidet die Beziehung

$$\overline{Nu} = 0,3 + \frac{0,62 Re^{1/2} Pr^{1/3}}{\left(1+\left(\frac{0,4}{Pr}\right)^{2/3}\right)^{1/4}} \left(1+1,883\cdot10^{-3} Re^{1/2}\right) \qquad \text{(Gl. 34)}$$

ab.

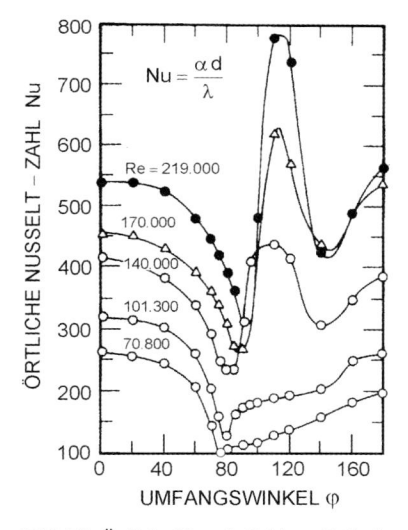

Bild 3.7: Örtliche Nusselt-Zahl am Zylinderumfang, $\varphi = 0$ am vorderen Staupunkt

Höhere Genauigkeit wird erreicht, wenn man die Werte bezüglich der Reynolds-Zahl Re bereichsweise korreliert:

$$\overline{Nu} = 0,3 + \frac{0,62 Re^{1/2} Pr^{1/3}}{\left(1+\left(\frac{0,4}{Pr}\right)^{2/3}\right)^{1/4}}, \quad Re < 4\cdot10^3, \qquad \text{(Gl. 35)}$$

$$\overline{Nu} = \frac{1}{0,8237 - \ln\left(Pe^{1/2}\right)}, \quad Pe = Re\cdot Pr < 0,2. \qquad \text{(Gl. 36)}$$

g) Bündel von Rohren in Querströmung

Bei in Bündeln angeordneten Rohren ändert sich der Wärmeübergang von Reihe zu Reihe in Strömungsrichtung, Bild 3.8. Nach _ukauskas können die experimentellen Ergebnisse in Form der mittleren Nusselt-Zahl durch eine Korrelation der Form

$$\overline{Nu} = \frac{\overline{\alpha} d}{\lambda} = Pr^{0,36} \left(Pr_F / Pr_W \right)^n f(Re, s_L, s_T) \tag{Gl. 37}$$

mit $n = 0$ für Gase und $n = 1/4$ für Flüssigkeiten erfasst werden [6].

Die Funktion $f(Re, s_L, s_T)$ in (Gl. 37) kann Tabelle 1 entnommen werden, wenn die Reynoldszahl mit der maximalen Geschwindigkeit im Bündel gebildet wird ($Re = u_{max} d / \nu$).

Diese Gleichungen gelten für innere Rohrreihen im Bündel. Die vorderen Reihen weisen einen schlechteren Wärmeübergang auf (Bild 16).

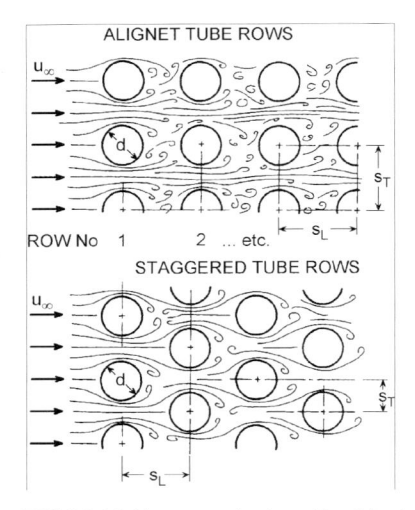

Bild 3.8: Fluidströmung in einem Bündel mit fluchtend bzw. versetzt angeordneten Rohren

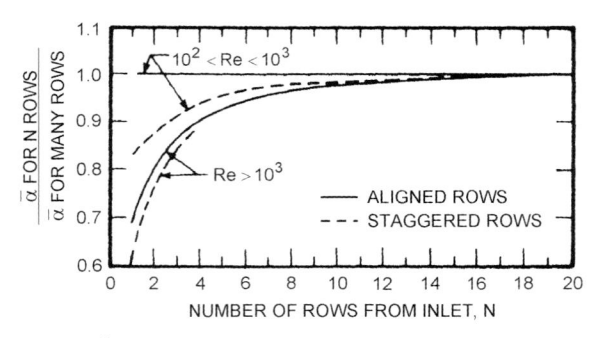

Bild 3.9: Änderung des mittleren Wärmeübergangskoeffizienten längs der Strömung in einem Bündel

Tabelle 1: Die Funktion $f(Re, s_L, s_T)$ in (Gl. 37)

Anordnung der Rohre	$10 \leq Re \leq 10^2$	$10^3 \leq Re \leq 2 \cdot 10^5$	$Re > 2 \cdot 10^5$
		$f(Re, s_L, s_T)$	
Versetzt	$0,9\, Re^{0,4}$	$0,35(s_T/s_L)^{0,2}\, Re^{0,6}$ $s_T/s_L \leq 2$	$0,022\, Re^{0,84},\ Pr > 1$ $0,019\, Re^{0,84},\ Pr >= 0,7$
Fluchtend	$0,8\, Re^{0,4}$	$0,27\, Re^{0,63},\ s_T/s_L \leq 0,7$ $0,40\, Re^{0,6},\ s_T/s_L > 2$	$0,021\, Re^{0,84}$

Im Bereich $10^2 \leq Re \leq 10^3$ fehlen Korrelationen,
den Bereich $0,7 \leq s_T/s_L \leq 2$ sollte man wegen schlechten Wärmeübergangs nicht wählen.

3.3 Mehrphasensysteme

In Mehrphasensystemen wird der Wärmeübertragung meistens von einer Phasenumwandlung begleitet. Die Mechanismen des Wärmetransports werden dadurch im Vergleich zu einphasigen Systemen erheblich komplexer [11,12]. Wenn das Fluid zunächst einphasig ist und die neue Phase erst durch Wärmeübertragung gebildet wird, müssen die Bedingungen spezifiziert werden, unter denen die Tochterphase stabil ist [10].

3.3.1 Verdampfung in freier/erzwungener Strömung

Die Berechnung des Wärmeübergangs bei der Verdampfung von Flüssigkeiten beruht auf empirischen Korrelationen. Nach einem im VDI-Wärmeatlas [9] empfohlenen Berechnungsverfahren werden die mutmaßlichen Einflussparameter bei der Blasenverdampfung zu Kennzahlen gruppiert und durch Korrelationen erfasst. Zu dieser Gruppe von Korrelationen gehört auch eine von Rohsenow vorgeschlagene Beziehung

$$\frac{c_{pL}\Delta T}{\Delta h} = C_{SF} \left(\frac{q}{\mu_L h_L} \sqrt{\frac{\sigma}{g\Delta\rho}} \right)^{1/3} \left(\frac{c_{pL}\mu_L}{\lambda_L} \right)^n, \qquad \text{(Gl. 38)}$$

in der die Konstante C_{SF} den Einfluss der Stoffpaarung (Flüssigkeit – Heizwand) auf das Sieden beachtet. Ihre Werte sind aus Experimenten zu ermitteln. Bei der Verdampfung von Wasser an einer Heizwand aus rostfreiem Stahl ist $C_{SF} = 0,020$ und $n = 1$ zu setzen. Für andere Flüssigkeiten beträgt $n = 1,7$ mit unterschiedlichen Werten von C_{SF}.

Korrelationen für den Wärmeübergang im Bereich der Blasenverdampfung beruhen gänzlich auf Experimenten. Bild 17 zeigt beispielhaft die experimentell gewonnenen Verdampfungscharakteristiken in freier bzw. erzwungener Strömung des Versuchsstoffes.

Ein Verfahren zur Berechnung des Wärmeübergangs bei der Verdampfung unter Strömungsbedingungen zeigt Bild 18. Nach diesem von Shah vorgeschlagenen Rechenschema berechnet man die Kennzahlen

$$Co = \left(\frac{1-x}{x} \right)^{0,8} \left(\frac{\rho_V}{\rho_L} \right)^{0,5} \qquad \text{(Konvektions-Zahl)}$$

$$Bo = \frac{q}{\Delta h \dot{m}} \qquad \text{(Siede-Kennzahl)}$$

$$Fr_L = \frac{(\dot{m}/\rho_L)^2}{gd} \qquad \text{(Froude-Zahl)}$$

worin x den Massenanteil der Dampfphase an der Zweiphasenströmung bei der Massenstromdichte $\dot{m}$, d den Rohrdurchmesser und q die Wärmestromdichte bezeichnen. Bei senkrechten Strömungen entfällt der Einfluss der Froude-Zahl (Bereich oberhalb A–B). Das Verhältnis α_{ZP}/α_L ist mit dem Wärmeübergangskoeffizienten α_L zu multiplizieren, wobei α_L nach einer Korrelation für Einphasenströmung mit dem Massenstrom der flüssigen Phase (allein im Rohr) zu berechnen ist.

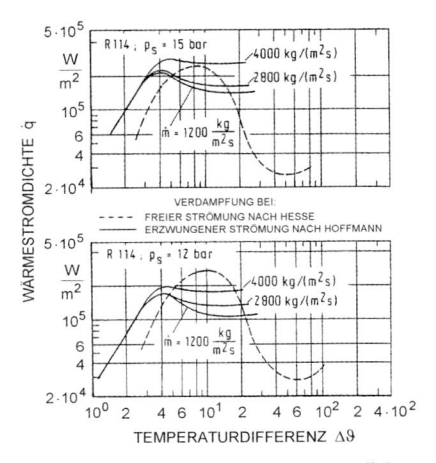

Bild 17: Abhängigkeit der Wärmestromdichte q von der treibenden Temperaturdifferenz ΔT

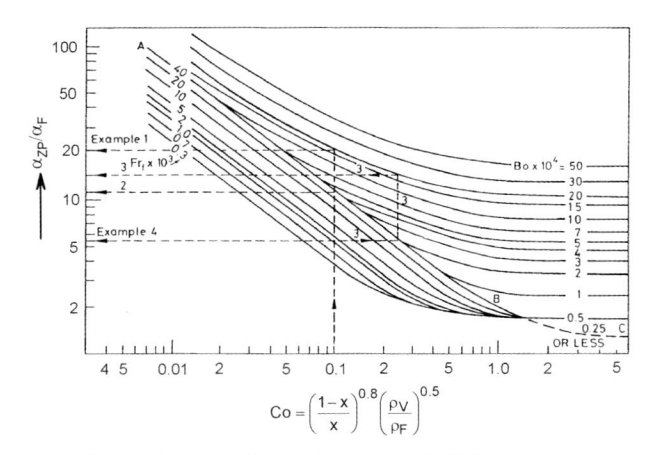

Bild 18: Korrelation des Wärmeübergangs nach Shah

3.3.2 Kondensation von Dämpfen

a) Kondensation an senkrechten Kühlflächen

Der Wärmeübergang bei der Kondensation reiner Dämpfe wurde eingehend zuerst von Nusselt 1916 behandelt [12–14]. Für einen laminaren Kondensatfilm an einer senkrechten Platte ergaben sich die mittlere Geschwindigkeit $\bar{u}$ und die Reynoldszahl Re_L des Kondensatfilmes wie folgt:

$$\bar{u} = \frac{1}{3} \frac{g \delta^2}{\nu_L}, \tag{Gl. 39}$$

$$Re_L = \frac{\bar{u} \delta}{\nu_L} = \frac{1}{3} \frac{g \delta^3}{\nu_L^2}. \tag{Gl. 40}$$

In diesen Gleichungen bezeichnet g die Erdbeschleunigung, ν_L die kinematische Viskosität, ρ_L die Dichte des Kondensats und δ die Filmdicke mit

$$\delta = \left(3 \frac{\nu_L^2}{g} Re_L\right)^{1/3}. \tag{Gl. 41}$$

Diese Gleichungen gelten für dünne Filme mit einer ebenen Phasengrenze. Dickere Filme sind instabil und neigen zu Wellenbildung (Bild 19). Die Filmoberfläche wird wellig bei:

$$Re_{LW} \geq 0{,}6075 \cdot Ka^{1/11}, \tag{Gl. 42}$$

$$Ka = \frac{\rho_L \sigma^3}{g \mu_L^4}. \tag{Gl. 43}$$

Hiernach ist Re_{LW} lediglich eine Funktion der Stoffwerte; σ stellt die Oberflächenspannung dar. Mit steigender Reynolds-Zahl Re_L ändert sich sowohl die Struktur der Filmoberfläche als auch der Strömungszustand im Film. Bei Reynolds-Zahlen $Re_L \geq 400$ ist der Film turbulent.

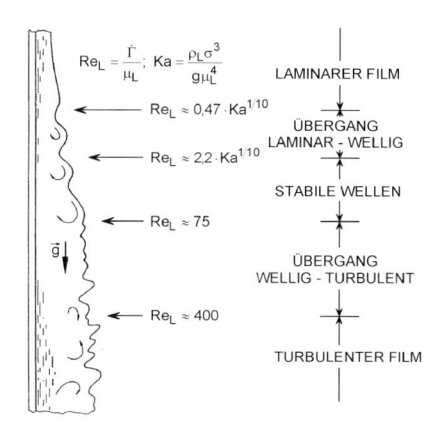

Bild 19: Struktur der Phasengrenze und Strömungsbereiche bei einem Rieselfilm.

Auf die Stabilität von Kondensatfilmen wirkt sich auch die treibende Temperaturdifferenz $\Delta\vartheta$ aus. Am Übergang laminar–wellig gilt

$$Re_{LW} = 1{,}2 \cdot Ka^{1/11}\left(\frac{Ku}{Pr_L}\right)^{3/11}, \qquad \text{(Gl. 44)}$$

$$Ku = c_{pL}\Delta\vartheta/\Delta h \quad \text{und} \quad Pr_L = \nu_L/a_L.$$

Im Bereich $Re_L > Re_{LW}$ ist eine Anfachung der Wellen zu erwarten. Für den wellig-turbulenten Umschlag eines Kondensatfilmes gilt die Beziehung

$$Re_{WT} = 2{,}16\, Ka^{1/5}\left(\frac{Ku}{Pr_L}\right)^{3/5}. \qquad \text{(Gl. 45)}$$

Zur Berechnung des Wärmeübergangs bei der Kondensation von Dämpfen nimmt man in der Regel an, dass die Wärme im Film lediglich durch Leitung transportiert wird und definiert einen Wärmeübergangskoeffizienten α mit der Wärmeleitfähigkeit λ_L des Kondensats und der Dicke δ des Filmes durch

$$\alpha = \frac{\lambda_L}{\delta}. \qquad \text{Gl. 46)}$$

Dem so definierten Wärmeübergangskoeffizienten entspricht die örtliche Nusselt-Zahl Nu

$$Nu \equiv \frac{\alpha}{\lambda_L}\left(\frac{\nu_L^2}{g}\right)^{1/3} = \left(\frac{\nu_L^2}{g\delta^3}\right)^{1/3}, \qquad \text{(Gl. 47)}$$

wobei für die Filmdicke δ

$$\delta = \sqrt[4]{4\frac{\lambda_L \nu_L (\vartheta_S - \vartheta_W) z}{\Delta h\, \rho_L g}} \qquad \text{(Gl. 48)}$$

gilt. Für den örtlichen Wärmeübergangskoeffizienten α folgt daher die Beziehung

$$\alpha = \frac{\lambda_L}{\delta} = \sqrt[4]{\frac{1}{4}\frac{\lambda_L^3 \Delta h\, \rho_L g}{\nu_L z (\vartheta_S - \vartheta_W)}}. \qquad \text{(Gl. 49)}$$

Mit Nu nach (Gl. 47) kann (Gl. 49) auf die Form

$$Nu = \left(\frac{1}{3Re_L}\right)^{1/3}, \quad Re_L = \frac{1}{3}\frac{g}{\nu_L^2}\left(4\frac{\lambda_L \nu_L (\vartheta_S - \vartheta_W) z}{\Delta h\, \rho_L g}\right)^{3/4} \qquad \text{(Gl. 50)}$$

gebracht werden. Für den Mittelwert gilt

$$\overline{Nu} = \frac{1}{Re_L}\int_0^{Re_L}\frac{dRe_L}{Nu} = \frac{4}{3}\left(\frac{1}{3Re_L}\right)^{1/3}. \qquad \text{(Gl. 51)}$$

Diese theoretischen Beziehungen liefern im Vergleich zu Experimenten etwas niedrigere Werte, weshalb für den praktischen Gebrauch die Beziehung

$$\overline{Nu} = \varepsilon_V \left(\frac{1}{3Re_L}\right)^{1/3}, \quad \varepsilon_V = 1{,}1 Re_L^{1/9} \tag{Gl. 52}$$

empfohlen wird (Bild 20).

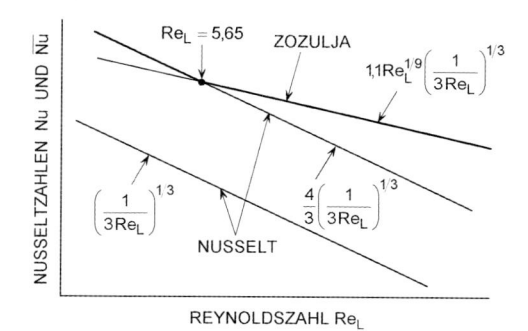

Bild 20: Nusseltzahlen Nu und $\overline{Nu}$ in Abhängigkeit von der Reynoldszahl Re_L

b) Kondensation an waagrechten Rohren

Bei der Kondensation an waagrechten Rohren stellen sich unterschiedliche Formen der Kondensatströmung ein (Bild 21, [10]). Ihre Bereiche lassen sich näherungsweise durch die Relationen

Tropfenform: $\qquad\qquad\qquad\qquad Re_L Ka^{-1/4} < 0{,}17$

Strahlen: $\qquad\qquad\qquad\qquad 0{,}17 < Re_L Ka^{-1/4} < 0{,}46$

Intermittierender (Strahlen-Film) Bereich: $\quad 0{,}46 < Re_L Ka^{-1/4} < 0{,}54$

spezifizieren, wobei Ka nach (Gl. 43) gegeben ist; Re_L ist mit dem gesamten Kondensatstrom am unteren Rohrscheitel zu bilden.

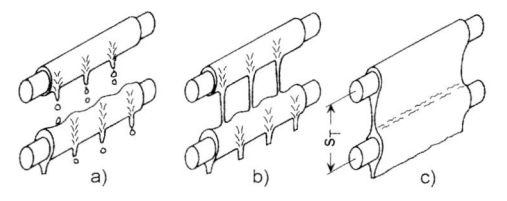

Bild 21: Formen der Kondensatströmung bei Kondensation an waagrechten Rohren.: a) Tropfen, b) Strahlen, c) geschlossener Kondensatfilm

Einzelrohr im ruhenden Dampf

Bei einer konstanten Wandtemperatur, $\vartheta_W = const.$, d. h. bei konstanter treibender Temperaturdifferenz, ergibt sich die folgende Beziehung für den mittleren Wärmeübergangskoeffizienten $\overline{\alpha}$ bei der Kondensation an einem waagerechten Einzelrohr:

$$\overline{\alpha} = 0{,}728 \left(\frac{\lambda_L^3 \Delta h \rho_L g}{(\vartheta_S - \vartheta_W)\nu_L d} \right)^{1/4} \qquad (\text{Gl. 53})$$

oder

$$\overline{Nu} = \frac{4}{3}\left(\frac{1}{3Re_L}\right)^{1/3},$$

$$Re_L = 2{,}05\frac{g}{\nu_L^2}\left(\frac{(\vartheta_S - \vartheta_W)\nu_L d}{\Delta h \rho_L g}\right)^{3/4}. \qquad (\text{Gl. 54})$$

worin d der Rohrdurchmesser ist (Bild 22).

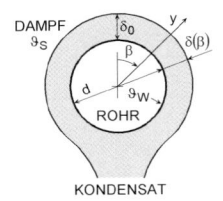

Bild 22: Kondensation an einem waagrechten Einzelrohr

Übereinander angeordnete Rohre

An einer Reihe übereinander angeordneter Rohre berechnet man den mittleren Wärmeübergangskoeffizienten $\overline{\alpha}_k$ am k-ten Rohr wie folgt:

$$\overline{\alpha}_k = \frac{\lambda_L}{e^{1/4}} \cdot \overline{\chi}_k, \quad \overline{\chi}_k = \frac{1}{\pi}\left((C_k + 3{,}449)^{3/4} - C_k^{3/4}\right), \qquad (\text{Gl. 55})$$

$$e \equiv 3\frac{\lambda_L(\vartheta_S - \vartheta_W)\nu_L r}{\Delta h \rho_L g}, \quad C_k = \frac{1}{e}\left(3\frac{\nu_L^2}{g}Re_{L,k-1}\right)^{4/3}. \qquad (\text{Gl. 56})$$

Die Berechnung des Wärmeübergangs wird somit auf die Ermittlung der Konstante C_k zurückgeführt. Ihre Werte hängen von der Lage des Rohres in der Reihe ab und können, beginnend mit der Reynoldszahl $Re_{L,1}$ am unteren Scheitel des obersten Rohres,

$$\text{Re}_{L,1} = \frac{1}{2}\frac{\overline{\alpha}_1 \pi \Delta \vartheta d}{\Delta h \, \mu_L} \qquad (\text{Gl. 57})$$

nach dem folgenden Schema berechnet werden:

ROHRE

① ← $C = C_1 = 0; (\overline{\alpha}_1, Re_{L1} \text{ bekannt})$

② ← $C = C_2 = \frac{1}{e}\left(1 + \frac{3}{8}Ku\right)\left(3\frac{v_L^2}{g}Re_{L1}\right)^{4/3}$

③ ← $C = C_3 = \frac{1}{e}\left(1 + \frac{3}{8}Ku\right)\left(3\frac{v_L^2}{g}Re_{L2}\right)^{4/3}$

....

k ← $C = C_k = \frac{1}{e}\left(1 + \frac{3}{8}Ku\right)\left(3\frac{v_L^2}{g}Re_{Lk-1}\right)^{4/3}$

....

n ← $C = C_n = \frac{1}{e}\left(1 + \frac{3}{8}Ku\right)\left(3\frac{v_L^2}{g}Re_{Ln-1}\right)^{4/3}$

Die Berechnung des Wärmeübergangs folgt von Rohr zu Rohr, beginnend mit dem obersten Rohr in der Reihe.

c) Turbulente Strömung des Kondensats

In theoretischen Betrachtungen wird der turbulente Transport im Kondensatfilm meistens durch turbulente Transportgrößen erfasst [12–14]. Für die örtliche Nusselt-Zahl Nu erhält man die Beziehung:

$$Nu = f(f(Re_L), Pr_L) = F(Re_L, Pr_L). \tag{Gl. 58}$$

Gleichungen dieser Form für Nu und $\overline{Nu}$ wurden beispielsweise von Labunzov aufgestellt:

$$Nu = \frac{\alpha}{\lambda_L}\left(\frac{v_L^2}{g}\right)^{1/3} = 0{,}0325 Re_L^{0{,}25} \cdot Pr_L^{0{,}5}, \quad Re_L > 400, \tag{Gl. 59}$$

$$\overline{Nu} = \frac{Re_L}{2500 + 41 Pr_L^{-0{,}5}\left(Re_L^{3/4} - 89\right)}, \quad Re_L > 400, \tag{Gl. 60}$$

$$\overline{Nu} = \frac{\overline{\alpha}}{\lambda_L}\left(\frac{v_L^2}{g}\right)^{1/3}, \quad Re_L = \frac{\dot{M}}{\mu_L b} = \frac{\overline{\alpha} \Delta \vartheta z}{\Delta h \mu_L}.$$

Neuere Untersuchungen liefern für die mittlere Nusselt-Zahl $\overline{Nu}$ im turbulenten Bereich der Kondensatströmung die Beziehung

$$\overline{Nu} = C \cdot Re_L^{0{,}337} Pr_L^{0{,}583}, \quad C = \frac{0{,}0088}{1 + 2{,}29 \cdot 10^{-5} Ka^{0{,}269}}. \tag{Gl. 61}$$

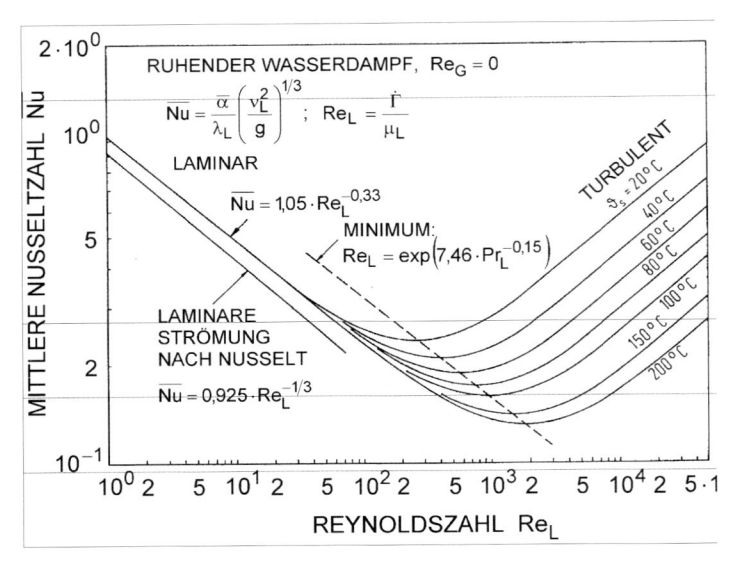

Bild 23: Mittlere Nusselt-Zahl in Abhängigkeit von der Reynoldszahl bei der Kondensation ruhender Dämpfe.

Um den gesamten Bereich der Reynolds-Zahl durch eine Gleichung zu erfassen, kann eine Kopplung der Beziehungen gemäß

$$\overline{Nu} = \left(\overline{Nu}_{lam}^4 + \overline{Nu}_{turb}^4 \right)^{1/4} \tag{Gl. 62}$$

mit

$$\overline{Nu}_{lam} = 0{,}925 Re_L^{-1/3}, \quad Re_L < 5{,}6, \tag{Gl. 63}$$

$$\overline{Nu}_{lam} = 0{,}763 Re_L^{-0{,}222}, \quad 5{,}6 < Re_L < 400 \tag{Gl. 64}$$

und

$$\overline{Nu}_{turb} = \frac{Re_L}{2300 + 41\, Pr_L^{-0{,}5} \left(Re_L^{3/4} - 89 \right)}, \quad Re_L > 400 \tag{Gl. 65}$$

vorgenommen werden.

Anstelle von (Gln. 63 und 64) kann die Gleichung

$$\overline{Nu} = \frac{\overline{\alpha}}{\lambda_L} \left(\frac{v_L^2}{g} \right)^{1/3} = \frac{1{,}05}{Re_L^{1/3}} \tag{Gl. 66}$$

empfohlen werden, die im laminaren Strömungsbereich etwas höhere Werte liefert und mit Experimenten besser übereinstimmt als die ursprüngliche Nusselt-Gleichung.

Gleichung (3.3.4–27) für den turbulenten Kondensatfilm gilt näherungsweise auch für waagrechte Rohre. Dabei ist die Reynolds-Zahl Re_L aus

$$Re_L = \frac{1}{2}\frac{\dot{M}}{L\mu_L} = \frac{1}{2}\frac{d\pi q}{\mu_L \Delta h} = \frac{1}{2}\frac{d\pi \overline{\alpha} \Delta \vartheta}{\mu_L \Delta h} \qquad \text{(Gl. 67)}$$

zu berechnen.

Bild 23 zeigt die mittlere Nusselt-Zahl $\overline{Nu}$ in Abhängigkeit von der Reynolds-Zahl Re_L. Im laminaren Bereich hängt $\overline{Nu}$ nur von Re_L ab; im turbulenten Bereich wirkt sich auf den Wärmeübergang auch die Prandtl-Zahl aus. Der Rückgang von $\overline{Nu}$ mit der Reynolds-Zahl Re_L im laminaren Bereich ist durch die mit Re_L zunehmende Dicke des Kondensatfilmes bedingt. In dickeren Kondensatfilmen facht sich die Turbulenz an und die Nusselt-Zahl $\overline{Nu}$ nimmt mit Re_L zu.

4 Formelzeichen

A	Fläche		χ	Parameter
a	Temperaturleitfähigkeit		δ	Filmdicke, Grenzschichtdicke
Bo	Siede-Kennzahl		ε	Parameter
C	Konstante		φ	Umfangswinkel
Co	Konvektions-Zahl		ζ	Widerstandsbeiwert
c_p	spezifische Wärmekapazität		μ	dynamische Viskosität
d	Durchmesser		ϑ	Temperatur
Fr	Froude-Zahl		$\Delta\vartheta$	Temperaturdifferenz
g	Erdbeschleunigung		λ	Wärmeleitfähigkeit
Δh	Kondensationsenthalpie		ν	kinematische Viskosität
k	Wärmedurchgangskoeffizient		ρ	Dichte
Ka	Kapica-Zahl		σ	Oberflächenspannung
Ku	Kutateladze-Zahl		τ	Schubspannung
L	Länge		$\dot{\Gamma}$	Berieselungsdichte
$\dot{M}$	Massenstrom			
$\dot{m}$	Massenstromdichte		**Indizes:**	
N	Anzahl der Rohre			
Nu	Nusselt-Zahl		F	Fluid
$\overline{Nu}$	Mittelwert von Nu		G	Gas
n	Exponent		h	hydraulisch
Δp	Druckabfall		HYD	hydraulisch
Pe	Peclet-Zahl		k	Rohrzahl
Pr	Prandtl-Zahl		L	laminar, Flüss., longitudinal
q	Wärmestromdichte		lam	laminar
$\dot{Q}$	Wärmestrom		n	Parameter
R	Radius		S	Feststoff, Sättigung
Re	Reynolds-Zahl		SF	Flüssigkeit – Heizwand
ΔT	Temperaturdifferenz		T	Tropfen, transversal
u	Geschwindigkeit		THER	thermisch
$\overline{u}$	mittlere Geschwindigkeit		turb	turbulent
x	Koordinate		V	Gas
z	Lauflänge, Abstand		W	Wand
α	Wärmeübergangskoeffizient		ZP	zweiphasig
$\overline{\alpha}$	Mittelwert von α		τ	Schubspannung
β	Stoffübergangskoeffizient		∞	Fluidbulk

5 Literatur

[1] G. F. Hewitt, G. L. Shires, T. R. Bott, Process Heat Transfer, CRC Press, 1994.
[2] A. P. Frass, M. N. Ozisik, Heat Exchanger Design, Wiley, 1965.
[3] G. Walker, Industrial Heat Exchangers, 2nd Edition, Hemisphere, 1990.
[4] J. Mitrovic: Entwicklungstendenzen bei Wärmeübertragern, S.9–48, Beitrag in Wärmeaustauscher, 2-te Auflage, Vulkan-Verlag Essen, 1994.
[5] S. Kakaç, R.M. Shah, W. Aung, Handbook of Single-Phase Convective Heat Transfer, Wiley, 1987.
[6] Žukauskas, A.: Heat Transfer from Tubes in Crossflow, Advances in Heat Transfer 8(1972), 93–160.
[7] G. F. Hewitt (Coord. Editor), Hemisphere Handbook of Heat Exchanger Design, Hemisphere, 1990.
[8] Alfa Laval Heat Exchange Guide.
[9] VDI-Wärmeatlas, Springer-Verlag, 2002.
[10] J. Mitrovic, Auslegung von Rohrbündel-Wärmeübertragern, Seminar Nr H 093 100 775, Haus der Technik Essen, 2005.
[11] Van P. Carey, Liquid-Vapor Phase-Change Phenomena, Hemisphere Publ. Corp. 1992.
[12] K. Stephan, Wärmeübergang beim Kondensieren und beim Sieden, Springer-Verlag 1988.
[13] V. P. Isacenko, Wärmeübergang bei der Kondensation (russ.), Energija, 1977.
[14] J. Mitrovic, Wärmeübergang bei der Kondensation reiner gesättigter Dämpfe an senkrechten Kühlflächen, Fortschritt-Berichte VDI, Reihe 19, Nr. 22, 1987.

Integralspante für den Einsatz im A380

Gerhard Wegmann[1], Solvejg Jansen[1], Carsten Paul[2], Joachim Becker[3], Frank Eberl[4]
[1] Airbus Deutschland GmbH, 28199 Bremen, Deutschland
[2] Airbus Deutschland GmbH, 21129 Hamburg, Deutschland
[3] Otto Fuchs KG, 58540 Meinerzhagen, Deutschland
[4] Alcan CRV, Centr' Alp, BP 27, 38341 Voreppe Cedex, France

1 Einführung

Durch die Verwendung von Integralspanten im Megaliner-A380 Airbus konnte gegenüber einer herkömmlichen Bauweise deutlich Gewicht gespart werden [1]. Spante bilden im Flugzeugbau die strukturellen Versteifungselemente in Umfangsrichtung. Traditionell werden diese Strukturelemente entweder aus geformtem Blech streckgezogen oder aber aus Platte gefräst. Um gleichzeitig Gewicht und Kosten zu sparen wurde eine neue Technologie der stranggepressten und über Streckziehen in Form gebrachten Integralspante ab der Maschine MSN23 erfolgreich von Airbus in der Passagierversion eingeführt, was zu einer Gewichtsersparnis von insgesamt 155 kg führt [2]. Beim A380 Frachter (MSN37) werden 80% der Spante im deutschen Rumpf-Bauanteil in neuartiger Integralbauweise ausgeführt werden. Dieser Artikel beschreibt den Weg der Qualifikation für Integralspante aus Strangpressprofilen. Eine typische Integralspantgeometrie ist in Bild 1 dargestellt.

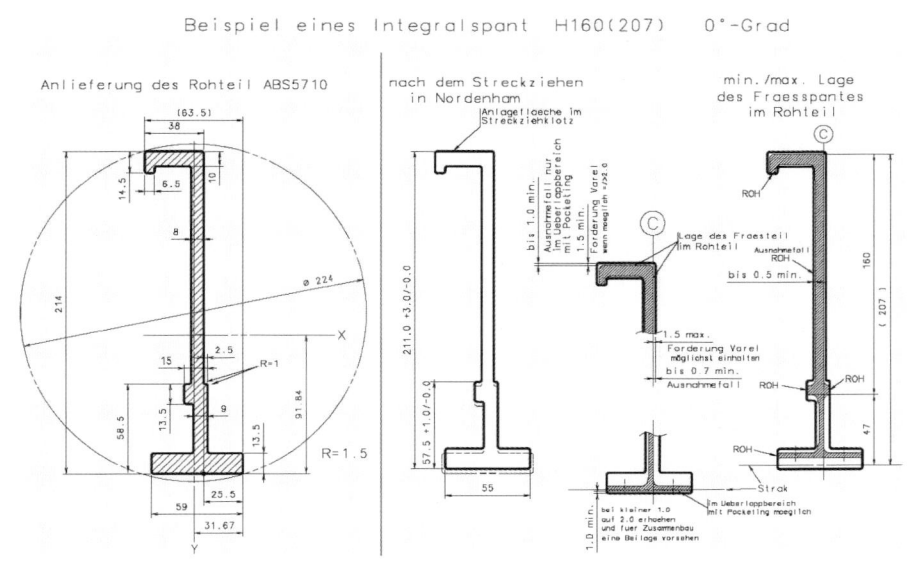

Bild 1: Typischer Integralspant: links Rohteil, rechts Fertigteil

Bei der bisher angewandten Differentialbauweise (Bild 2) wurden Spante mit Hilfe von Clips oder Schubkämmen mit der Außenhaut verbunden. Die Rumpfkontur wird dem Spant typischerweise durch Streckziehen verliehen. Der neue Integralspant vereint Spant und Clip bzw.

Schubkamm in einem Bauteil und wird direkt auf die Außenhaut genietet. Durch den Wegfall der Vernietung Spant/Clip können die Spantgeometrien dünner gestaltet werden, wodurch erheblich Gewicht eingespart werden kann. Zusätzlich entfällt die Spant/Clip-Vernietung.

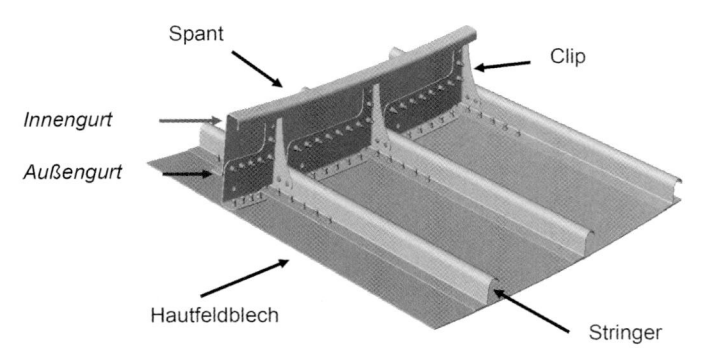

Bild 2: Klassische Spant/Clip-Bauweise (Differenzialbauweise)

Die Verwendung von Strangpressprofilen für strukturelle Versteifungselemente im Flugzeugbau beruht auf einer Reihe von Vorteilen bezüglich:
- Gewicht:
  - Höhere Festigkeit (verglichen zu Blechmaterial)
  - Gute bzw. gleich gute Ermüdungseigenschaften (verglichen mit Blechmaterial)
  - Steife Konstruktion möglich aufgrund von kleineren Radien
- Kosten:
  - Weniger zerspantes Volumen (verglichen zum Frässpant)
  - Dickenvariationen möglich (im Gegensatz zum Blechspant)
  - Höhenvariation möglich (im Gegensatz zum Blech- und klassischem Strangpressspant)

Typischer Anwendungsbereich für Integralspante ist der gesamte Rumpf (Bild 3), selbst die Türrahmenspante werden in Integralbauweise realisiert. Nur die Türrahmenspante im sphärischen Bereich verbleiben konventionell aus Platte gefräst.

2 Materialauswahl

Klassische Blechformspante werden aus dem Luftfahrtwerkstoff 2024T3/T42 gefertigt. Türrahmenspante werden aus hochfestem 7000er-Plattenmaterial gefräst, z.B. 7050T7351. Für Strangpressspante stehen sowohl 2024 als auch hochfeste 7000er-Legierungen zur Wahl. Den letzten Entwicklungsstand bzgl. Hochfester 7000er-Legierung für Strangpressprofile stellen die Legierungen 7349T76511 vom Hersteller Alcan und die äquivalente Legierung 7055T76511 vom Hersteller Alcoa dar. Die statischen Zugversuchseigenschaften verschiedener Aluminium-Werkstoffe sind in der Tabelle 1 gegenübergestellt.

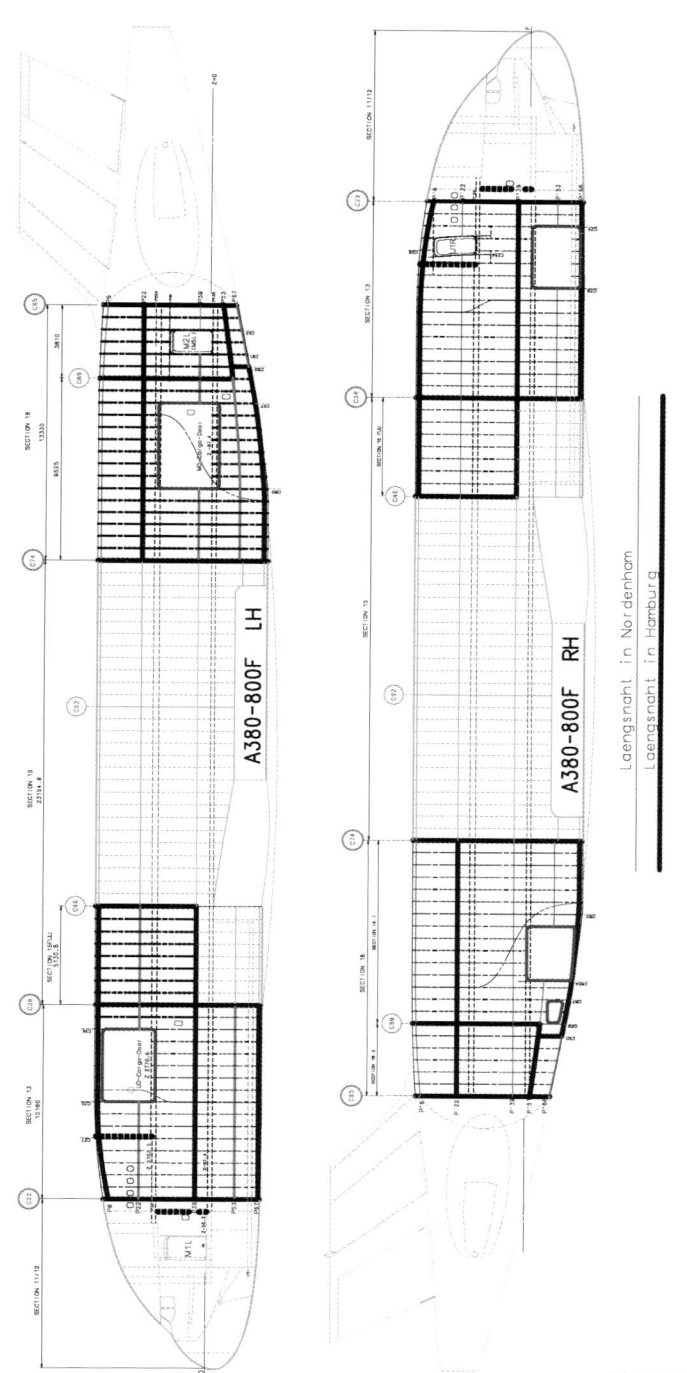

Bild 3: Position der Integralspante im A380-Layout

Die dimensionierenden Materialeigenschaften für einen Spant sind abhängig von der Position des Spantes am Rumpfquerschnitt (Bild 5). In den gestrichelt eingekreisten Bereichen wird der Spant gegen die Ermüdungsfestigkeit dimensioniert, während in den verbleibenden mit Kästchen gekennzeichneten 0°-, 90°- und 45°-Positionen am Rumpfquerschnitt der Spant gegen seine statische Festigkeit dimensioniert wird. Generell gilt, dass am Innenflansch des Spantes die Ermüdungseigenschaften ausschlaggebend und am Außengurt die statischen Zugfestigkeitseigenschaften dimensionierend sind. Die Ermüdungskurven der beiden konkurrierenden Werkstoffe 2024T3511 und 7349T76511 sind in Bild 4 dargestellt.

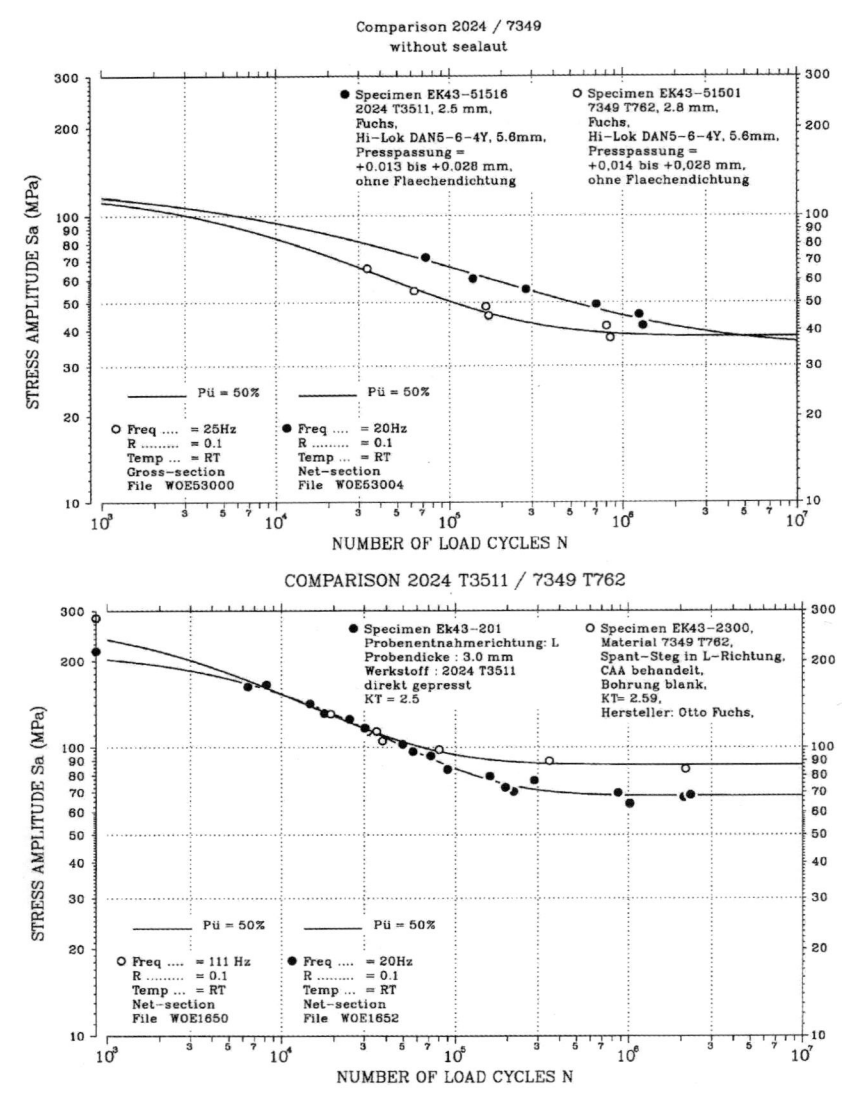

Bild 4: Ermüdungsdiagramme für monolithische Coupon-Proben (gekerbt, oben) und genietete Proben (unten)

Tabelle 1: Zugversuchseigenschaften von typischen Strangpress-Luftfahrtwerkstoffen

Alloy	2000			7000
Material	2024 T42 (US ASTM Standard)	2024 T42	2024 T432	7349/7055 T76511 / T762
Strength (MPa)	395	450	470	620
Yield (MPa)	260	310	330	570
Elongation (%)	12	12	12	7

Es ist zu erkennen, dass die Ermüdungsfestigkeit von 7349T76511 im auslegungsrelevanten Bereich um 10^5 Lastwechsel mit etwa 95 MPa bei gekerbten Proben etwas höher liegt als für 2024T3511. Dieser Effekt kehrt sich allerdings um, wenn genietete Proben betrachtet werden. Dort ist die Ermüdungsfestigkeit bei 10^5 Lastwechsel für 2024T3511 mit ca. 70 MPa deutlich höher als die von genieteten 7349T76511-Proben. Aufgrund der besseren Ermüdungsfestigkeit von 2024T3511 in genieteter Konfiguration wurde nach einer Trade-off Studie dieses Material für den Einsatz als Integralspant im A380 ausgewählt. Die erhöhte statische Festigkeit der 7349-Legierung (Tabelle 1) konnte für den Einsatz als Integralspant nicht ausgenutzt werden. Der Innengurt hätte für 7349 deutlich stärker ausfallen müssen als für 2024 mit dem Effekt eines deutlichen Mehrgewichts. Zusätzlich wären für 7349 etwa 2-mal so viele Spantgeometrien entworfen werden müssen.

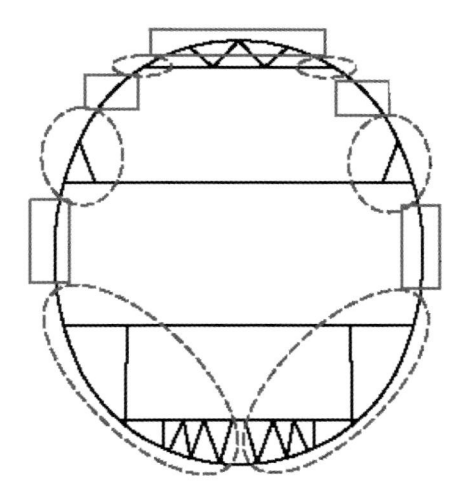

Bild 5: Dimensionierende Materialeigenschaften der Spante entlang des Rumpfquerschnitts

3 Fertigung

Die stranggepressten Integralspante werden im weichgeglühten Zustand 0 beschafft und in der Airbus-eigenen Fertigung im Werk Nordenham durch Streckziehen in Form gebracht (Bild 6). Der kleinste zu realisierende Radius für A380 ist 3310 mm, was rechnerisch einem Umformgrad von 7,8% entspricht. Anschließend werden die Profile lösungsgeglüht (max. 12 min bei 495 °C), in Wasser abgeschreckt, in einem letzten Zug kalibriert mit einer Dehnung von 1–3 % und anschließend kalt ausgelagert. Dieser einzigartige Temper-Zustand wurde als selbst gemachter Einbauzustand seitens Alcan bei der Aluminium Association registriert unter der Bezeichnung T432 und der Werkstoff 2024T432 wurde per AIMS03-05-028 bei Airbus spezifiziert. Die Materialkennwerte (design allowables) dieses neuen Werkstoffzustandes wurden beim MMPDS vorgestellt und akzeptiert und sind in den einschlägigen Handbüchern veröffentlicht.

Der maximal zulässige Umformgrad wird von der Neigung des Werkstoffs zu Rekristallisation bestimmt. Die qualifizierte Grenze liegt bei 7% Dehnung. Für Bauteile, die eine größere Umformung erfordern, können die Prozessschritte 3 und 4 mehrfach wiederholt werden. Bei Umformungen über 7 % Dehnung wird eine vollständige Rekristallisation des dünnen Stegbereiches beobachtet (Bild 7). Rekristallisation führt aufgrund der Kornvergröberung zum Abfall der mechanischen Kennwerte. Entsprechend weist der voll rekristallisierte Zustand im rechten Bild nur noch eine Zugfestigkeit von 432 MPa bei einer Streckgrenze von 274 MPa auf, und liegt damit unterhalb der spezifizierten AIMS-Werte.

Nach klassischer Metallkunde wird die Neigung eines Materials durch die Parameter: Umformenergie (~ Umformgrad) und Glühtemperatur bestimmt [2]. Eine begrenzte Grobkornzone an der Oberfläche von ca. 500 µm Dicke kann allerdings toleriert werden, da der größte Teil der Integralspantoberfläche befräst wird. Innen- und Außengurt werden vollständig befräst. Im Steg werden jedoch die Auf-dickung oberhalb der mouse-holes und die Kragen um die Aussparungen die Originaldicke behalten. In diesen Bereichen wird also die Originaloberfläche vom Strangpressen einschließlich Grobkornzone erhalten. Die Frästiefe beträgt mindestens 1mm. Die Fertigungsparameter, wie Umformgrad, Lösungsglühdauer, etc. wurden in einer Reihe von Fertigungsversuchen sowohl bei den Strangpressern (Otto Fuchs und Alcan) wie auch im Airbus-eigenen Werk an Originalbauteilen ermittelt und optimiert. Für die Lösungsglühdauer wurde nach diesem Versuchsprogramm eine Obergrenze von 12min festgelegt.

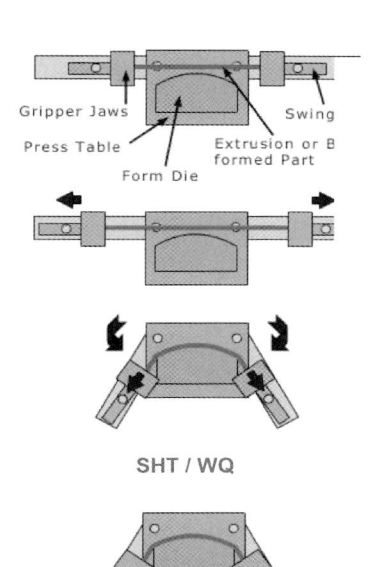

1. Ausgangszustand weichgeglüht

2. Vor-Streckziehen (0.5 % Dehnung)

3. Streckziehen über Konturklotz (4–7% Dehnung)

4. SHT: 12 min (max.) 495 °C, Salzbad

5. Kalibrierzug (1–3 % Dehnung)

Bild 6: Fertigungsprozess für Integralspante, registriert bei AA als Temper T432

4 Summary

Für A380 wurde für den deutschen Bauanteil des Rumpfes (Sektionen 13 und 18) eine neue Technologie „Integralspante" eingeführt. Mit Hilfe dieser Technologie kann erheblich Gewicht eingespart werden. Die klassischen Blechspante wurde durch stranggepresste Integralspante ersetzt, wodurch die Nietung Spant/Clip eingespart wird und die Rumpfmontage erheblich vereinfacht wird. Durch die zusätzliche Möglichkeit, engere Radien im Pressprofil zu realisieren, kann näher am Limit konstruiert werden. Die Integralspante dienen als Präzisionsbauteile als geomtriegebende Rahmen für die weitere Sektionsmontage und haben damit einen zusätzlichen Einspareffekt auf die Fertigung des A380-Rumpfes.

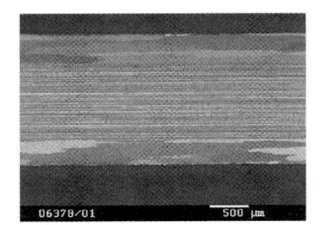

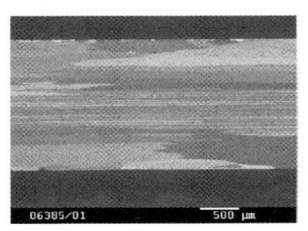

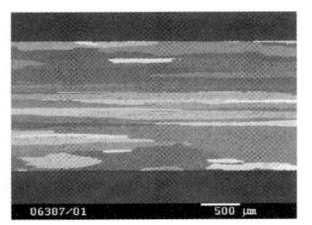

Bild 7: Mikrostruktur-Aufnahmen nach Streckziehen mit verschiedenen Reckgraden und anschließender Lösungsglühung, links 4.9 %, Mitte 6.0 %, rechts 7.0 %

Für die neuartigen Integralspante wurde innerhalb Airbus eine komplett neue Fertigungstechnologie mit 4 Prozessschritten im Werk Nordenham entwickelt. Der neuralgische Punkt dieser Fertigungstechnologie besteht darin, dass die Umformgrade beim Streckziehen derart kontrolliert werden müssen, dass Rekristallisation verhindert oder auf einen schmalen Randstreifen begrenzt bleibt, die dann bei der anschließenden Rundum-Zerspanung abgetragen werden kann. Bei vollständiger Rekristallisation z. B. des schmalen Steges sind die mechanischen Kennwerte der Werkstoff-Spezifikation nicht mehr einzuhalten. Diese Anforderung wurde durch die Ermittlung und Definition eines maximalen Umformgrades von 7 % in der Airbus-internen Fertigung beim Streckziehen und einer Begrenzung der Lösungsglühdauer auf 12 min erfüllt. Aus Gewichtsgründen und zur Realisierung unterschiedlicher Spantgeometrien werden die stranggepressten und geformten Integralspante vollständig bei Airbus befräst.

Qualifiziert für die verschiedenen Spantgeometrien wurden die Strangpress-Häuser Otto Fuchs und Alcan, die die Werkstoff- und Technologieentwicklung durch ihre Beiträge maßgeblich unterstützt haben.

5 Literatur

[1] B.C. Meyer, G. Fischer, F. Eberl, presentation given at Aeromat Conference **2003**.
[2] H. Lüttig, C. Paul, Patent WO 2004/085247 A1, filed: March 29, **2004**.
[3] Horst Böhm, Einführung in die Metallkunde, **1968**, 154.

Aluminium-Strangpressprofile im Karosseriebau

H. Scheurich, F. Venier, A. Hoffmann, Dr.-Ing. L.-E. Elend
AUDI AG, Aluminium- und Leichtbauzentrum, Neckarsulm

1 Einführung

Zu den weitverbreiteten Anwendungen von Aluminium-Strangpressprofilen im Automobilbau zählt unter anderem der Einsatz als Stossfängerträger sowie als Seitenaufprallträger in Türen. Für diese Einsatzgebiete finden überwiegend geometrisch einfache – wenngleich wirkungsvolle – Profilquerschnitte und Profilgeometrien Verwendung. Das ganzheitliche Potential der Aluminium-Strangpressprofile, wie zum Beispiel die Möglichkeit zur Wanddickenvariation im Querschnitt und zur aussteifenden Verrippung des Profils durch Stege, wird bei diesen Anwendungsfällen jedoch nur selten vollumfänglich genutzt. Einen erheblich höheren Stellenwert erlangen Aluminium-Strangpressprofile jedoch beim Einsatz als Halbzeug in Aluminium-Karossen der Space-Frame-Bauweise, bei der die Profile form-, funktions- und nicht zuletzt gewichtsoptimiert unter den Kriterien eingeschränkten Packageanforderungen eingesetzt werden.

Ein herausragendes Beispiel hierfür ist die Audi-Space-Frame®-Technologie (ASF®-Technologie), bei der Aluminium-Strangpressprofile integraler Bestandteil der Karosseriestruktur sind und vielfältige Anforderungen aus fertigungstechnischer (z.B. Maßhaltigkeit und mechanische/thermische Fügbarkeit) sowie fahrzeugspezifischer Sicht (z.B. Crash-Fähigkeit und Festigkeit) erfüllen. Diese Anforderungen erhöhen sich jedoch stetig vor dem Hintergrund steigender Sicherheits-/Komfortaspekte, neuer Gesetzesanforderungen/Umweltauflagen und bedingen zielgerichtete Werkstoff- und Halbzeugentwicklungen.

Nachfolgend werden die aktuellen Entwicklungen in Bezug auf die Anwendung von Aluminium-Strangpressprofilen im ASF® aufgezeigt und ein Überblick über die derzeit zur Anwendung kommenden Legierungssysteme gegeben. Darüber hinaus wird auf die Erfordernisse eingegangen, die zukünftig an Aluminium-Strangpressprofile, infolge von gestiegenen Leichtbau- und Sicherheitsaspekten, gestellt werden und aktuelle Entwicklungstendenzen für neue Legierungssysteme aufgezeigt.

2 Die Audi-Space-Frame®-Technologie

In den letzten Jahrzehnten ist eine deutliche Zunahme der Fahrzeuggewichte in der Automobilindustrie zu verzeichnen (Bild 1). Dies ist auf erhöhte Sicherheitsanforderungen wie Steifigkeit der Fahrgastzellen, gezielte Deformationseigenschaften der Karosserie, schärfere Abgasbestimmungen sowie auf gesteigerte Komfortansprüche zurückzuführen.

Diese Gewichtszunahme bedingt bei gleichen Fahrleistungen eine Anpassung der Motoren und Getriebe, damit verbunden stärkere Fahrwerke, Bremsanlagen und größere Tankvolumina. Dies bildet mithin eine Gewichtsspirale, die zu einer Steigerung des Energieverbrauchs und der Umweltbelastung führt. Nur durch eine konsequente Nutzung des Leichtbaupotenzials kann eine Umkehrung dieser Gewichtsspirale erreicht werden. Da die Anforderungen an das Gesamtsystem Fahrzeug künftig weiter zunehmen, ist eine Umkehrung der Gewichtsspirale nur durch ein neues technisches Gesamtkonzept zu verwirklichen. Dazu wurde bei Audi konsequent der Einsatz des Leichtbauwerkstoffs Aluminium mit darauf angepassten Karosseriestrukturen ausgewählt: Der Audi-Space-Frame® (ASF®) besteht aus einer Rahmenstruktur von eigensteifen Profilen und Druckgussteilen und wird durch Blechteile zusätzlich ausgesteift (Bild 2).

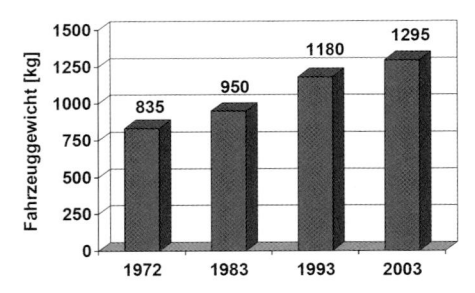

Bild 1: Gewichtszunahme innerhalb einer Fahrzeugklasse (B-Segment)

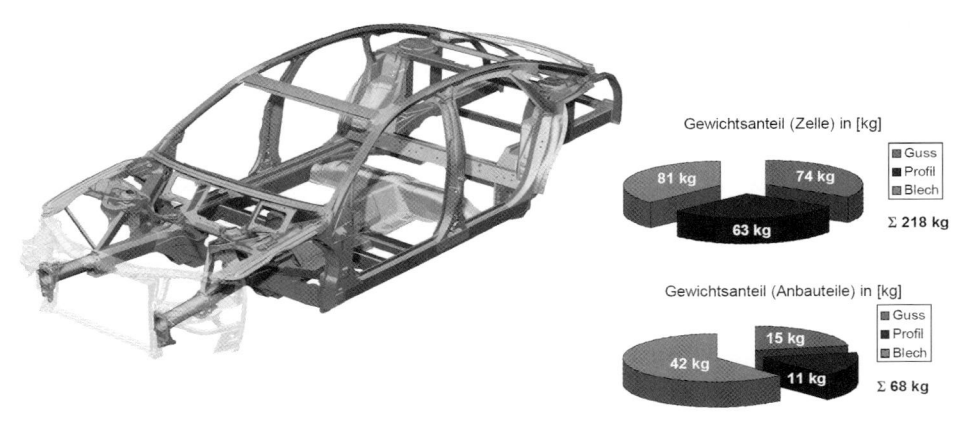

Bild 2: Gewichtsanteile der Halbzeugarten am Space Frame ASF® des Audi A8 (AU631)

Eine konsequente Weiterentwicklung der aus dem Audi A8 bekannten Audi-Space-Frame® Technologie stellt die Karosserie des neuen Audi TT dar, in der erstmals ein Multi-Materialkonzept verwirklicht wird. Neu ist, dass die Karosserie nicht rein aus Aluminium besteht, sondern in Aluminium-Stahl-Hybridbauweise gefertigt ist. Der Charme des Konzepts liegt in der funktionalen Platzierung der Werkstoffe. Die vollverzinkten Stahlkomponenten bilden das Heck, um dort die Achslast gezielt zu erhöhen. Alle anderen Bereiche sind aus Aluminium, um das Karosserie- und Fahrzeuggewicht so weit wie möglich zu senken. Der Kunde profitiert in Form einer ausgewogenen Achslastverteilung, eines optimalen Fahrzeughandlings, einer besseren Beschleunigung sowie durch den geringeren Kraftstoffverbrauch.

Die Karosserie wiegt 206 kg, besteht zu 69 % aus Aluminium und zu 31 % aus Stahlblech. Der Aluminiumanteil des ASF verteilt sich wiederum zu 31 % auf Blechteile, zu 22 % auf Gusskomponenten und zu 16% auf Strangpressprofile (Bild 3).

Eine ähnlich konzipierte und funktionale Karosserie vollständig aus Stahl wäre ca. 48 % schwerer. Theoretisch hätte das Leichtbau-Konzept beim TT noch konsequenter verfolgt werden können. So könnten beispielsweise mit einer Vollaluminium-Karosserie nochmals 12 %

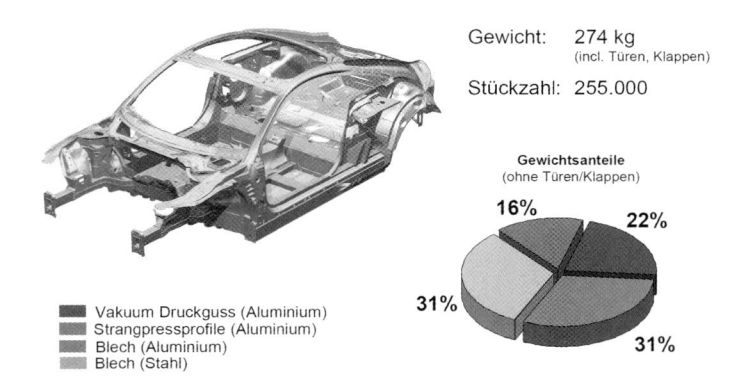

Bild 3: ASF-Karosse in Hybridbauweise am Beispiel des neuen Audi TT

Gewicht eingespart werden, doch die optimale Achslastverteilung hatte bei der Karosserieentwicklung Priorität.

Abhängig von der Fahrzeugstückzahl und dem Produktionsvolumen sowie den fahrzeugspezifischen Anforderungen an Fahrkomfort und Sicherheit kann die ASF®-Technologie unter Berücksichtigung aller wirtschaftlichen Aspekte den jeweiligen Erfordernissen angepaßt werden. So sind von tendenziell eher geringeren Fahrzeugstückzahlen im Sportwagensegment bis hin zu höhervolumigen Modellreihen im Kleinwagen-, Mittelklasse- oder Oberklassesegment Karosserien in ASF®-Architektur herstellbar.

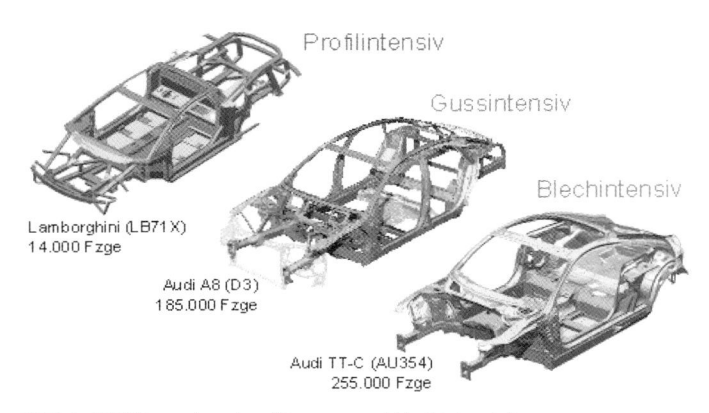

Bild 4: ASF-Bauweisen (profil-, guss- und blechintensiv)

Die Anzahl der Bauteile sowie die Gewichtsverteilung der einzelnen Halbzeuggruppen Profil, Guss und Blech variiert dabei in Abhängigkeit von dem Fahrzeugproduktionsvolumen. So kommen beispielsweise im niedervolumigen Segment der Sportwagen tendenziell überwiegend Profilbauteile zum Einsatz und in höhervolumigen Modellreihensegmenten tendenziell überwiegend Blechbauteile.

Ferner resultieren aus diesem anwendungsspezifischen Einsatz der Halbzeuggruppen hohe Anforderungen an die Eigenschaften der Bauteile. Dies gilt gleichermaßen für Guss-, Blech- und Profilbauteile.

3 Die Prozesskette für Aluminium-Strangpressprofile im Karosseriebau

Die Fertigungsschritte für die Herstellung einbaufertiger Al-Profilbauteile für den Karosseriebau ist abhängig von der späteren Einbausituation und den damit verbunden Genauigkeitsanforderungen an die Bauteile. In Bild 5 ist exemplarisch die Prozesskette für ein Bauteil mit hohen Genauigkeitsanforderungen dargestellt.

Strangpressen:
Herstellung des geraden Profils mit konstantem Querschnitt. Erreichbare Toleranzen: Querschnitt: +/- 0,5 mm, Gradheit: +/- 0,8mm

Streckbiegen:
Biegen des Profils, um eine exakte Positionierung im IHU-Werkzeug zu erreichen. Erreichbare Toleranzen: Querschnitt: +/- 0,5mm, Formlinie: +/- 1mm

Innenhochdruckumformen (IHU):
Umformen des vorgebogenen Profils zur Erzielung eines variablen Querschnitts (Innendruck bis zu 1800 bar). Erreichbare Toleranzen: Querschnitt: +/- 0,2mm, Formlinie: +/- 0,5mm

Baugruppe Dachrahmen seitlich (D3):
Dachrahmenprofil mit gefügten Funktionsblechen

Einbausituation D3-Dachrahmen im ASF®

Mechanische Bearbeitung:
Einbringen von Bohrungen und Endenbeschnitt auf einem CNC-Bearbeitungszentrum.

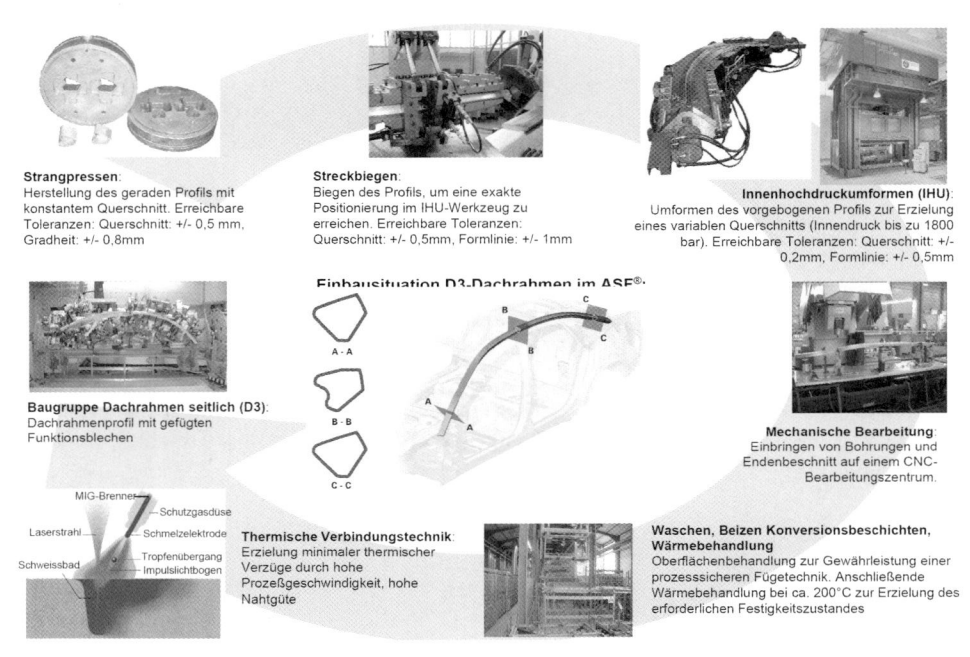

Thermische Verbindungstechnik:
Erzielung minimaler thermischer Verzüge durch hohe Prozeßgeschwindigkeit, hohe Nahtgüte

Waschen, Beizen Konversionsbeschichten, Wärmebehandlung
Oberflächenbehandlung zur Gewährleistung einer prozesssicheren Fügetechnik. Anschließende Wärmebehandlung bei ca. 200°C zur Erzielung des erforderlichen Festigkeitszustandes

Bild 5: Die Prozesskette Al-Strangpressprofil inkl. IHU-Prozess

Die geschlossenen, stranggepressten Profile werden nach dem Extrusionsprozess einer Stabilisierungsglühung unterzogen, welche die Festigkeitseigenschaften für die weitere Verarbeitung sicherstellt. Die Toleranzen der Profile sind u. a. abhängig von der Größe des Profilquerschnittes, vom Umschlingungskreis des Profilquerschnitts sowie der Wanddicke. Die zulässigen Querschnittsabweichungen für Strangpressprofile dürfen laut DIN 17615 bei einem Umschlingungskreis von 90-120 mm und einer Wanddicke von 2 mm etwa ±0.6 mm betragen. Der Karosseriebau hingegen erfordert, um eine Verbausicherheit – insbesondere vor dem Hintergrund eines hohen Automatisierungsgrades bei den Fügeprozessen – zu gewährleisten, deutlich engere Toleranzen.

In den Fällen, in denen der Extrusionsprozess nicht in der Lage ist, den Genauigkeitsanforderungen des Karosseriebaus zu genügen, müssen die Strukturbauteile des Audi-Space-Frames ASF® durch einen nachgeschalteten IHU-Kalibrierprozess „in Form" gebracht werden. Im IHU-Prozess, dem ggf. ein Biegeprozess vorgeschaltet ist, werden die Halbzeuge auf die erforderlichen Toleranzen bezüglich Profilquerschnitt und Formlinie kalibriert beziehungsweise bei großen Änderungen des Profilquerschnitts zusätzlich umgeformt. Im Einzelfall können während des IHU-Prozesses weitere Prozessoperationen, wie z. B. das Ausformen von Nebenformelementen, das IHU-Lochen oder ein Flanschbeschnitt, ausgeführt werden. Hierdurch verkürzt sich in der Regel die nachgelagerte mechanische Bearbeitung wodurch wirtschaftliche Vorteile resultieren können. Die darüber hinausgehende mechanische Bearbeitung, wie z. B. der Endenbeschnitt, das Einbringen zusätzlicher Bohrungen, die Bearbeitung der Flansche etc., erfolgt in der Regel über eine HSC-Bearbeitung (High-Speed-Cutting).

Nach der mechanischen Bearbeitung erfolgt eine Konversionsbeschichtung der Profilbauteile, die für den automatisierten MIG-Fügeprozess bzw. für Kleberverbindungen erforderlich ist. Bei der Konversionsbeschichtung wird die Oxidschicht des Aluminiums teilweise abgetragen und stabilisiert. Durch diesen Prozess werden u.a. die für das Schweißen erforderlichen, gleichmäßigen Oberflächenwiderstände erzielt. Der letzte Prozess-Schritt beinhaltet die Warmauslagerung der Bauteile, um einen stabilen Zustand mit höheren, den Anforderungen der Karosse genügenden, Festigkeitswerten zu generieren.

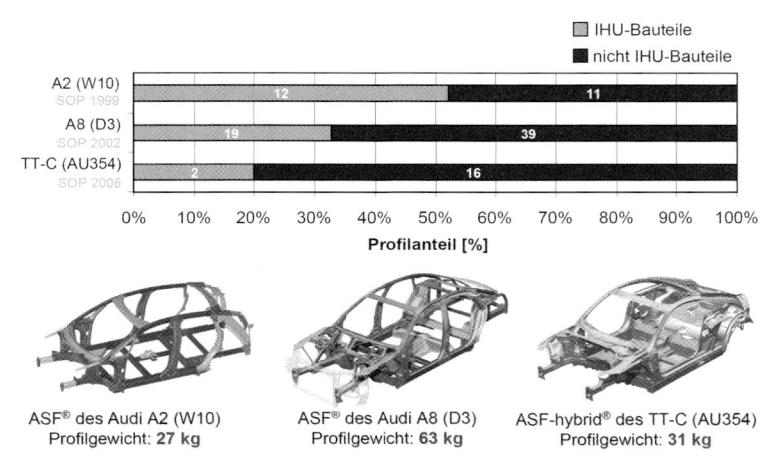

Bild 6: Anteil an IHU-kalibrierten Aluminium-Strangpressprofilen

Ausgesprochenes Ziel für zukünftige Anwendungen von Aluminium-Strangpressprofilen im Karosseriebau wird es sein, die oben genannte Prozesskette hinsichtlich einzelner Prozessschritte deutlich zu optimieren, um zusätzliche Kosteneinsparungen zu generieren und robustere Abläufe zu erhalten.

Einen wesentlichen Beitrag hierzu können deutlich höhere Genauigkeiten der Profile beim Strangpressprozess leisten, so dass weitere kostenintensive Bearbeitungsschritte, wie z.B. das IHU-Kalibrieren, nicht mehr erforderlich sind. Zum anderen kann aber auch das Karosseriekonzept entscheidend dazu beitragen, weitere Kosteneinsparpotentiale zu erschließen, vornehmlich dann, wenn wie beim TT überwiegend gerade Aluminium-Strangpressprofile eingesetzt werden. In Verbindung mit maßtoleranten Aufbaufolgen können aufwendige Biegeoperationen und Kalibrierprozesse vermieden werden (Bild 6).

Abschließend gilt es festzuhalten, dass insbesondere die Verbesserung der Genauigkeit von Aluminium-Strangpressprofilen einen wesentlichen Beitrag zur Kosteneinsparungen im Karosseriebau leisten kann. Vornehmliches Ziel der Entwicklungstätigkeiten bei den Strangpressprofilherstellern muss es daher sein, die Prozesse hinsichtlich der Maßhaltigkeit zu optimieren. Und dies vor dem Hintergrund steigender Anforderungen hinsichtlich der Festigkeit und Crashfähigkeit von Aluminium-Strangpressprofilen im Karosseriebau.

4 Anforderungen an Aluminium-Strangpressprofile im Karosseriebau

Aufgrund der Vielzahl konstruktiver Möglichkeiten von Strangpressprofilen, wie zum Beispiel möglicher Wanddickenvariation im Querschnitt, der Flanschgestaltung oder dem Einsatz von Hohlquerschnitten mit einer oder mehreren Kammern, erschließen sich dem Konstrukteur einer Karosserie neue, über die konventionelle Blechbauweise hinausgehende Möglichkeiten bei der Karosserieentwicklung. Als Werkstoff für Aluminium-Profilbauteile kommen bei Audi derzeit ausschließlich Legierungen zum Einsatz, die der in der nachfolgenden Tabelle aufgeführten Legierungszusammensetzung der Technischen Liefervorschrift (TL116) entsprechen.

Tabelle 1. Maximalwerte der Legierungsbestandteile für Aluminium-Strangpressprofile nach TL116

Si	Fe	Cu	Mn	Mg	Cr	Zn	Ti	V	Sonstige einzeln	Sonstige gesamt	Al
0,2–1,3	0,35	0,25	1,0	0,3–0,9	0,2	0,15	0,1	0,2	0,05	0,15	Rest

Die werkstofflichen Anforderungen an die Aluminiumprofile sind, ebenso wie die Anforderungen an die Karosserie, innerhalb der letzten Jahre stetig gestiegen. Hinsichtlich der Festigkeit von Profilbauteilen ist ein klarer Trend in Richtung höher- und hochfester Legierungen zu verzeichnen.

D2 (1994)
TL116-N20 (war TL 093A)
TL116-C20 (war TL 093B)

W10 (1999)
TL116-N20 (war TL 093A)
TL116-C20 (war TL 093B)

D3 (2002)
TL116-N20 (war TL 093A)
TL116-C20 (war TL 093B)

LB714 (2004)
TL116-N20 (war TL 093A)
TL116-C20 (war TL 093B)

AU354 (2006)
TL116-N20 (war TL 093A)
TL116-N24
TL116-C20 (war TL 093B)
TL116-C24

AU714 (2007)
TL116-N20 (war TL 093A)
TL116-N24
TL116-N28
TL116-C20 (war TL 093B)
TL116-C24

Bild 7: ASF-Bauweisen (profil-, guss- und blechintensiv)

Durch den Einsatz höherfester Aluminium-Strangpressbauteile ist, abhängig von dem späteren Einsatzort des Bauteils innerhalb der Karosserie, über die Möglichkeit zur Reduktion der Wandstärke eine zusätzliche Gewichtseinsparung zu erzielen.

Die nachfolgende Tabelle zeigt die werkstoffmechanischen Anforderungen an Profilbauteile, die für den Einsatz in einem ASF eingesetzt werden.

Tabelle 2. Anforderungen und mechanische Kennwerte im Anlieferzustand für Aluminium-Strangpressprofile nach TL116-X-Y

Index (X)	Klasse (Y)	Bezeichnung	$R_{p0,2}$ [MPa]	R_m [MPa]	A_5 [%]
	20	crashrelevante Bauteile	200 … 240	≥ 220	≥ 11
C	24	crashrelevante Bauteile	241 … 280	≥ 260	≥ 10
	28	crashrelevante Bauteile	281 … 330	≥ 305	≥ 10
	20	nicht crashrelevante Bauteile	200 … 240	≥ 220	≥ 11
N	24	nicht crashrelevante Bauteile	241 … 280	≥ 260	≥ 10
	28	nicht crashrelevante Bauteile	281 … 330	≥ 305	≥ 10

Neben den werkstoffmechanischen Eigenschaften – insbesondere hohe Festigkeit bei statischer und schwingender Beanspruchung – müssen Aluminium-Strangpressprofile für den Karosseriebau weitere Anforderungen erfüllen:
- ausgezeichnetes Crash- und Stauchverhalten,
- Langzeit-Temperaturstabilität der werkstoffmechanischen Eigenschaften,
- hohe Maßhaltigkeit bei geringen Wandstärken (geringe Verzüge),
- gute Fügbarkeit (thermisch und mechanisch),
- gute Korrosionsbeständigkeit,
- Rezyklierbarkeit.

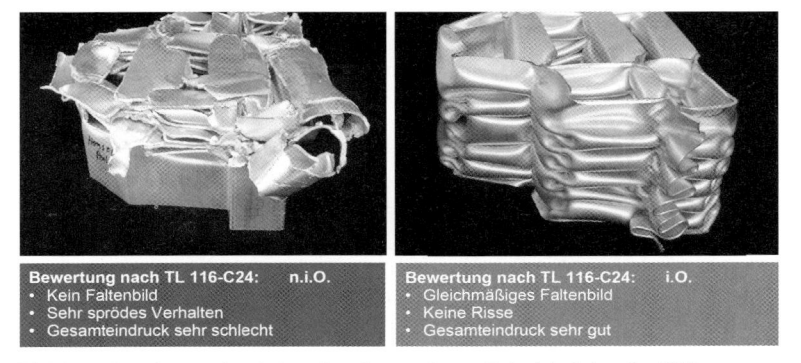

Bewertung nach TL 116-C24: n.i.O.
- Kein Faltenbild
- Sehr sprödes Verhalten
- Gesamteindruck sehr schlecht

Bewertung nach TL 116-C24: i.O.
- Gleichmäßiges Faltenbild
- Keine Risse
- Gesamteindruck sehr gut

Bild 8: Proben des quasistatischen Stauchversuchs am Beispiel „Schweller TT"

Insbesondere das Crashverhalten in Kombination mit der Forderung nach einer hohen Festigkeit unter statischer und dynamischer Beanspruchung stellt eine große Herausforderung dar. In den crashrelevanten Bereichen der Karosseriestruktur dürfen, auch bei intensiver Stauchung, keine Risse an den Bauteilen auftreten. Deshalb ist, neben einer legierungstechnischen Einschränkung gegenüber einer „normalen" AlMgSi0.5 auch eine auf die Festigkeits- und Crashanforderungen optimierte Prozessführung mit nachgeschalteter Warmauslagerung erforderlich.

Nicht zuletzt müssen die eingesetzten Strangpresslegierungen immer hinsichtlich ihrer Wirtschaftlichkeit bewertet werden. Dies bedeutet, dass die oben genannten Anforderungen zwar vollumfänglich erfüllt werden müssen, jedoch stets vor dem Hintergrund zur Erzielung hoher Pressgeschwindigkeiten.

5 Zusammenfassung

Zukünftige und aktuelle Entwicklungen im Bereich der Aluminium-Strangpressprofile für den Karosseriebau können und dürfen sich nicht ausschließlich auf die Entwicklung neuer Legierungssysteme beschränken, sondern müssen insbesondere auch fertigungstechnische Aspekte berücksichtigen. Denn nicht zuletzt wird der Preis von Aluminium-Strangpressprofilen über den zukünftigen Einsatz im Automobilbau entscheiden. Vor diesem Hintergrund wird aus Sicht der Automobilindustrie die Prozesskette vom „Strangpressbolzen bis zum einbaufertigen Bauteil" hinsichtlich der zukünftigen Erfordernisse und Kostenpotentiale weiter durchleuchtet werden.

6 Literatur

[1] Technische Liefervorschrift 116 der AUDI AG, Strangpressprofile aus AL-Legierung AA6xxx - Werkstoffanforderungen, **Juli 2005**.

Simulationstechnik

Neue Entwicklungen im Bereich der virtuellen Abbildung von Strangpressprozessen

P. Hora, C. Karadogan, Tong L.
Institut für virtuelle Produktion, ETH-Zürich

1 Einführung

1.1 Problematik einer exakten Abbildung von Strangpressprozessen

Die virtuelle Abbildung von Strangpressprozessen stellt unter den umformtechnischen Simulationen, welche in den letzten Jahren für verschiedenste Anwendungen einen sehr hohen Reifegrad erreicht haben, eine nach wie vor sehr anspruchsvolle Aufgabe dar.

Die Gründe für die noch beschränkte Anwendbarkeit des virtuellen Strangpressens unter industriellen Bedingungen sind sowohl bei der sehr anspruchsvollen FEM-Modellierung als auch bei den zahlreichen oft schwer zu bestimmenden Prozessparametern zu suchen.

Eine genaue Abbildung des Verhaltens setzt die Beherrschung der in Bild 1 skizzierten Teilaufgaben voraus.

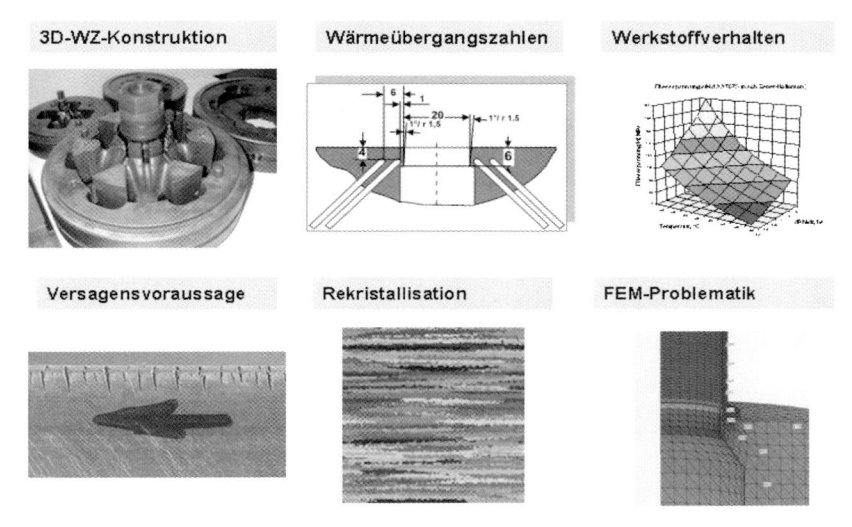

Bild 1: Problemkreise bei der FEM-Simulation von Strangpressprozessen.

Modellierung Werkzeug

Strangpresswerkzeuge, insbesondere die Kammerwerkzeuge, s. Bild 1 oben links, weisen einen hohen Grad an geometrischer Komplexität auf. Um das Prozessverhalten, welches auf kleinste geometrische Änderung sensitiv regieren kann, richtig abzubilden, muß die geometrische Abbildung sehr exakt sein. Bereits kleinste Geometrieabweichungen z.B. im Bereich des Reibkanals können zu veränderten Kontaktbedingungen führen und somit ein der Realität nicht entsprechendes Verhalten aufzeigen. Da es sich bei den Werkzeugen grundsätzlich um 3D-Modelle handelt, welche lokal eine sehr feine Diskretisierung erfordern, sind die Strangpress-FE-Modelle auch nach heutigen Kriterien sehr gross.

Beschreibung der Strömung um scharfe Kanten

Außer der erforderlichen Modellgrösse treten aber auch FEM-spezifische Besonderheiten bei der Modellierung der Strangpressprozesse auf. Dies ist vor allem die Problematik der Abbildung von Fliessvorgängen um scharfe Matrizenkanten – eine exakte Abbildung solcher Zustände ist mit Hilfe der Finite Elemente Modellierung besonders schwierig.

Komplexe Reibbedingungen mit Werkstoffkontamination

Beim Verpressen von Nicht-Eisen-Legierungen, wie z.B. dem Al, treten an der Werkzeugoberfläche Kontaminationen auf, welche zum Kleben des Materials an der Werkzeugoberfläche führen und somit sehr komplexe Reibbedingungen hervorrufen. Die Beschreibung solcher Reibzustände erweist sich mit den gängigen Reibmodellen der Massivumformung nach dem Coulomb- oder nach dem „shear friction"-Ansatz als unzureichend.

Die Werkstoffhaftung der Oberflächenschicht des Stranggutes am Werkzeug führt beim niedrigviskosen Fliessverhalten der Werkstoffe zu sehr dünnen Grenzschichten, welche FEM-mässig nur richtig abgebildet werden, wenn die Diskretisierung im Oberflächenbereich extrem fein ist. Ohne diese strömungsspezifische Vernetzung, in Kombination mit speziellen Reibmodellen, werden die realen Strömungsverhältnisse, damit die Reibungsverhältnisse und dadurch in der Folge auch das Verhalten des Strangpressvorganges nicht korrekt abgebildet.

Voraussage von Versagen

Um Strangpressprozesse virtuell optimieren zu können, muß es möglich sein, auch die Verfahrensgrenzen richtig voraussagen zu können. Im Bereich des Strangpressens stellen die thermisch induzierte Rissbildung und die Grobkornbildung zwei zentrale Versagensmechanismen dar. Nur wenn diese richtig vorausgesagt werden können, macht die virtuelle Simulation auch unter industriellen Gesichtspunktenen einen Sinn.

1.2 Benchmark Extrusion Zurich ´05

Modellierungen von Strangpressanwendungen auch für komplexe Geometrien wurden bereits verschiedentlich durchgeführt, s. z.B. unteres Beispiel – Modellierung eines Kammerwerkzeuges, IVP-Zürich &AluMenziken, 1996. Obwohl solche Simulationen qualitativ das Verhalten scheinbar richtig wiedergegeben haben, waren die quantitativen Ergebnisse alles andere als befriedigend.

Wie quantitativ unexakt auch heute noch die Mehrzahl der „general purpose" Programme das Strangpressverhalten abbildet, hatte der im Jahr 2005 anlässlich der Extrusion Zurich 2005 durchgeführte internationale Benchmarktest an einem 5-Lochwerkzeug aufgezeigt [1].

Um das Verhalten auch experimentell gut kontrollieren zu können, wurde bei dem Benchmark bewusst auf sehr komplexe Werkzeuge verzichtet. Zum Einsatz kamen dagegen einfachere Werkzeuge gemäss Bild 3, welche für Grundlagenuntersuchungen in einem früheren Projekt gemeinsam mit der Firma WEFA-Singen und dem SPZ-Berlin entworfen wurden.

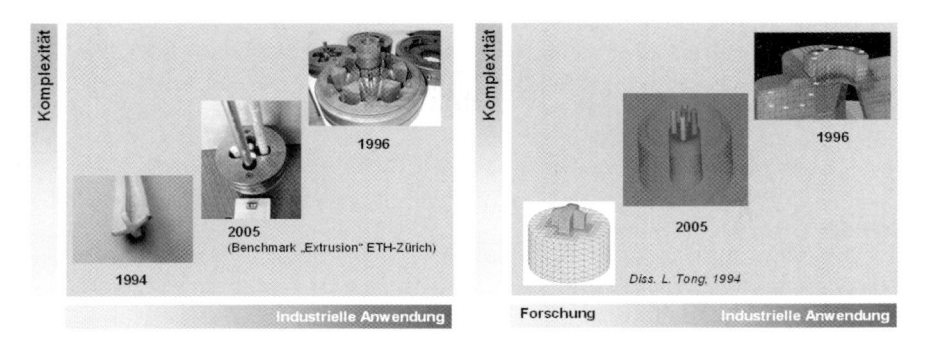

Bild 2: Benchmark Extrusion Zürich 05. Wahl einer vereinfachten Werkzeuggeometrie zur Untersuchung verschiedener Einflussgrössen.

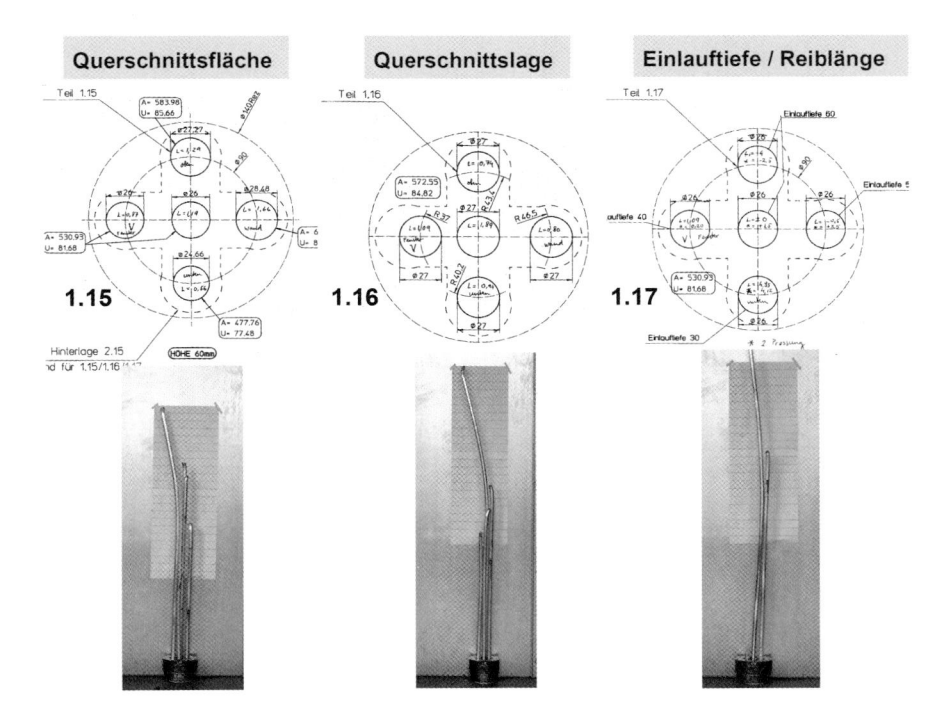

Bild 3: Spezielle Versuchsgeometrien zur Untersuchung der Einflüsse Reiblänge, Strangquerschnitt und Stranglage innerhalb der Pressmatrize. Ergebnisse WEFA-Projekt, SPZ-Berlin.

Die Werkzeuge sind so ausgelegt, dass sie die einzelnen in der Regel sich überlagernden Einflussparameter
- Profilquerschnitt – hydraulischer Durchmesser resp. Dünnwandigkeit der Profilzonen
- Querschnittslage – Abstand von der Mittelachse
- Reiblänge

separieren. Jedes der Werkzeuge weist die Variation je eines dieser Parameter auf. Beim Benchmark kam insbesondere das Werkzeug 1.15 zum Einsatz. Auf diese Weise ist es möglich, den Einfluss der einzelnen Parameter weitgehend isoliert untersuchen zu können. Überraschend war die starke Auswirkung der an sich geringen Geometrievariation auf die Austrittgeschwindigkeit in den einzelnen Strängen.

1.3 Qualität der virtuellen Voraussage

Die Teilnehmer des Benchmarks haben die Programme DEFORM, FORGE-3D, HyperExtrud, PressForm und QForm eingesetzt. Wie die Ergebnisse des BM am Beispiel des Werkzeuges 1.15 zeigen, s. Bild 4, sagen alle Programme zwar tendenzmässig den Einfluss korrekt voraus. Die quantitative Übereinstimmung mit dem experimentellen Ergebnis ist aber – bis auf die Ausnahme des Benchmarkteilnehmers 5 – unbefriedigend[1].

1.4 Suche nach möglichen Ursachen für die geringe Genauigkeit

Der vorliegende Beitrags versucht die Ursachen für diese an sich unbefriedigenden Ergebnisse aufzuzeigen. Er geht zuerst auf die Problematik der numerischen Modellierung von tribologischen Slip-stick-Bedingungen beim Strangpressen ein und stellt einen neuen auf dem Bingham-Werkstoff basierenden Triboansatz vor.

Die FE-Implementation des numerisch schwierigen slip-stick Verhaltens wird durch einen neuen Ansatz durchgeführt, wobei die externen Reibkräfte durch eine Reib-Steifigkeitsmatrix ersetzt werden. Der Vortrag schliesst mit dem Vergleich des neuen Ansatzes mit experimentellen Ergebnissen an verschiedenen Strangpress-werkzeugen ab.

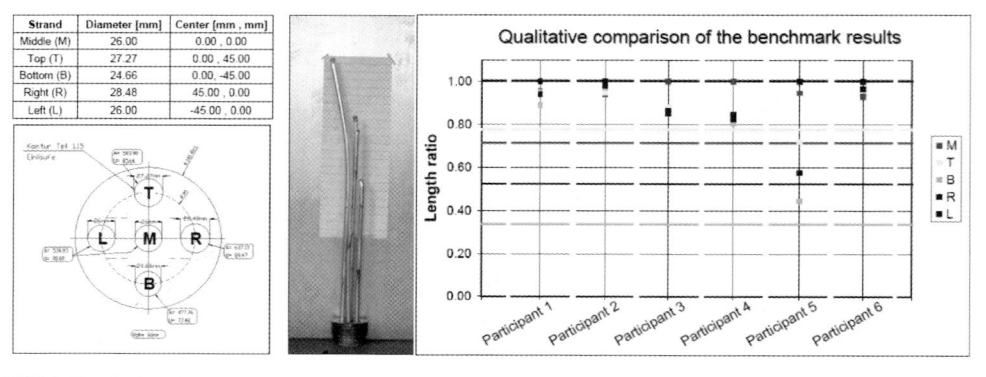

Bild 4: Ergebnisse des Benchmarks Extrusion Zurich 05. WEFA-Testwerkzeug 1.15

---

1. Um diese Untersuchung wirtschaftsneutral zu gestalten, wurden die Ergebnisse anonymisiert.

2 Problematik der exakten Modellierung von Kontaktbedingungen

Die Ursache für das zu unsensitive Verhalten wurde von den Autoren in Bereich der

- Modellierung der Reibung
- Modellierung thermischer Randbedingungen
- Modellierung der Kontaktbedingungen

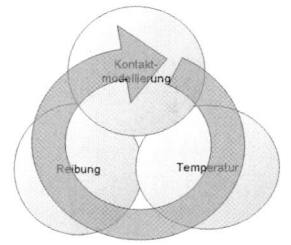

vermutet. In der Folge wurden diese Einflussgrössen gezielt untersucht. Schwerpunktmässig wird nachfolgend die Reibungsmodellierung betrachtet, da sich dieser Einfluss als der dominanteste von den drei genannten Einflussgrössen herausgestellt hatte.

2.1 Modellierung des Reibverhaltens beim Strangpressen

Zur Modellierung von Reibphänomenen bei umfortechnischen Anwendungen werden in der Regel die Ansätze nach Coulomb resp. der „shear-friction" Ansatz verwendet.

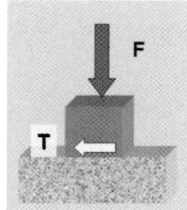

Coulomb-Modell

$\tau = f(Druck, \mu)$

$\tau = \mu \sigma_n$

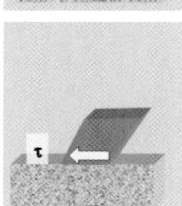

Shear-Friction-Modell

$\tau = f(k_f, Temp, Druck, v_{rel}, ...)$

$\tau = m \left(\dfrac{\sigma_y}{\sqrt{3}} \right)$

Bild 5: In der Umformtechnik übliche Reibmodelle nach Coulomb und „shear friction" [2].

Beide Ansätze gehen davon aus, dass die Reibkräfte nur dann wirken, wenn die Kontaktkörper unter gegenseitigem Druck stehen.
Bei klebenden Schichten, wie sie z. B. die kontaminierte Al-Schicht darstellt, ist es aber durchaus denkbar, dass Reibkräfte bis in den Zugbereich übertragen werden können. Dies soll mit dem unteren Bild 6 dargestellt werden.

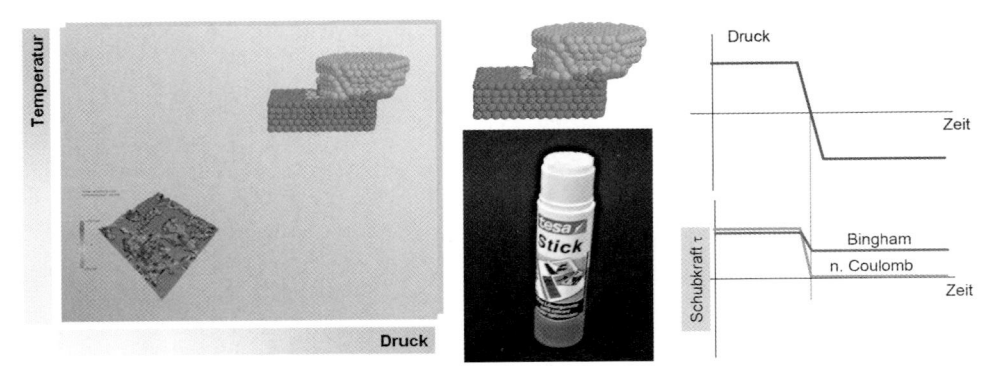

Bild 6: Reibverhalten bei Werkstoffen, welche eine kontaminierte Schicht („Klebschicht ") bilden.

2.1.1 Bingham-Friction-Modell (BFM)

Zur Beschreibung dieses Verhaltens wurde deshalb ein „strangpress spezifisches" Reibmodell eingeführt. Dieses modelliert das Verhalten der Reibschicht mit Hilfe eines Bingham-Werkstoffmodells, welches im Unterschied zum „shear friction"-Ansatz von Anfang an eine Reibschubspannung generieren kann, Bild 7. [1]

2.2 FEM-Modellierung der Reibschicht

2.2.1 FEM-Modellierung der Grenzschicht-Scherung

Das Bingham-Friction-Modell (BFM) setzt die exakte Kenntnis der Schubdeformationsrate $\dot{\gamma}_{grenz}$ im Grenzschichtbereich voraus.
Die dazu notwendige exakte Abbildung der Geschwindigkeitsgradienden ist aber nur mit einer extremen Netzfeinheit in diesem Bereich erzielbar. Wie aus Bild 8 ersichtlich, sind aber gerade bei dünnwandigen Profilen solche Zonen oft nur sehr grob vernetzt. Wird die Zone mit nur einem Element über die Dicke diskretisiert, so liefert die FE-Berechnung für die Schubdeformationsrate $\dot{\gamma}_{grenz}$ sogar den Wert Null. In der Folge wird auch die errechnete Reibschubspannung Null, womit der Prozess fälschlicher Weise als quasi-reibungsfrei behandelt wird.

2.2.2 Grenzschicht als Werkstoffkenngrösse

Dieser Fehler liesse sich natürlich durch eine viel feinere Vernetzung solcher Bereiche vermeiden. Bei grossen 3D-Modellen würde dies aber die Elementzahl derart anwachsen lassen, dass eine Berechnung mit normaler Hardware nicht mehr möglich wäre. Aus diesem Grund wurde nach einem anderen Ansatz gesucht.

Im Unterschied zu Strömungsproblemen, wo sich die Grenzschicht in ihrer Dicke stark verändert, kann sie bei Strangpressproblemen in erster Näherung als ein Werkstoffkennwert betrachtet werden.

---

1. Die numerische Implementation dieses Modells mit der in Kap. 2.2.3 vorgestellten Steifigkeitsmethode entspricht einem „elastischen" Anstieg der Reibkraft um den Nullpunkt.

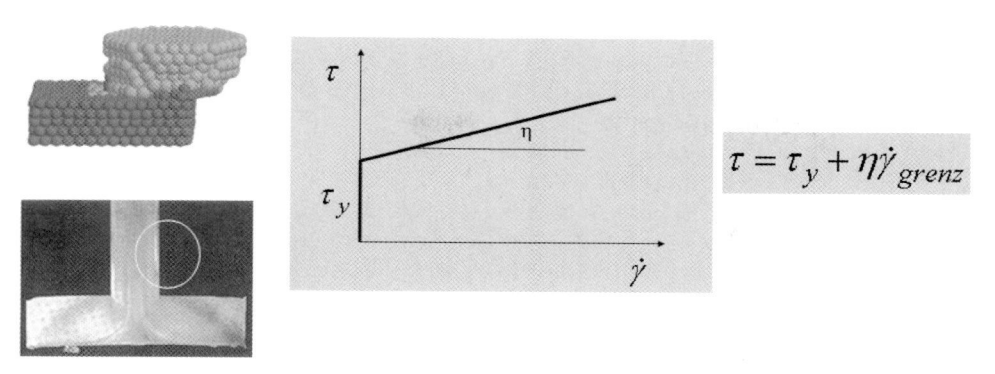

Bild 7: Modellierung des Reibverhaltens mit Hilfe eines Bingham-Friction-Modells

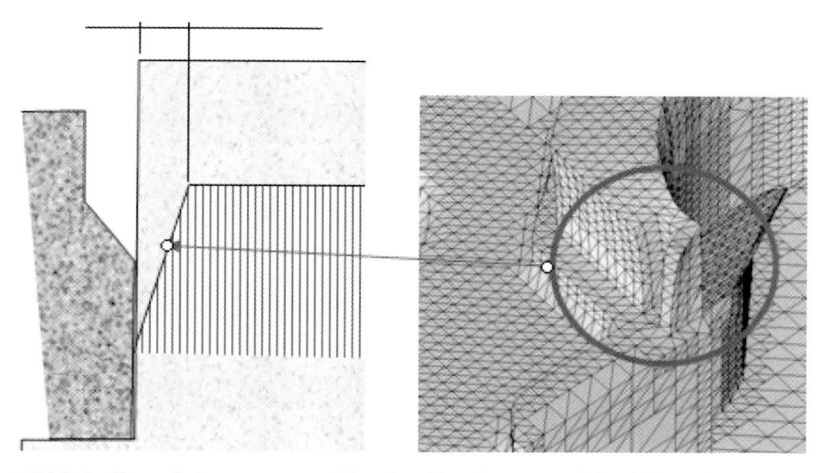

$$\tau = \tau_y + \eta\dot{\gamma}_{grenz}$$

Bild 8: Problematik der vernetzungsabhängigen Berechnung von Scherdeformationen.

$\Delta x_{grenz} = F(Material, Temp, Druck, ...)$

Die Dicke der Gernzschicht hängt dann primär vom Werkstofftyp und der Temperatur ab. Wird als weitere Annahme die lokale Austrittsgeschwindigkeit der mittleren Profilgeschwindigkeit gleichgesetzt, so lässt sich die Grenz-Schubdeformationsrate $\dot{\gamma}_{grenz}$ mit dem Ansatz

$$\dot{\gamma}_{grenz} = \frac{\bar{v}_{Profil}}{\Delta x_{grenz}} = \frac{v_{Stempel}}{\Delta x_{grenz}} \cdot \frac{A_0}{A_{Profil}}$$

beschreiben. Diese wird in erster Vereinfachung entlang des gesamten Profilumfanges als konstant gesetzt.

2.2.3 FEM-Implementierung

FEM-Programme, welche zur Simulation von Strangpressprozessen eingesetzt werden, beruhen fast ohne Ausnahme auf dem impliziten Integrationsverfahren.

Impliziten FEM-Verfahren iterieren bekanntlich das Gleichgewicht aus. Die Konvergenz des Verfahrens wird dabei durch Nichtlinearitäten im starken Mass (negativ) beeinflusst. Werden durch zyklisch veränderliche Wirkrichtung der Reibkraft die Randbedingungen laufend geändert, so ist ein nicht kovergierender Zustand oft die Folge.

Um dieses Verhalten numerisch zu stabilisieren, glätten viele Programme den realen, auf eine slip-stick Phänomen basierenden Kontakt mit einer arctg-Funktion, s. Bild 9. Die auf diese Art vereinfachte Beschreibung der Reibkräfte ist möglich, wenn die Kontaktbedingungen sehr stationär sind und sich nicht schnell ändern. Zustände um den Haftreibungspunkt werden dagegen falsch abgebildet, da dieser Zustand durch die Glättung quasi reibungsfrei wird.

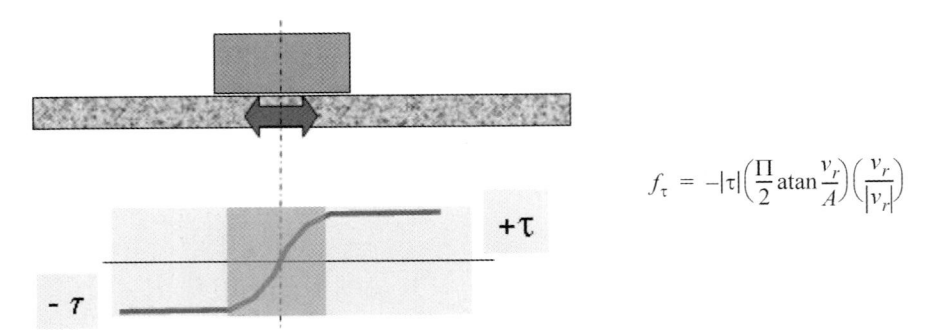

$$f_\tau = -|\tau|\left(\frac{\Pi}{2}\operatorname{atan}\frac{v_r}{A}\right)\left(\frac{v_r}{|v_r|}\right)$$

Bild 9: Schematische Darstellung der mit einer arctg-Funktion geglätteten Reibkraft.

Bild 10 zeigt eine alternative Vorgehensweise, welche die Reibkraft nicht wie üblich als eine äussere Last generiert, sondern diese über einen zusätzlichen Steifigkeitsterm der linken Seite der FEM-Beziehung beifügt.

3 Experimentelle Verifikation

3.1 Benchmark – Werkzeug 1.15

3.1.1 Einfluss der Reibung

Die unteren Beispiele zeigen die Ergebnisse des Extrusion-BM, wobei die Ergebnisse erzielt mit der klassischen Implementierung des Reibmodells nach dem „shear-friction-Ansatz ("altes Modell") den Ergebnissen mit dem hier vorgestellten „Feder-Steifigkeitsmodell" ("neues Modell") gegenübergestellt wurden.

Aus Bild 11 ist ersichtlich, dass die Änderung der Reibungsmodellierung tatsächlich zu einer markanten Verbesserung der quantitativen Aussagen beigetragen hatte. Ähnliche Ergebnisse können auch bei den Werkzeugen 1.16 und 1.17, Bild 3, erzielt werden.

Zum Nachweis der Vermutung, dass das ursprüngliche Reibmodell zu einer weitgehenden Vernachlässigung der Reibkräfte geführt hatte, wurde mit dem neuen Ansatz der reibungsfreie Fall nochmals nachgerechnet. Bild 12 zeigt, dass nach dem Nullsetzen der Reibung die Austrittsgeschwindigkeit in allen Strängen annähernd homogen wird. Dies ist andererseits ein Beweis, dass

Alte Methode: $[K]\{\Delta u\} = \{F\}$ Reibkraft gehört zur äusseren Kraft.

Nachteil: instabil, wenn der Knoten auf der Werkzeugoberfläche klebt

Neue Methode mit dem Federmodell: $([K]+[K^*])\{\Delta u\} = \{F\}$

mit $K^* = \begin{cases} \tau/\Delta u & \text{Für } \Delta u > \varepsilon \\ \tau/\varepsilon & \text{else} \end{cases}$ ε ist die Toleranz für „Sticking"

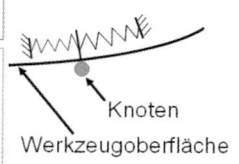

Vorteil: Stabiles Verfahren auch bei hoher Reibkraft

Bild 10: Modellierung der Reibkräfte mit Hilfe eines Federmodells n. Karadogan [3] mit FEM-Implementation n. Tong [4].

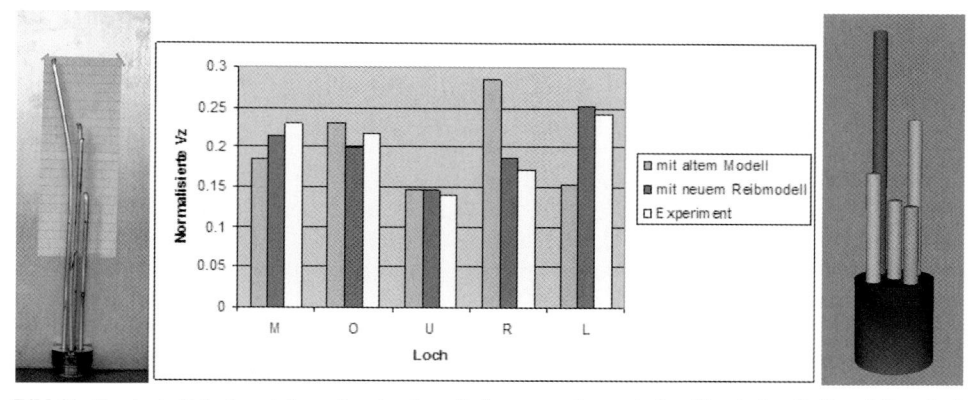

Bild 11: Geschwindigkeitsverteilung der einzelnen Stränge, gerechnet mit dem klassischen Reibmodell und mit der neuen Formulierung.

- die Reibung tatsächlich einen der dominantesten Einflussparameter auf die Geschwindigkeitsverteilung bei der Strangpresssimulation darstellt und bei unkorrekter Behandlung der Reibkräfte zu verfälschten oder unexakten Ergebnissen führen kann.

Andererseits bietet diese Erkenntnis aber auch ein innovatives Potenzial für das Strangpressen:

- Da im reibungsfreien Fall, Bild 12 unten, die Geschwindigkeitsverteilung weitgehend homogen wird und somit die sonst auftretenden Geschindigkeitsunterschiede nicht durch Reiblängen oder Geometriekorrekturen nachkorrigiert werden muss, würden z. B. neuartige Beschichtungen, welche die Reibung mindern, die Werkzeugauslegung stark vereinfachen und die Fertigung von noch komplexeren Profilen ermöglichen.

3.1.2 Einluss der Temperaturmodellierung im Werkzeug

Zu Beginn des Kapitels 2 wurde als eine weitere Einflussgrösse die Modellierung von thermischen RB vermutet. Der untere Vergleich zeigt die Gegenüberstellung der Simulationsergebnisse

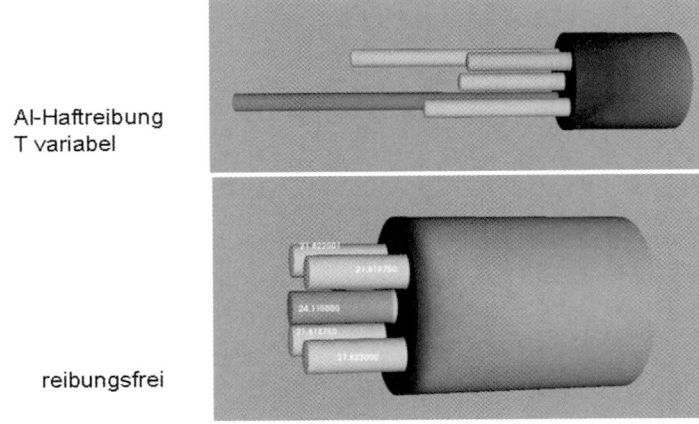

Bild 12: Vergleich des reibungsbehafteten (oben) und des reibungsfreien (unten) Prozesses. Beim reibungsfreien Prozess ist die Austrittsgeschwindigkeit der Stränge weitgehend homogen.

- Modell a) Wärmeleitung im Rezipienten wird gerechnet;
- Modell b) Rezipient weist eine konstante Oberflächentemperatur auf.

Die Ergebnisse weisen darauf hin, dass durch die vereinfachte Annahme einer konstanten WZ-Temperatur die Geschwindigkeitsverteilung nur unwesentlich beeinflusst wird. Die 3D-Abbildung des Rezipienten erscheint auf Grund dieser Ergebnisse als nicht zwingend. Die Modellierung des Werkzeuges in Form einer starren Oberfläche mit vorgegebener Temperatur-Randbedingung und den entsprechenden Wärmeübergangszahlen wird als hinreichend erachtet.

4 Schlussfolgerung

Bei dem anlässlich der *Extrusion Zürich* im Jahr 2005 organisierten BM hatte die geringe Genauigkeit der Ergebnisse überrascht. Wie bei vielen Benchmarks initierte dies eine Suche nach den möglichen Ursachen.

Das vorliegende Paper zeigt auf, dass die klassischen Formulierungen der Reibgesetze und die klassischen FEM-Implementationen der Reibmodelle für das Strangpressen ungeeignet sind. Strangpress-spezifische Reibmodelle mit entsprechenden FEM-Implementierungen, welche
- die Reibung nach einem Bingham-Modell beschreiben,
- die Scherdeformation im Wand-Grenzbereich netzunabhängig definieren und die
- die Berücksichtigung der Reibkräfte in der FEM-Formulierung anstelle von äusseren Lasten mit Hilfe einer Federsteifigkeit beschreibt

tragen jedoch zu einer erheblichen Ergebnisverbesserung bei.

Die Autoren vermuten deshalb, dass auch bei den anderen am BM beteiligten FEM-Programmen analoge Modifikationen der Reibmodelle zu ähnlichen Resultatverbesserungen führen würden.

Matrize als 3D-Modell
T=variable

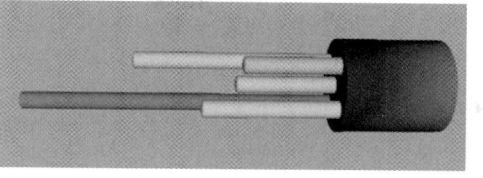

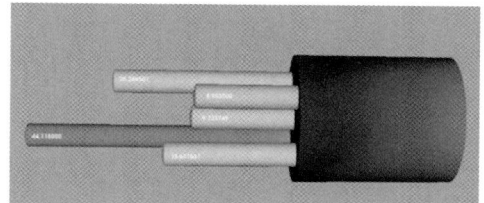

Matrize T=konst

Bild 13: Einfluss der Werkzeugtemperatur auf die Austrittsgeschwindigkeit beim BM-Werkzeug

Danksagung

Die BM-Werkzeuge wurden durch die Firma WEFA Singen bereitgestellt. Die experimentellen Untersuchungen wurden am Strangpresszentrum Berlin unter der Leitung von Dr. K. Müller durchgeführt. Wir danken beiden Projektparnern für ihre Unterstützung.

Literatur

[1] C. Karadogan, F. Vanini, L. Tong, P. Hora, *State of the Art and Potential Development*
[2] *Digital Extrusion Modeling*, Light Metal Age, May **2005**, Volume 63, No. 3, p.40–43.
[3] Xincai Tan, *Comparison of friction models in bulk metal forming*, Tribology International 35, **2002**, 385–393
[4] Celalettin Karadogan, *Advanced Methods in Numerical Modeling of Extrusion Processes*, Diss. ETH Nr.15913, ETH-Zürich, Institut für virtuelle Produktion, **2005**.
[5] P. Hora, C. Karadogan, L. Tong: *Numerische Modellierung thermischer und tribologischer Randbedingungen*, Conference Proceedings: State-of-the-Art of Virtual Simulations of Extrusion Process – Extrusion Zürich **2005**.

Einsatz der Prozesssimulation beim Strangpressen von Schwermetallen

D. Ringhand
Wieland-Werke AG, Ulm

1 Einleitung

Halbzeuge aus Kupfer und Kupferlegierungen weisen ein sehr weit gefächertes Eigenschaftsspektrum auf und werden für unterschiedlichste Anwendungen eingesetzt.

Bei der Halbzeugherstellung wird der Werkstoff üblicherweise ausgehend von einer Schmelze zu Platten und Bolzen vergossen, warm umgeformt und anschließend in einem oder mehreren Kaltumformschritten zu Bändern oder Stangen bzw. Rohren weiterverarbeitet. Bild 1 zeigt hierzu schematisch die Verfahrenskette zur Herstellung von Rohren aus Kupferwerkstoffen nach [1].

Bei Pressverhältnissen von bis zu 900 werden Kupfer-Halbzeuge sowohl direkt als auch indirekt ein- und mehrsträngig verpresst [2]. Nach dem Strangpressen werden die Halbzeuge häufig durch Verfahren der Kaltumformung wie dem Gleitziehen auf die geforderten Endabmessungen und Toleranzen gebracht und gleichzeitig die mechanischen Eigenschaften eingestellt.

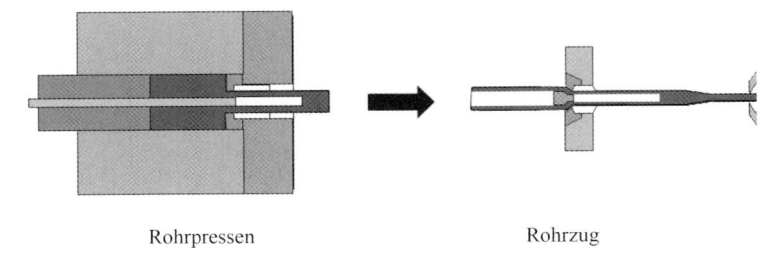

Rohrpressen　　　　　　　　Rohrzug

Bild 1: Schematische Darstellung der Herstellung von Rohren aus Kupferwerkstoffen

2 Numerische Berechnungsmethoden für die Kupfer-Halbzeugfertigung

Für die Auslegung von Umformvorgängen bei der Halbzeugherstellung sind eine Reihe von Verfahren, z.B. nach der Elementaren Theorie oder der Oberen Schranke, entwickelt worden, um Umformkräfte und Werkstücktemperaturen zu berechnen, vgl. [3–11]. Die Analyse des Materialflusses erfolgte in der Vergangenheit mit Hilfe der Visioplastizität, bei der geteilte Blöcken oder Modellwerkstoffe eingesetzt werden [4, 11–15].

Die bei der Herstellung von Kupfer-Halbzeugen eingesetzten Kaltumformverfahren lassen sich hierbei weitgehend als quasi-stationäre Vorgänge beschreiben. Warmformgebungsverfahren wie Strangpressen oder Walzen stellen dagegen komplexe instationäre Vorgänge dar, die eine Unterteilung des Prozesses in einzelne Zeitschritte (Inkremente) erforderlich machen. Analytische Methoden stützen sich auf eine Vielzahl von Vereinfachungen und Annahmen und liefern in der Regel lediglich eine integrale Betrachtung zu einem einzelnen Zeitpunkt [10]. Weitere Einschränkungen bestehen hinsichtlich der Geometriebeschreibung und der Berechnung komplexer Temperatur- und Geschwindigkeitsfelder. Der Vorteil liegt in der sehr kurzen Berechnungszeit, so dass diese Methoden gut geeignet sind, um eine erste Abschätzung über die Presskräfte oder auch Temperaturen vorzunehmen.

2.1 Zielsetzung

Der Einsatz numerischer Simulationsverfahren dient der Berechnung lokaler Zustandsgrößen wie Spannungen, Geschwindigkeiten und Temperaturen sowie dem Materialfluss, der Gefügeentwicklung und der Voraussage des Werkstoffversagens [16]. Weitere Zielrichtungen sind die Analyse der Werkzeugbeanspruchung und der Umformkräfte.

2.2 Simulationsverfahren für die Halbzeugherstellung

Die Vielzahl und Verschiedenheit der im Halbzeugprozess eingesetzten Umformverfahren stellt sehr unterschiedliche Anforderungen an numerische Simulationsverfahren. Die hierbei auftretenden Werkstückgeometrien erfordern in der Regel eine Diskretisierung mit hoher Abbildungsgüte in mindestens zwei Dimensionen wie z.B. der Länge und der Dicke. Hierzu werden unterschiedliche Elementtypen (Dreiecks- und Viereckselemente für 2D bzw. Tetraeder- und Hexaederelemente für 3D) eingesetzt, die mit einer geeigneten Ansatzfunktion zur Beschreibung des Materialverhaltens verknüpft sind.

Etliche Verfahren der Kupfer-Halbzeugherstellung lassen sich durch 2D-Simulationsmodelle mit Rotationssymmetrie oder Annahme eines ebenen Formänderungszustandes hinreichend genau abbilden. Komplexe Vorgänge, wie das Pressen von Profilen, mehrsträngiges Pressen, Kaliberwalzen und das Ziehen von Profilen sind dagegen nur als 3D-Modell darstellbar.

Für eine durchgängige Berechnung mehrerer hintereinander folgender Umformstufen ist die Übertragung der aktuellen Geometrie sowie der Zustandsgrößen von einem Simulationsmodell auf das nachfolgende notwendig. Durch geeignete Kombination von 2D- und 3D-Berechnungen kann der Aufwand in vertretbaren Grenzen gehalten werden.

Das gesamte Spektrum der Simulationsaufgaben für die Halbzeugfertigung und -verarbeitung kann in der Regel von einem einzigen Programm nicht gleich gut abgedeckt werden. Je nach Anwendungsprofil ist bei der Auswahl der Simulationsprogramme zwischen Speziallösungen und general-purpose Anwendungen abzuwägen.

Neben der Methode der Finiten Elemente (FEM) als universell einsetzbarem Verfahren wurden weitere numerische Berechnungsverfahren entwickelt, die teilweise für spezielle Anwendungsgebiete hin optimiert sind. Hervorzuheben sind hierbei
- FDM (Finite-Differenzen-Methode)
- BEM (Boundary-Element-Methode)
- FVM (Finite-Volumen-Methode).

Die Finite-Differenzen-Methode wird beispielsweise zur Berechnung thermischer Vorgänge oder zur Berechnung der Gefügeentwicklung beim Warmwalzen eingesetzt. Der Anwendungsbereich der FDM-Simulation ist hierbei jedoch auf Geometrien eingeschränkt, die sich durch ein regelmäßiges und ortsfestes Gitter beschreiben lassen.

Die Finite-Volumen-Methode wird besonders zur Simulation von Strömungsvorgängen eingesetzt, und kann auch für die Analyse von Strangpressprozessen verwendet werden [17], Hierbei bleibt das ursprünglich erzeugte Netz bestehen; das Material fließt quasi durch das ortsfeste Raumgitter hindurch.

Im Vergleich zu den aufgeführten Verfahren bietet die FEM den Vorteil einer nahezu uneingeschränkten Flexibilität und Adaptierbarkeit an die geometrischen, physikalischen und kinematischen Randbedingungen der Halbzeugfertigung. Nachteilig ist die erhöhte Berechnungszeit bei komplexen 3D-Modellen.

Der größte Teil der eingesetzten FEM-Simulationsprogramme arbeitet nach der sogenannten Aufaddierten-Lagrange-Methode, bei der für jeden Zeitschritt die Position der Netzknoten neu berechnet wird.

Für Umformprozesse mit einem ausgeprägten stationären Anteil wie dem Strangpressen wurden kombinierte Euler-Lagrange Methoden (ALE) entwickelt. Hierbei wird ein Teil des Modells, z.B. der Block, analog zur FVM durch ein ortsfestes Netz und die Umformzone durch einen Bereich mit ständiger Neugenerierung von Finiten Elementen beschrieben [18, 19]. Eine Übersicht über den Einsatz von Simulationswerkzeugen ist in [20] aufgeführt.

2.3 Finite-Elemente-Methode

Aufgrund der großen Querschnittsunterschiede von Block und Matrizendurchbruch stellt die FEM-Simulation von Strangpressvorgängen höchste Ansprüche an die Vernetzungstechnik sowie die verfügbaren Rechnerkapazitäten bei Berücksichtigung des Wärmeübergangs in die Werkzeuge [21]. Bild 2 zeigt ein FEM-Modell für das indirekte Strangpressen mit Presshemd. In Bereichen wie dem Matrizendurchbruch oder zwischen Matrize und Innenbüchse, in denen große Gradienten der Formänderungsgeschwindigkeit auftreten, sind lokale, adaptive Netzverfeinerungen notwendig, um eine ausreichende Stabilität und Konvergenz der Berechnung sicherzustellen.

Bei Berücksichtigung des Pressshemdes kann die Presskraft genauer berechnet werden Dieses verursacht jedoch eine deutliche höhere Rechenzeit, da die Netzverfeinerung in an der Außenseite extrem gesteigert werden muss. Ob der erhöhte Berechnungsaufwand gerechtfertigt ist, sollte daher von Fall zu Fall kritisch abgeschätzt werden.

Die in der Massivumformung eingesetzten impliziten FEM-Programme ermitteln mit Hilfe von Konvergenzkriterien stets eine Näherungslösung für den aktuellen Zeitschritt. Die Qualität der Lösung kann jedoch durch ungünstige Randbedingungen und Modellbeschreibungen beeinträchtigt werden.

Von besonderer Bedeutung für die Qualität der Berechnungsergebnisse ist weiterhin die Topologie des FE-Netzes. Bei starker Deformation der Elemente ist eine Neuvernetzung (Remeshing) erforderlich. Bei Halbzeugprozessen mit stationären Phasen kann ein sehr häufiges Neuvernetzen (Remeshing) erforderlich werden, wodurch die Rechenzeit deutlich verlängert wird. Programme mit automatischen 2D- und 3D-Vernetzern gewährleisten hierbei einen weitgehend unterbrechungsfreien Simulationsablauf [22].

Soll der Strangpressvorgang z.B. zur Analyse der Gefügeentwicklung über den Pressanfang hinaus betrachtet werden, können die Rechenzeiten auch bei 2D-Analysen aufgrund der stark zunehmenden Elementanzahl dramatisch ansteigen.

Hieraus ergibt sich die Notwendigkeit, die Anzahl der Elemente für die Abbildung von Block und Strang auf ein vertretbares Minimum zu begrenzen. Dieses erfolgt am zweckmäßigsten durch ein zyklisches Abtrennen des Stranges bzw. des Presshemdes in ausreichender Entfernung zum Matrizenaustritt, um die Störung des axialen Wärmeflusses zu minimieren. Bild 3 zeigt hierzu die Entwicklung der Elementanzahl bei konstanten Netzparametern für die Simulation eines 2D-Strangpressens.

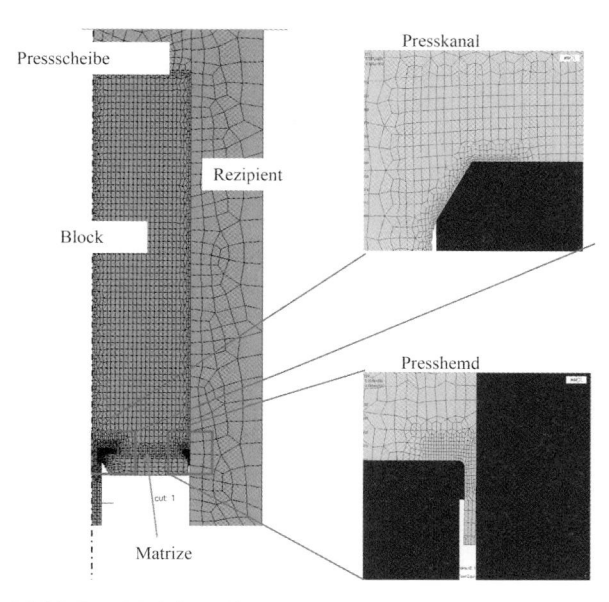

Bild 2: FEM Modell zur Simulation des indirekten Strangpressens von Messing mit Zonen hoher Netzverfeinerung

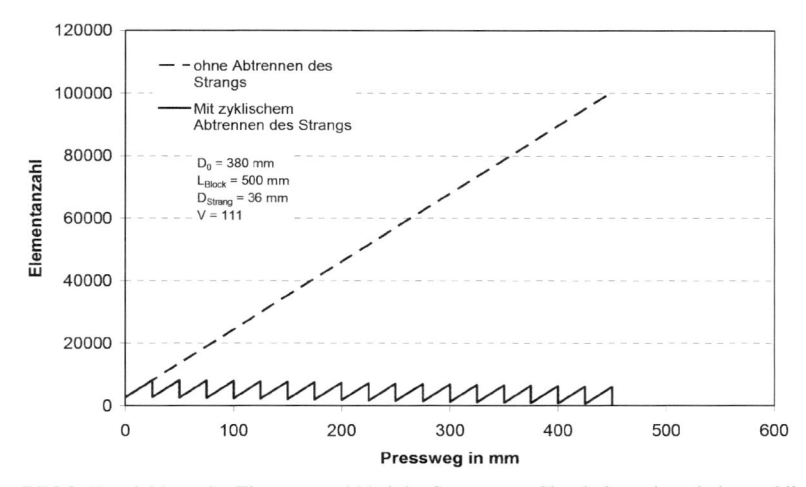

Bild 3: Entwicklung der Elementanzahl bei der Strangpress-Simulation mit und ohne zyklisches Abtrennen des Strangs

3 Materialfluss und Temperatur

3.1 Reibung

Das Strangpressen von Kupfer- und Kupferlegierungen erfolgt in der Regel mit Presshemd, um zu verhindern, dass Verunreinigungen in die Oberfläche des Pressproduktes gelangen. Schmiermittel werden in der Regel beim Pressen über Dorn und an der Matrize eingesetzt. Die Rezipienten werden üblicherweise nicht geschmiert, um Oberflächenfehler (Schalefehler) zu vermeiden. Der Werkstofffluss beim Strangpressen wird wesentlich durch die Reibverhältnisse im Aufnehmer und an der Matrize gesteuert [4].

Kupferwerkstoffe bilden abhängig von der Legierungszusammensetzung und der Erwärmungstemperatur eine unterschiedlich starke Zunderschicht [23]. Beim Verpressen von Reinkupfer wirkt die Zunderschicht wie ein Schmiermittel und senkt die Reibung. Bei Messingwerkstoffen, Neusilber oder Cu-Ni-Legierungen ist die Wirkung der Zunderschicht geringer, so dass die Reibkraft vor allem beim direkten Pressen ansteigt [24].

Der Wärmeübergang und die Reibung sind die entscheidenden Parameter, von denen das Temperaturfeld und die Presskraft bei der Strangpresssimulation beeinflusst werden.

Für die Beschreibung der Reibung werden in der Literatur unterschiedliche Ansätze aufgeführt. Am häufigsten werden das Coulomb'sche Reibmodell mit

$$\tau_R = \mu \cdot \sigma_n \tag{1}$$

sowie der Schubspannungsansatz über einen Reibfaktor m ("friction factor") mit

$$\tau_R = m \cdot \tau_{max} \tag{2}$$

mit der Schubfließgrenze

$$\tau_{max} = \frac{1}{\sqrt{3}} \sigma_V \tag{3}$$

eingesetzt (σ_n: Innendruck im Rezipienten, entspricht in erster Näherung der spez. Presskraft, σ_V: Vergleichsspannung (Fließspannung)).

Beide Reibmodelle sind üblicherweise in kommerziellen FEM-Programmen implementiert. Die verwendeten Reibwerte weisen teilweise beträchtliche Schwankungen auf [26]. Darüber hinaus werden auch spezielle Kontaktalgorithmen für Sonderfälle eingesetzt.

Während die Reibung bei Verwendung von Gl. (1) für hohe Normalspannungen Reibspannungen liefern kann, die über der Schubfließgrenze τ_{max} liegen, wird die Abhängigkeit der Reibspannung von der Normalspannung bei Gl. (2) nicht berücksichtigt.

Von Bay [25] wurde ein kombiniertes Reibmodell vorgestellt, bei dem die nach Gl.(1) berechnete Reibspannung bis zur physikalischen Höchstgrenze ansteigt und dann konstant bleibt. Lin et al. [27] und Neumayer [28] haben ähnliche Ansätze auf Basis des friction-factors erstellt und in die Finite-Elemente-Analyse implementiert. Hierbei wird Gl (2) erweitert zu

$$\tau_R = m_{max} \cdot m_{rel} \cdot \tau_{max} \tag{4}$$

mit $m_{rel} = f(\sigma_n/\sigma_V)$. Von [28] wurde für m_{rel} ein exponentieller Ansatz mit

$$m_{rel} = \frac{m}{m_{max}} = 1 - e^{\sigma_n/\sigma_V} \tag{5}$$

für die Kalt- und Warmmassivumformung entwickelt.

Bild 4 zeigt hierzu den Verlauf des relativen Reibfaktors mrel in Abhängigkeit der bezogenen Normalspannung σ_n/σ_V. Mit steigendem Innendruck steigen die Werte von m_{rel} stetig an und streben asymptotisch gegen 1. Die Implementierung des modifizierten Reibgesetzes erfolgte über eine Benutzerroutine, so dass der bestehende Kontaktalgorithmus weiter verwendet werden kann. Aufgrund des stetigen Kurvenverlaufes wird die Stabilität der Simulationsrechnung nicht beeinträchtigt.

Um die Eignung des modifizierten Reibmodells nach Gl. (4) bei der Simulation des Strangpressens von Kupferwerkstoffen zu untersuchen, wurden FEM-Berechnungen zu Ringstauchversuchen an Kupferproben mit unterschiedlichen maximalen Reibwerten durchgeführt.

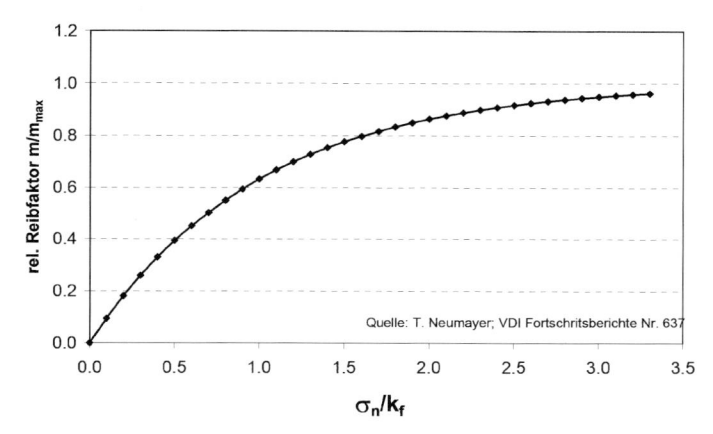

Bild 4: Verlauf des relativen Reibwertes $m_{rel} = m/m_{ax}$ nach Gl. (5) in Abhängigkeit der Normalspannung nach Neumayer [28]

Bild 5 zeigt hierzu den Verlauf des berechneten Innendurchmessers der Ringstauchproben für Werte zwischen $m_{rel} = 0.3$ und $m_{rel} = 0.6$ im Vergleich mit Messwerten nach [29] für Temperaturen von 600 °C und 950 °C.

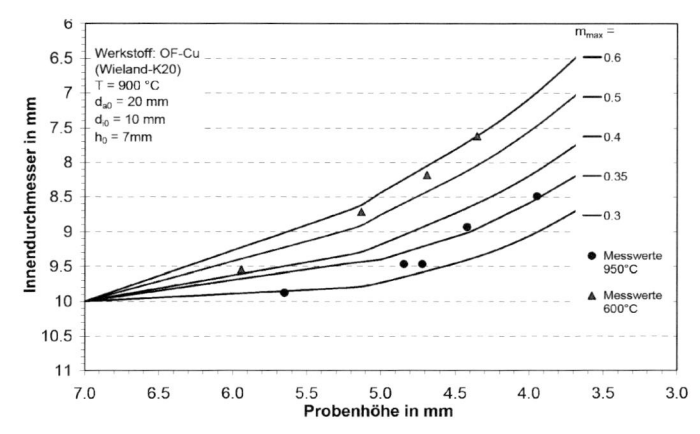

Bild 5: Veränderung des Innendurchmessers bei der Simulation des Ringstauchversuches und Vergleich mit experimentellen Ergebnissen nach [29]

Der Vergleich mit den experimentellen Werten zeigt eine gute Übereinstimmung für m_{rel} = 0.35 bei 950 °C und m_{rel} = 0.6 bei 600 °C.

Der Einfluss der Reibung zwischen Block und Rezipienten zeigt sich besonders im Vergleich zwischen dem direkten und dem indirekten Pressen. Analog zum klassischen Liniennetzverfahren oder der Visioplastizität [14, 15] kann der Materialfluss im Block durch die Verzerrung eines virtuellen Gitters mit regelmäßigem Abstand der Netzlinien dargestellt werden.

Bild 6 zeigt die Verzerrung des Fließnetzes für das direkte und indirekte Strangpressen einer Neusilber-Legierung. Die Zonen der größten Verformung sind dabei durch die stärkste Verzerrung bzw. Stauchung der Netzlinien gekennzeichnet. Aufgrund der unterschiedlichen Reibverhältnisse bildet sich die Umformzone beim direkten Strangpressen deutlich kegelförmig aus. Die Ausbildung der so genannten „toten Zone" ist dabei deutlich erkennbar. Das Fließnetz entspricht weitgehend dem Typ „C" nach [12]. Für das indirekte Pressen stellt sich ein Materialfluss ähnlich wie in [30] beschrieben ein, wobei die „tote Zone" eine annähernd halbkreisförmige Form aufweist. Ein geringer radialer Materialfluss lässt sich aus der Streckung der Netzabstände an der Matrize ableiten. Die berechnete Presskraft liegt wegen der Reibung zwischen Block- und Innenbüchse für das direkte Pressen höher gegenüber dem indirekten Pressen.

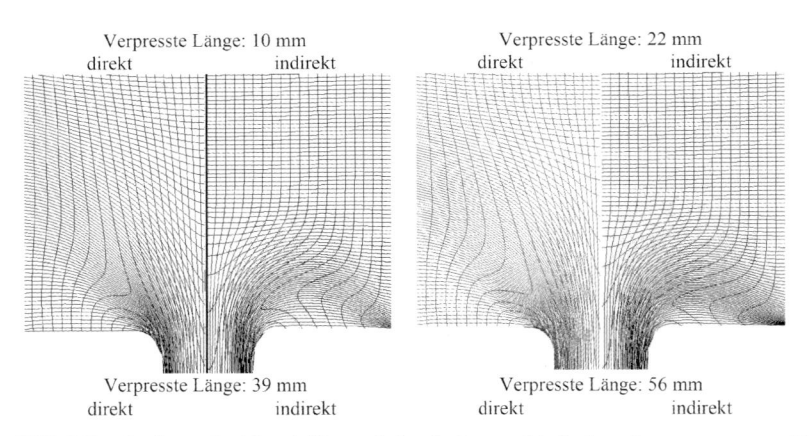

Bild 6: Beschreibung des Materialflusses beim direkten und indirekten Strangpressen von Neusilber (CuZn20Ni18) mit Hilfe verzerrter Liniengitter (Fließnetz), Beschreibung der Reibung nach Gl. (3) mit m_{rel} = 0.5

Bei der Strangpresssimulation stellen besonders die Stellen an der Stirnseite der Matrize hohe Anforderungen an die Stabilität des eingesetzten Kontaktalgorithmus, da hier eine Richtungsumkehr des Materialflusses auftritt. Mittels geeigneter Übergangsalgorithmen kann die Stabilität der Rechnung beträchtlich gesteigert werden [27].

3.2 Wärmeübergang

Beim Strangpressen von Kupferlegierungen kann die Blockeinsatztemperatur bis zu 650 K über der Temperatur der Pressbüchse liegen [4]. Während des Pressvorgangs erfolgt in der Regel eine stetige Abkühlung des Blocks und Aufheizung der Pressbüchse. Im Unterschied zum Verpressen von Aluminiumlegierungen sind bei Kupferwerkstoffen die Temperaturänderungen und der Einfluss auf den Materialfluss deutlich größer []12. Für eine zutreffende Berechnung der thermischen Vorgänge, insbesondere des Wärmetransportes in die Werkzeuge, ist es vorteilhaft, auch die Abhängigkeit der thermischen Parameter von der Temperatur zu berücksichtigen.

Zur Reduzierung der Rechenzeit werden bei der FEM spezielle Elementtypen für die Diskretisierung der Werkzeuge eingesetzt, bei denen nur die Temperaturverteilung jedoch keine Verformung berechnet wird. Zur Begrenzung der Elementanzahl werden Aufnehmer, Matrize, Pressscheibe und ggf. der Dorn daher bei der Diskretisierung nur für den thermisch relevanten Bereich abgebildet.

Der Wärmeübergang wird üblicherweise über die Beziehung

$$\dot{q} = \alpha(T_1 - T_2) \tag{5}$$

mit dem Wärmeübergangskoeffizienten $\alpha = f(\lambda, \sigma_n, T, d_{Schmierfilm}, R_a, ...)$ beschrieben.

Bei der Analyse des instationären Wärmestromes besteht die Schwierigkeit in der Bestimmung des Wärmeübergangskoeffizienten zwischen den einzelnen Kontaktkörpern. Untersuchungen von [28] haben gezeigt, dass die Rauheit der Oberflächen und der Normaldruck hierbei die wesentlichen Einflussgrößen für den Wärmeübergang bei der Massivumformung sind.

In Bild 7 und 8 sind die berechneten Temperaturverteilungen beim Strangpressen einer Messingstange aus CuZn10 (Wieland-M10) für unterschiedliche Wärmeübergangskoeffizienten dargestellt. Der Wärmeverlust im Block liegt für die Berechnungen mit Wärmeübergangskoeffizienten zwischen α = 5 kW/m²K und α = 30 kW/m²K in ähnlichen Größenordnungen. Zu Beginn des Pressvorgangs kühlen die Randbereiche des Bolzens bei den Berechnungen mit Wärmeübergang relativ schnell auf Temperaturen zwischen 800 °C und 850 °C ab. Mit sinkender Temperaturdifferenz an der Innenseite der Pressbüchse nimmt auch der Einfluss des Wärmeübergangskoeffizienten auf das berechnete Temperaturprofil ab.

Für das adiabatische Strangpressen ohne Wärmeübergang liegt die Temperatur im Block gegen Ende des Pressvorgangs auch deutlich über den Werten für den niedrigen Wärmeübergangskoeffizienten α = 5 kW/m²K.

Die vergleichsweise geringen Temperaturunterschiede für die Berechnungen mit Wärmeübergang führen zu geringen Abweichungen der berechneten Presskraft, vgl. Bild 10. Die nach Gl. (3) übertragbare Reibschubspannung im Rezipienten wird hierbei direkt durch die temperaturabhängige Fließspannung am Außenrand des Bolzens beeinflusst.

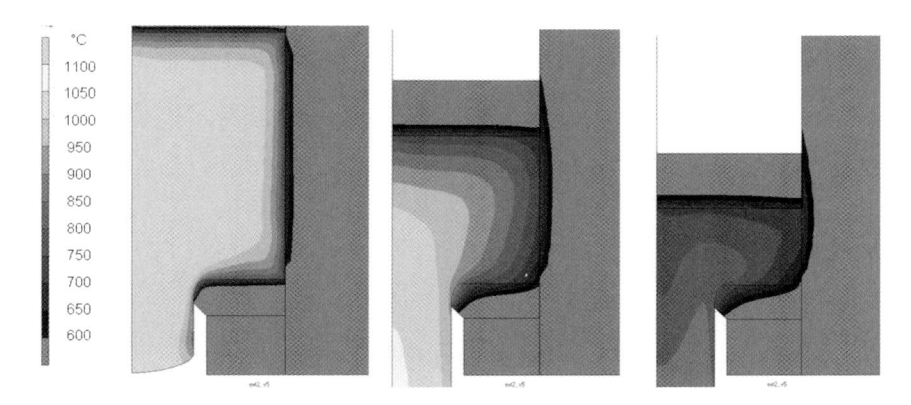

Bild 7: Temperaturverteilung beim Strangpressen von CuNi10Fe, Blockeinsatztemperatur 1030°C, α = 30 kW/m²K

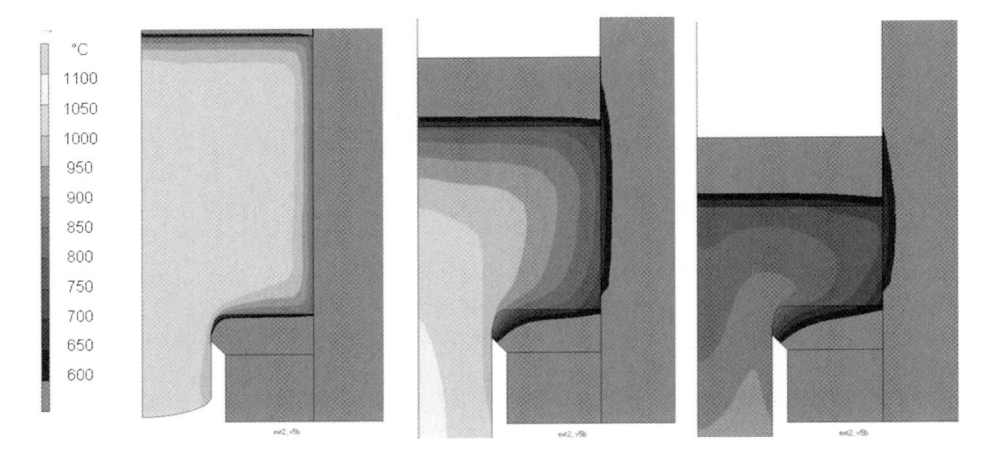

Bild 8: Temperaturverteilung beim Strangpressen von CuNi10Fe, Blockeinsatztemperatur 1030°C, $\alpha = 5$ kW/m²K

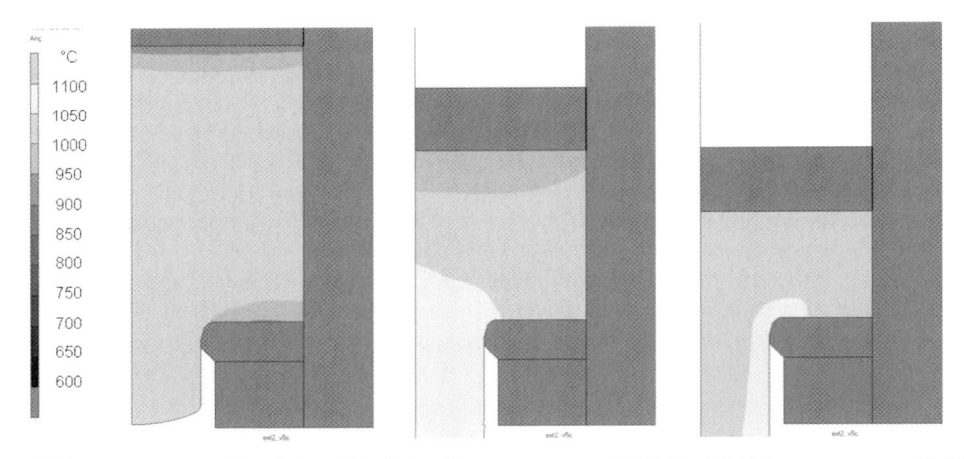

Bild 9: Temperaturverteilung beim adiabatischen Strangpressen von CuNi10Fe, Blockeinsatztemperatur 1030°C, $\alpha = 0$, (ohne Wärmeübergang)

Die vergleichsweise geringen Temperaturunterschiede für die Berechnungen mit Wärmeübergang führen zu geringen Abweichungen der berechneten Presskraft, vgl. Bild 10.

4 Gefügeberechnung

Messinglegierungen weisen je nach Höhe des Zinkgehaltes ein einphasiges (α-Mischkristall) oder zweiphasiges α–β-Gefüge auf. Das Verpressen von Messinglegierungen mit Zinkgehalten zwischen 36 und 45 Gewichts-% erfolgt üblicherweise im Temperaturbereich zwischen 600 °C und 750 °C, in dem das Gefüge größtenteils aus der gut warm umformbaren β-Phase besteht. Beim Strangpressen tritt eine dynamische Rekristallisation der Gussstruktur sowie eine Phasenumwandlung bei mehrphasigen Gefügen auf. Für eine gleich bleibende Produktqualität wird angestrebt die thermisch bedingten Gefügeunterschiede von Pressanfang zu Pressende gering zu halten und gleichzeitig ein günstiges α/β-Verhältnis einzustellen, damit nachfolgende Kaltumformschritte wie z.B. das Ziehen ohne erneutes Glühen durchführbar sind.

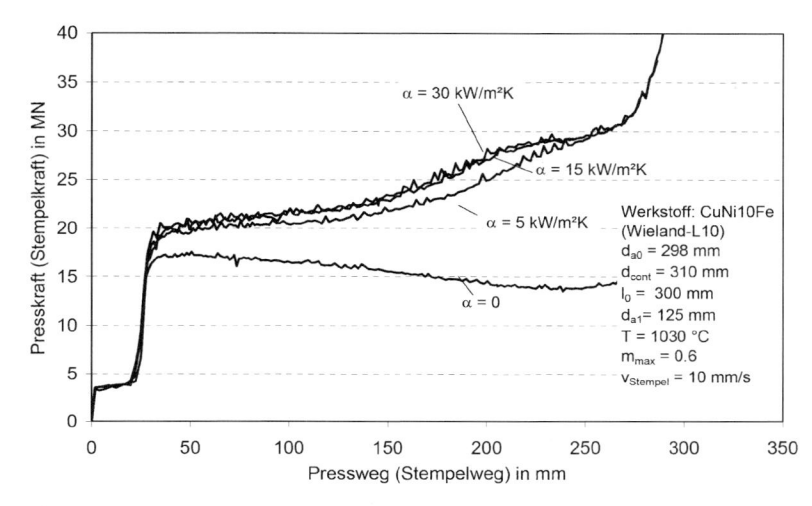

Bild 10: Berechnete Presskraft beim Strangpressen von CuNi10Fe in Abhängigkeit des Wärmeübergangskoeffizienten α

Für die Sicherstellung einer hohen Prozesssicherheit ist die Einstellung eines günstigen α/β-Verhältnisses bei gleichzeitiger Begrenzung der Maximaltemperatur zur Vermeidung von Warmrissen und Werkzeugschädigungen erforderlich [4].

Die Berechnung der Gefügeentwicklung beim Strangpressen erfolgt in der Regel als nachgeschaltete Berechnung von benutzerdefinierten Variablen. Aus den mit der FEA simulierten Zustandsgrößen Temperatur, Formänderung, Formänderungsgeschwindigkeit, usw. kann der Anteil der Phasen, die Rekristallisation und Gefügeentwicklung während des Umformvorganges und der Abkühlung an Luft oder im Wasserbad berechnet werden. Die Verteilung von α- und β-Anteil beim Strangpressen einer zweiphasigen Messinglegierung zeigt exemplarisch Bild 11.

Werkstoff: CuZn39Pb3
Blockdurchmesser = 260 mm
Strangdurchmesser = 27,5 mm
Blockeinsatztemperatur = 700°C

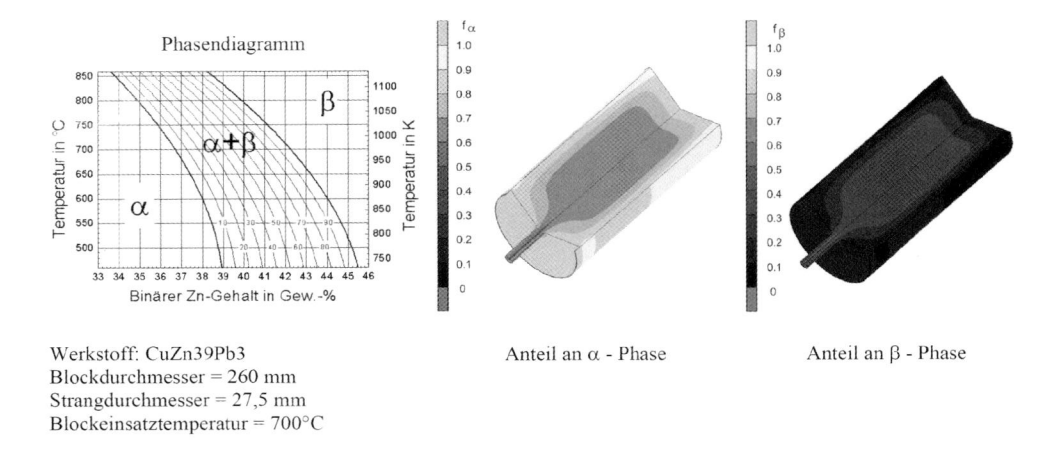

Bild 11: Berechnete Phasenanteile f_α und f_β beim Strangpressen von Messing für CuZn39Pb3

Den Aufbau eines Gefügesimulationsmodells für das Warmwalzen von Kupfer- und Stahlwerkstoffen wurde von [31, 32 und 38] vorgestellt.. Hierbei werden semi-empirische Modelle, die teilweise auf modifizierten Avrami-Ansätzen beruhen, zur Beschreibung des Materialverhaltens bei der Warmumformung eingesetzt. Der Einsatz eines Avrami-Modells für das Pressen von Kupferrohren wurde von Calvo et. al. [36] vorgestellt In jüngerer Zeit wurden neben diesen Modellen so genannte „Zelluläre Automaten" entwickelt, mit denen die Grenzen der semi-empirischen Avrami-Ansätze erweitert werden sollen [33]. Ansätze für eine geschlossene Simulation der Gefüge- und Textur Entwicklung und deren Rückwirkungen auf die Umformeigenschaften wurden von [37] vorgestellt.

Bild 12 zeigt die mittels Gl. (6) berechnete Verteilung des dynamisch rekristallisierten Anteils X_{dyn} beim Lochen und Pressen eines Rohres aus Neusilber in Abhängigkeit der Blockeinsatztemperatur.

$$X_{dyn} = 1 - e^{c \frac{\varphi_V - \varphi_c}{\varphi_{0,5} - \varphi_c}} \tag{6}$$

mit:
² φ_V: Vergleichsformänderung,
² φ_c: Vergleichsformänderung bei Beginn der Rekristallisation,
² $\varphi_{0,5}$: Vergleichsformänderung bei 50%iger Rekristallisation,
² c: Werkstoffspezifische Konstante.

Nach dem Lochvorgang tritt im Butzen, der weitgehend axial verschoben wurde, keine Rekristallisation des Gefüges auf. Für den Bereich der Scherfläche zeigen die Berechnungsergebnisse einen rekristallisierten Saum, dessen Breite von der Blockeinsatztemperatur abhängig ist. Im weiteren Verlauf beim Pressen des Rohres erfolgt die Rekristallisation zunehmend bereits innerhalb des Blockes.

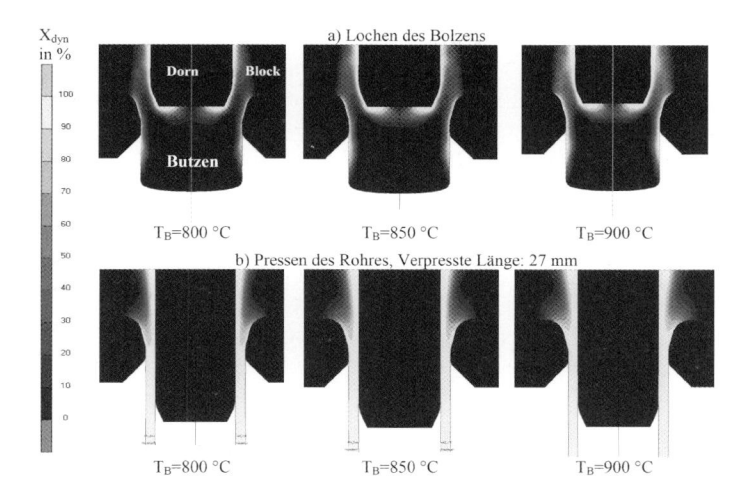

Bild 12: Berechneter dynamisch rekristallisierter Anteil X_{dyn} beim Pressen von Rohren (direkt) aus CuZn20Ni18 in Abhängigkeit der Blockeinsatztemperatur T_B

Zusätzlich zur Bestimmung charakteristischer Kennwerte des Gefüges lassen sich auch die mechanischen Eigenschaften sowie Kennwerte des Halbzeuges nahezu on-line voraus berechnen [38].

5 Zusammenfassung

Die Finite-Elemente-Methode stellt ein leistungsfähiges Werkzeug zur Berechnung komplexer Umformvorgänge wie dem Strang- und Rohrpressen dar. Der Materialfluss, Zustandsgrößen sowie die thermischen und mechanischen Belastungen der Werkzeuge können mit geeigneten Programmpaketen praxisnah analysiert werden. Die Beschreibung des Kontaktes zwischen Block und Rezipienten, Matrize, Pressscheibe und Dorn ist ein wesentlicher Einflussfaktor auf die Stabilität der Berechnung und die Qualität der Berechnungsergebnisse. Unter Verwendung angepasster Kontaktbeschreibungen und geeigneten -algorithmen lassen sich auch Prozesse mit großen Formänderungen und Temperaturgradienten wie das Strang- und Rohrpressen von Kupferwerkstoffen abbilden.

Im Unterschied zum Strangpressen von Aluminiumwerkstoffen wird der Materialfluss hierbei neben der Reibung wesentlich durch das Temperaturfeld im Block beeinflusst, so dass der thermischen Berechnung eine besondere Bedeutung zukommt. Aufbauend auf der FE-Analyse kann auch die Veränderung der Gefügestruktur und der Werkstoffeigenschaften durch Implementierung entsprechender Zusatzmodule berechnet werden.

Die Einschränkungen hinsichtlich des Anwendungsbereiches der FEM betreffen hauptsächlich die erforderliche Berechnungszeit. Weitere Verbesserungen lassen sich durch erweiterte Reibmodelle, bei denen z.B. stick-slip-Vorgänge berücksichtigt werden und genauere Beschreibungen der Wärmeübergangskoeffizienten erreichen.

6 Literatur

[1] *Wieland Kupferwerkstoffe*, Herstellung, Eigenschaften und Verarbeitung, Wieland Werke AG Ulm, 6. Auflage **1999**
[2] M. Bauser, in *Umformtechnik – Plastomechanik und Werkstoffkunde* (Hrsg. R. Kopp), Springer Verlag, S. 712 ff.
[3] D. Besdo, in *Umformtechnik – Plastomechanik und Werkstoffkunde* (Hrsg. R. Kopp), Springer Verlag, S. 200 ff.
[4] M. Bauser, G. Sauer, K. Siegert, *Strangpressen*, Aluminium-Verlag 2. Auflage
[5] W. Ziegler, B. Wegmann, *Metall*, 37. Jahrgang Heft 11, November **1983**, S. 1221–1130
[6] P. Beiss, J. Broichhausen, *Metall*, 37. Jahrgang Heft 4, April **1983**, S. 339–344
[7] G. Lange, *Z. Metallkunde*, Bd. 62 (**1971**) S. 571 –584
[8] R. Akeret, *Aluminium* 44. Jahrgang (**1968**) S. 412 ff.
[9] N. R. Chitkara, A. Aleem, *Intl. Journal of Mechanical Sciences,* 43 (**2001**), p. 1661–1684
[10] B. P. P. A. Gouveia, J. M. C. Rodrigues, P.A.F. Martins, N. N. Bay, *Journal of Materials Processing Technology*, 112 (**2001**), p. 244–251
[11] W. Dürrschnabel, *Metall* 22 (**1968**) S. 426 – 437, S. 995 – 998, S. 1215 – 1219
[12] K. Laue, *Z. Metallkunde*, Bd. 55 (**1964**) H. 10, S. 559–567
[13] C. E. Pearson; R. N. Parkins, *The Extrusion of Metals*, 2nd edition, Chapman & Hall (**1961**)
[14] R. Kopp, S. Kalz, K. Müller, Ch. Yao, *Aluminium*, 74. Jahrgang **1998**, Nr.1/2
[15] R. Kopp, S. Kalz, K. Müller, Ch. Yao, *Aluminium*, 74. Jahrgang **1998**, Nr.4
[16] D.-C. Ko, B.-M. Kim, *Journal of Materials Processing Technology*, 102 (**2000**), p. 19–24
[17] C. Devadas, O Celliers, in *Proceedings of the 5th IAETS Congress*, Chicago **1992**, Vol. I, p. 360–368
[18] L. Tong, P. Hora, J. Reissner, in *Simulation of Materials Processing*, (Ed. J. Huétink, F.P.T. Baaijens). Balkema **1999**, S. 89–94
[19] B. Hægland, B. Skaflestad, http://www.math.ntnu.no/preprint/numerics/2002/N2-2002.pdf
[20] *Extrusion Benchmark*, Tagungsband Extrusion Zürich 2005, 10./11. März 2005
[21] J. Herberg, K. Gundesø, I. Skauvik, in *Proceedings of the 5th IAETS Congress*, Chicago **1992**, Vol. I, p. 275–281
[22] C. M. J. Gelten, In *Simulation of Materials Processing*, (Ed. J. Huétink, F.P.T. Baaijens), Balkema **1999**, S. 535–540
[23] P. Beiss, *Strangpressen von Kupfer*, Dissertation RWTH Aachen **1979**
[24] J. A. Schey, *Tribology in Metalworking*, ASM Metals Park Ohio
[25] N. Bay, *ICFG 2nd Workshop on Process Simulation in Metal Forming Industry*, Padova, 21.–24.04.**2002**
[26] I. Flitta, T. Sheppard, *Materials Science and Technoilogy*, July **2003**, Vol.19, p. 837–846
[27] X. H. Lin, H. S. Xiao, Z. L. Zhang, *Acta Metallurgica Sinica*, Vol. 16. No. 2. p. 90–96, April **2003**
[28] T. Neumayer, *VDI Fortschrittsberichte Nr. 637,* Reihe 2, Fertigungstechnik **2003**
[29] J. Broichhausen, *Wire World Intl.*, Vol. 25, Nov./Dec. **1983**, p. 254–255
[30] K. Siegert, *Metall*, Bd. 32 (**1978**) H. 12, S. 1243–1248
[31] K. F. Karhausen, *Integrierte Prozeß- und Gefügesimulation bei der Warmumformung*, Verlag Stahleisen, **1994**

[32] J. Riedle, D. Cuong, R. Zengler, F. Bubeck, in *Tagungsband des 16. Aachener Stahl-Kolloquiums Umformtechnik,* 22./23. März **2001**, S. 157–170

[33] F. R. Reher, *VDI Fortschrittberichte Nr. 523*, Reihe 5, Grund- und Werkstoffe **1998**

[34] J. Broichhausen, *Wire World Intl.*, Vol. 25, May/June **1983**, p. 93–95

[35] T. Reinikainen, A. S. Korhonen, K. Andersen, S. Kivivuori, in *Annals of the CIRP* Vol. 42/1/**1993**, p. 265–268

[36] J. Calvo, V. G. Garcia, L. M. Tiera, J. M. Cabrera, J. M. Prado, *The 6th International ESAFORM Conference on Material Forming*, Valerio Brucato, **2003**, p. 291–294

[37] D. Raabe, P. Klose, K. Engl, K-P. Imlau, F. Friedel, F. Roters, *Adv. Eng. Mat.* **2002**, No.4, p. 169–180

[38] U. Lotter, H.-P. Schmitz, L. Zhang, *Adv. Eng. Mat.* **2002**, No.4, p. 207–213

Qualitätsmanagement

Anwendung CAQ in der Praxis

K. Stratmann
Babtec Informationssysteme GmbH, Wuppertal

1 Einführung

Auch die Prozesse im Qualitätsmanagement können heute effektive Unterstützung durch den Einsatz von CAQ-Systemen erfahren. CAQ steht für Computer Aided Quality Assurance.

Vor allem in der Automobilzuliefer-Industrie haben sich diese Software-Lösungen, zumeist integriert in ERP-Systeme (Enterprise Resource Planning) etabliert. Das Qualitätsmanagement unterliegt dort einer Vielzahl von Normen und Richtlinien, die heute aufgrund der Produktvielfalt und der kurzen Produktlebenszyklen nur mit dem Einsatz geeigneter Software-Lösungen erfüllt werden können.

2 Babtec Informationssysteme GmbH

2.1 Kurzporträt

Die Babtec Informationssysteme GmbH, gegründet 1994 und hervorgegangen aus dem Unternehmen Flunkert Systemservice, beschäftigt heute rund 70 Mitarbeiter und gehört zu den führenden Anbietern in diesem Bereich. Das rechnergestützte Qualitätsmanagement (CAQ) ist unsere Kernkompetenz.

- Gründung 1994, heute ca. 70 Mitarbeiter
- Unsere Kernkompetent ist CAQ
- Babtec ist einer der führenden Anbieter im Bereich CAQ-Systeme
- Standorte:

  Stammsitz: Wuppertal   Geschäftsstelle Süd: Rottweil   F&E Zentrum in Spanien

- Beratung mittelständiger Unternehmen, ca. 700 aktive Kunden, ca. 60 Neuprojekte pro Jahr
- Umsatzentwicklung

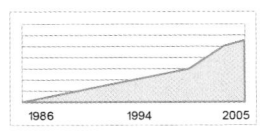

  1986   1994   2005

Bild 1: Kurzporträt der Babtec Informationssysteme

Seit über zehn Jahren betreuen wir Unternehmen unterschiedlichster Branchen mit ganzheitlichen Lösungen für das Qualitätsmanagement (QM). Die besondere Stärke von Babtec liegt dabei in der Beratung mittelständischer Unternehmen. Für eine Vielzahl von Branchen haben wir maßgeschneiderte Komplettlösungen entwickelt. Dazu gehören u.a. Automotive, Elektrotechnik, Kunststofftechnik, Metallverarbeitung, Textiltechnik und Medizintechnik.

Namhafte nationale und auch internationale Firmen in vielen Ländern unterstützen ihre Qualitätsmanagementprozesse mit BabtecCAQ. Unsere Lösungen sind für Serien-, Einzel-, Kundenauftrags- und Variantenfertiger geeignet.

Softwarelösungen von Babtec basieren auf dem Prinzip, releasefähige Standardmodule gemäß individuellen Kundenanforderungen zu konfigurieren. Weiterführende Informationen finden Sie unter www.babtec.de.

2.2 Unser Tätigkeitsfeld

- Wir entwickeln und vertreiben Software für die Industrie
- Kernkompetenz in:

Entwicklung	Vertrieb	Consulting
Standard-Software für das Qualitätsmanagement (CAQ-Software)	Vermarktung & Direktvertrieb der eigenen sowie Partner-Produkte	Einführung integrierter Managementsysteme Projektmanagement Wartung, Support und Service

Bild 2: Tätigkeitsfeld der Babtec Informationssysteme

Weiterführende Informationen finden Sie unter www.babtec.de.

3 Inhalte und Aufbau eines leistungsfähigen CAQ-Systems

3.1 Ziele für den Einsatz eines CAQ-Systems

Qualität, Service und Preis sind die wesentlichen Faktoren, Unternehmen und ihre Produkte in immer enger werdenden Märkten zu differenzieren. Der Bereich Qualitätsmanagement ist heute in produzierenden Unternehmen ein elementarer Bestandteil der Unternehmensstrategie und verantwortlich für die Definition, Steuerung und Überwachung aller für die Produktqualität wesentlichen Geschäftsprozesse. In einem Qualitätsmanagement-System (z. B. nach DIN EN ISO 9001:2000) sind sämtliche qualitätssichernden Maßnahmen und Prozesse festgelegt und beschrieben.

CAQ-Systeme werden eingesetzt, um die im Qualitätsmanagement-System eines Unternehmens definierten Prozesse und die daran beteiligten Mitarbeiter bei der Erfüllung ihrer Aufgaben aus Sicht des Qualitätsmanagement effektiv zu unterstützen.

3.2 Inhalt und Aufbau eines CAQ-Systems

Die wesentlichen Bestandteile und Funktionalitäten eines CAQ-Systems werden anhand der Softwarelösung BabtecCAQ kurz beschrieben. BabtecCAQ ist ein modular aufgebautes System, um einerseits eine schrittweise Einführung und andererseits die Unterstützung spezieller Aufgaben und Bereiche in Qualitätsplanung, Qualitätssicherung und Qualitätsmanagement zu gewährleisten. Das CAQ-System bietet damit Unterstützung für folgende Bereiche:

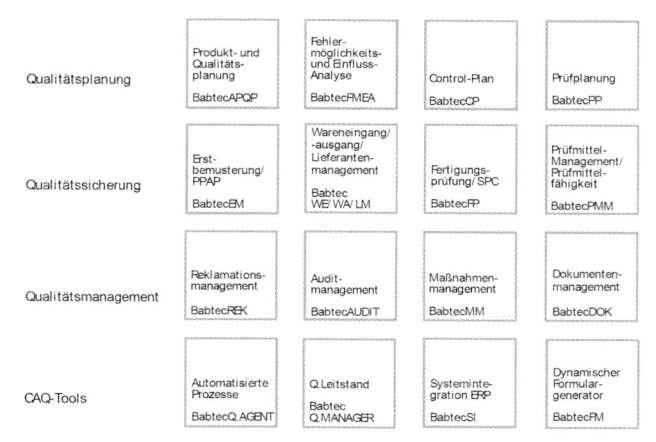

Qualitätsplanung	Produkt- und Qualitätsplanung BabtecAPQP	Fehlermöglichkeits- und Einfluss-Analyse BabtecFMEA	Control-Plan BabtecCP	Prüfplanung BabtecPP
Qualitätssicherung	Erstbemusterung/ PPAP BabtecEM	Wareneingang/ -ausgang/ Lieferantenmanagement Babtec WE/WA/LM	Fertigungsprüfung/ SPC BabtecFP	Prüfmittel-Management/ Prüfmittelfähigkeit BabtecPMM
Qualitätsmanagement	Reklamationsmanagement BabtecREK	Auditmanagement BabtecAUDIT	Maßnahmenmanagement BabtecMM	Dokumentenmanagement BabtecDOK
CAQ-Tools	Automatisierte Prozesse BabtecQ.AGENT	Q.Leitstand Babtec Q.MANAGER	Systemintegration ERP BabtecSI	Dynamischer Formulargenerator BabtecFM

Bild 3: BabtecCAQ-Module

Qualitätsplanung

Qualität wird nicht geprüft, sondern produziert – das ist der Grund, warum bereits in der Produktentwicklungsphase Qualität geplant werden muss. Um dieses Ziel zu erreichen, wurden anfänglich in der Luft- und Raumfahrtindustie und bis heute in der Automobilindustrie geeignete Qualitätsmethoden entwickelt, für die auch in einem CAQ-System geeignete Software-Komponenten zur Verfügung stehen. Beispiele für solche Methoden sind:
- FMEA: Fehlermöglichkeits- und Einfluss-Analyse
- APQP: Advanced Product Quality Planning (Produktvorausplanung)

Qualitätssicherung

Fähige und stabile Prozesse entlang der gesamten Wertschöpfungskette und insbesondere in der Produktion sind elementar für die Auslieferung hochwertiger Produkte, die den Qualitätsanforderungen der Kunden entsprechen. Neben der Sicherstellung der Qualität von Zulieferungen (Rohmaterialien, Zukaufteile) ist die Überwachung qualitätsrelevanter Merkmale während des Produktionsprozesses unabdingbar. Dafür werden erforderliche Prüfungen geplant, durchgeführt und dokumentiert. Angefangen von den Plandaten über die Prüfergebnisse bis hin zu den festgelegten Korrekturmaßnahmen bei Abweichungen werden alle Daten in einem CAQ-System zentral gespeichert und verwaltet. U.a. werden folgende Bereiche abgedeckt:
- Erstmusterprüfungen für die Freigabe von Produkten und Produktionsprozessen
- Planung und Durchführung von Wareneingangsprüfungen unter Berücksichtigung abgeschlossener Lieferantenvereinbarungen
- Lieferantenbewertung
- Fertigungsbegleitende Prüfungen und SPC (Statistische Prozessregelung)
- Prüfmittelverwaltung und Prüfmittelfähigkeitsuntersuchungen

Qualitätsmanagement

Vollständige und korrekte Qualitätsdaten für den gesamten Wertschöpfungsprozess sind die Voraussetzung für die Definition und Einleitung geeigneter Korrekturmaßnahmen bei auftretenden Abweichungen. Eine der wesentlichen Aufgaben eines modernen CAQ-Systems ist es,

Schwachstellen und Optimierungspotenziale frühzeitig zu erkennen und zeitnah über automatisierte Meldungen und Warnungen an verantwortliche Mitarbeiter weiterzuleiten. Aus erfassten Qualitätsdaten werden Informationen für das Management generiert. Nur so ist sichergestellt, dass richtige Entscheidungen getroffen und Maßnahmen im Sinne des Kontinuierlichen Verbesserungsprozess erfolgreich zu Ergebnissen führen. Folgende Module unterstützen u.a. bei den genannten Aufgaben des Qualitätsmanagement:

- Reklamationsmanagement: Bearbeitung und Verfolgung von Kundenreklamationen und Lieferantenbeanstandungen und internen Reklamationen
- Auditmanagement: Planung und Durchführung interner und externer (bei Lieferanten) Qualitätsaudits zur Überwachung des eingeführten Qualtitätsmanagment-Systems oder Überprüfung der getroffenen Lieferantenvereinbarungen
- Maßnahmenmanagement: zentrale Verfolgung aller eingeleiteten Maßnahmen (Korrekturmaßnahmen, vorbeugende Maßnahmen) für die kontinuierliche Verbesserung von Produkten und Prozessen
- Dokumentenmanagement: Lenkung aller Qualitätsdokumente (Qualitätsmanagementhandbuch)

3.3 Nutzen für das Unternehmen

EDV gestützte Qualitätsmanagement-Lösungen können in Unternehmen nutzbringend eingesetzt werden:

- Unterstützung bei der Erfüllung von Normanforderungen (u. a. DIN EN ISO 9001:2000, ISO/TS 16949, QS 9000, VDA 6)
- Optimierungen interner und externer Geschäftsprozesse werden erreicht und damit letztendlich die Qualität der Produkte verbessert
- Reduzierung von Aufwänden in vielen Bereichen des Qualitätsmanagements (z. B. Reduzierung von Prüfaufwänden durch die Dynamisierung von Prüfabläufen)
- Lückenlose Dokumentation aller relevanten Qualitätsdaten
- Aktives Qualitätsmanagement: über automatisierte Prozesse für Kommunikation und Reporting werden aus CAQ-Daten wichtige Informationen und Auswertungen, die den verantwortlichen Mitarbeitern zeitnah zur Verfügung gestellt werden (z.B. Meldungen per E-Mail bei einer Sollgrenzenverletzung während einer produktionsbegleitenden Prüfung)
- Schwachstellen und Optimierungspotenziale werden frühzeitig erkannt und machen wirkungsvolle Gegenmaßnahmen möglich

4 Einführung eines CAQ-Systems in der Praxis

Die Einführung eines CAQ-Systems ist eine komplexe Aufgabe, bei der es gilt, das Wesentliche im Fokus zu behalten. Die „zehn Kernbegriffe des CAQ" fassen die wichtigsten Aspekte dieser Aufgabenstellung zusammen. CAQ steht für Computer Aided Quality Assurance. Gemeint ist der Einsatz von EDV im Qualitätsmanagement, um qualitätssichernde Maßnahmen im Unternehmen zu planen und durchzuführen.

4.1 Modular

Ein Modul ist ein Baustein innerhalb eines Gesamtsystems, in dem alle erforderlichen Funktionen für die Lösung einer definierten Aufgabenstellung oder für die Unterstützung eines Prozesses im Qualitätsmanagement enthalten sind (z.B. Reklamationsmanagement). Ein CAQ-System soll modular aufgebaut sein, um es den Anforderungen entsprechend auch schrittweise im Unternehmen einführen und später ausbauen zu können. Diese Vorgehensweise gewährleistet eine effiziente Systemeinführung.

4.2 Integrativ

Ein CAQ-System muss sich in die vorhandenen EDV- und Unternehmensstrukturen integrieren lassen. D.h. es muss Schnittstellen zu allen gängigen ERP-Systemen, zu Mess- und Prüfsystemen sowie zu Microsoft Office und Multimedia Produkten aufweisen, basierend auf den gängigen Datenbanken.

4.3 Prozessorientiert

Mittels eines CAQ-Systems soll die Unterstützung unternehmensspezifischer Abläufe sichergestellt werden. Für den effektiven Einsatz des Systems ist es deshalb wesentlich, dass sich die Bedienung der Software den Arbeitsprozessen und –abläufen der Benutzer ausrichtet. Durch modulübergreifende Bedienerführung wird eine prozessorientierte Arbeitsweise gewährleistet.

4.4 Aktiv

Neben definierten Plan- und Solldaten wird ein CAQ-System täglich mit Ist-Daten „gefüttert". Bei Abweichungen oder beim Erreichen von Schwellwerten generiert es automatisch Informationen, die per E-Mail oder SMS an verantwortliche Mitarbeiter verteilt werden. Zudem kann es wiederkehrende Aktivitäten selbständig durchführen, z.B. das automatische Erstellen regelmäßiger Reports (z.B. Monats- oder Quartalsberichte).

4.5 Normenkonform

Normen sind die Grundlage für jede Lieferanten-Kunden-Beziehung. In ihnen sind die Anforderungen an ein funktionierendes Qualitätsmanagement-System festgelegt. Soll ein CAQ-System nutzbringend als unterstützendes Werkzeug für die Anwendung und Sicherstellung des Qualitätsmanagement-Systems eingesetzt werden, ist die Berücksichtigung der Anforderungen dieser Normen unverzichtbar. Wesentlich ist die Normkonformität des CAQ-Systems zu allen Anforderungen aus DIN EN ISO 9001:2000, ISO/TS 16949, QS 9000, VDA 6.

4.6 Praxisorientiert

Um unternehmensspezifische Abläufe durch das CAQ-System optimal unterstützen zu können, müssen die ausgewählten Module projektspezifisch, d.h. gemäß der Kundenanforderungen, konfiguriert werden können (Customizing). Gleichzeitig müssen die Richtlinien der gültigen Normen in der Software praxisgerecht umgesetzt sein.

4.7 Qualitätsplanung

Qualität muss geplant werden. Dabei beginnt die Planung bereits in der Produktentwicklung – Prävention ist gefragt. Ein CAQ-System stellt verschiedene Module für die Unterstützung des Planungsprozesses zur Verfügung (z.B. APQP, FMEA, Control-Plan, Freigabeverfahren für Produkt- und Produktionsprozess).

4.8 Qualitätssicherung

Ein CAQ-System unterstützt alle Prozesse zur Sicherstellung der Produktqualität während der gesamten Wertschöpfungskette. Über festgelegte Qualitätsprüfungen werden sowohl die Qualität von Anlieferungen, als auch der Qualitätsstandard während der Produktion bis hin zum Warenausgang überwacht. Wie die Fähigkeit der Produktionsprozesse wird ebenso die Fähigkeit der eingesetzten Mess- und Prüfsysteme sichergestellt. Sämtliche qualitätsrelevanten Daten werden gespeichert und Qualitätsnachweise erbracht.

4.9 Qualitätsmanagement

Auswertungen und Kennzahlen, welche den Qualitätsstandard zeitnah wiedergeben, sind unverzichtbar. Ein CAQ-System muss Informationen aufbereiten, die bei Abweichungen als Entscheidungsgrundlage für das Management dienen können. Aus CAQ-Daten werden Managementinformationen generiert, die im Intranet aufbereitet zur Verfügung gestellt werden.

4.10 Qualitätsverbesserung

Ein CAQ-System hilft, „aus Fehlern zu lernen". Alle qualitätsrelevanten Prozesse unterliegen einer ständigen Verbesserung. Die unternehmensweite Dokumentation und Verfolgung von Korrekturmaßnahmen bilden einen zentralen Bestandteil des kontinuierlichen Verbesserungsprozesses (KVP).

Qualitätsanforderungen an Automobilzulieferer

Udo Struck
Alcoa Automotive GmbH, Soest

1 Einführung

Die Automobilindustrie hat in den letzten Jahren die Weiterentwicklung der technischen Leistungsfähigkeit von Extrusionsprofilen aus Gründen der Sicherheitsanforderungen und Steifigkeit bei gleichzeitiger Gewichtseinsparung und Einhaltung von Umweltanforderungen stark forciert. Gleichzeitig stiegen die Qualitätsanforderungen an die direkten Zulieferer (Tier 1) und an die Strangpressunternehmen, die in der Regel nicht direkt die Automobilindustrie beliefern (Tier 2). Um diesen Anforderungen dennoch genügen zu können, wurde zu einem großen Teil die Verantwortung bzgl. der technischen Realisierbarkeit der Strangpressprofile auf die Spezialisten übertragen. Diese Verantwortungsverschiebung setzt voraus, dass die Strangpressunternehmen auch die Qualitätsanforderungen der Automobilindustrie berücksichtigen. Im Nachfolgenden werden diese Anforderungen im Detail skizziert.

2 Qualitätsanforderungen an Extrusionsunternehmen aus Sicht eines Automobilzulieferers im Bereich Aluminium

Die Qualitätsanforderungen an Extrusionsunternehmen lassen sich in 6 Bausteine gliedern, die entscheidenden Einfluss auf die Erfüllung der Kundenanforderungen haben. Dazu gehören:
1. QM-System bezogene Anforderungen
2. Dokumentenlenkung
3. Rückverfolgbarkeit
4. Werkstofftechnische Anforderungen
5. Maßliche Anforderungen
6. Nachweis der Prozessfähigkeit

2.1 QM-System bezogene Anforderungen

Qualitätsmanagementsysteme müssen einer Vielzahl sowohl externer als auch interner Anforderungen genügen. Dabei ist zu berücksichtigen, dass Qualitätsmanagementsysteme stets unternehmensspezifisch aufzubauen sind, da sie sich in ihren Ausprägungen bezüglich der Unternehmensziele, der jeweiligen Produkte, der spezifischen organisatorischen Abläufe, Unternehmensgröße usw. unterscheiden können.

Dennoch gibt es Normen, die eine Vereinheitlichung von Qualitätsmanagementsystemen anstreben, jedoch nicht in dem Sinne, dass alle Qualitätsmanagementsysteme identisch sein sollen, sondern dass sie einen prozessorientierten Ansatz verwirklichen, wenn auch in unterschiedlicher Ausprägung und individueller Auswahl.

Die Anforderungen der ISO 9000er Familie sind Mindestvoraussetzung und können in der Branche als umgesetzt betrachtet werden, auch wenn es um die QM-Systeme in Deutschland nicht bestens bestellt ist, wenn man dem folgenden Bild 1 Glauben schenken darf. Offenbar finden Produktrückrufe (hier beschränkt auf die offiziellen Angaben des Kraftfahrtbundesamtes) umso häufiger statt, je mehr Vorgaben es zu QM-Systemen gibt und je mehr zertifizierte QM-Systeme existieren.

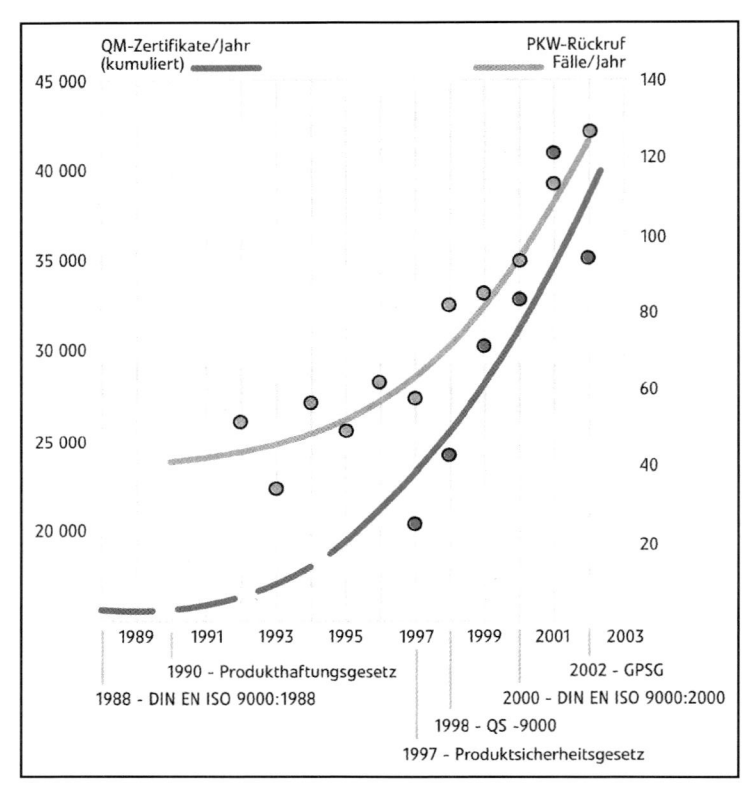

Bild 1: Gegenüberstellung der zeitlichen Entwicklung der Zertifizierungen nach DIN EN ISO 9000 (laut ISO) und der Zahl der Pkw-Rückrufe [1]

Die darüber hinaus gehenden Anforderungen der ISO/TS 16949, der QS-9000 und des VDA stellen zum Beispiel derartige Hürden für Extrusionsunternehmen dar. Hier sind vor allem das Projektmanagement, die Qualitätsvorausplanung, das Risikomanagement und die Berücksichtigung kundenspezifischer Anforderungen aufzuführen. Diese bedürfen in der Regel einer intensiven Abstimmung und müssen im Projektmanagement entsprechend hoch priorisiert werden. Bild 2 stellt diese Anforderungen schematisch dar.

Wichtig ist, dass sich die QM-Systeme von heute an Wirtschaftlichkeit und Kundenorientierung messen lassen müssen, um wettbewerbsfähig sein zu können.

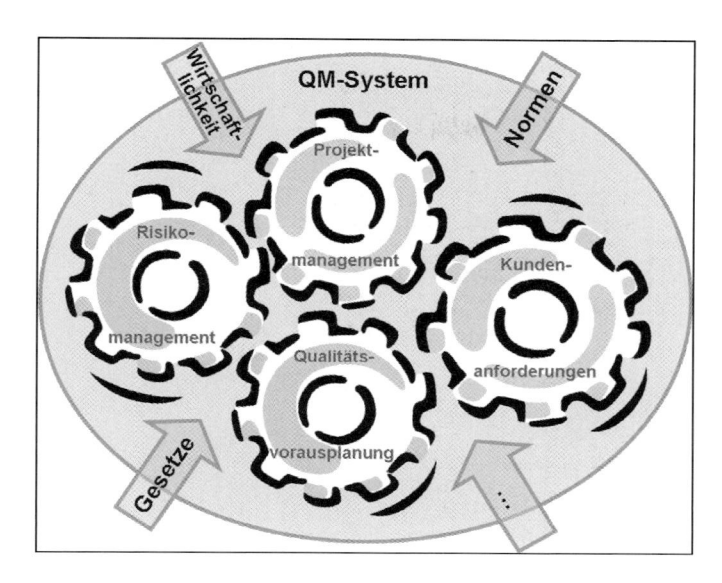

Bild 2: Schematische Darstellung der QM-System bezogenen Anforderungen

2.2 Dokumentenlenkung

Die Lenkung der Dokumente entsprechend der ISO/TS 16949:2002 unterscheidet sich insofern von der ISO 9001:2000, als dass hier höhere Anforderungen an die Reaktionsgeschwindigkeit bei Anfragen bzw. Änderungen bestehen. Technische Vorgaben müssen innerhalb von 2 Wochen bewertet werden.

Dies ist eine Herausforderung für Extrusionsunternehmen, da in der Regel keine Querschnittszeichnungen vorliegen, sondern Zeichnungen und/oder Datensätze des Fertigteils. Daher ist es von zentraler Bedeutung der Dokumentenlenkung, aus den bearbeiteten, gebogenen und/oder hydroformierten Extrusionsprofilen Querschnittszeichnungen zu definieren und die Lastenhefte der Automobilindustrie auf den Verantwortungsbereich der Strangpressunternehmen zu konsolidieren.

Alle anderen Anforderungen orientieren sich an der ISO/TS 16949:2002, die speziell auch das Änderungsmanagement der Dokumente beinhaltet.

Des Weiteren gilt es – entsprechend den Anforderungen an die Bauteile – eine Dokumentation und dessen Archivierung zu gewährleisten. Hier ist insbesondere der VDA Band 1 zu nennen sowie die von der Automobilindustrie definierten Standards, mit deren Hilfe eine Definition von sicherheitsrelevanten, besonderen Merkmalen einhergeht.

Hierbei dienen die in Bild 3 und 4 dargestellten Checklisten als Wegweiser zur Definition der Dokumente mit besonderer Archivierung (DmbA). Eine enge Abstimmung mit dem Kunden ist hier zwingend erforderlich, um Lücken im System zu vermeiden.

Als weitere Dokumente für den Durchlauf von Extrusionsprofilen ist das Prozessablaufdiagramm, der sich im Fertigungsauftrag wieder findet, der Produktionslenkungsplan, Arbeits- und Prüfanweisungen sowie zu verwendende Formblätter zu nennen.

Lfd. Nr.	Forderung	Erledigt Ja	Nein
1	Festlegung der Spezifikationen eindeutig und prüfbar		
2	Erstellung eines Dokumentationsplans (ggf. alternativ zu 3 bis 5)		
3	Kennzeichnung der Stückliste als DmbA		
4	Kennzeichnung der Zeichnung als DmbA		
5	Kennzeichnung der zu dokumentierenden Merkmale auf der Zeichnung		
6	FMEA durchführen		
7	Kennzeichnung der Fertigungspläne und der enthaltenen zu dokumentierenden Prozesse/Prozessparameter als DmbA		
8	Fertigungsprozesse so planen, dass die zu dokumentierenden Qualitätsforderungen sicher erfüllt werden können. (Prozessfähigkeit)		
9	QM-Plan erstellen		
10	Kennzeichnung der Prüfpläne und der darin enthaltenen Prüfungen, deren Ergebnisse zu dokumentieren sind als DmbA		
11	Festlegung von Prüfmitteln, die die Merkmale mit ausreichender Prüfsicherheit erfassen (Prüfmittelfähigkeit)		
12	Festlegung der Prüfhäufigkeit (unter Berücksichtigung der Fertigungssicherheit) statistisch gesichert so, dass das Einhalten der Grenzwerte über den gesamten Fertigungszeitraum nachgewiesen werden kann		
13	Erstellung von Vorgaben für Art und Umfang der Überwachung von Fertigungseinrichtungen und der teilebezogenen Einstellwerte		
14	Sicherstellung der Unterweisung der Mitarbeiter am Arbeitsplatz		
15	Erstmusterprüfbericht erstellen für Maße, Funktion, Werkstoff		
16	Sicherstellung der laufenden Überwachung aller Prüfeinrichtungen und Prüfmittel		
17	Festlegung von organisatorischen Maßnahmen die sicherstellen, dass als fehlerhaft erkannte Teile ausgeschieden werden		
18	Festlegung der Vorgehensweise zur Dokumentation von Korrekturmaßnahmen		
19	Festlegen, welche Dokumente wie archiviert werden sollen (DmbA)		
20	Überprüfen, ob die zur besonderen Archivierung ausgewählten Dokumente die vorgegebenen Forderungen an die Nachweisführung erfüllen		
21	Laufende Überprüfung der Dokumentation bezüglich ihrer korrekten Ausführung (Audit)		
22	Sicherstellen, dass konstruktive oder fertigungstechnische Änderungen an zu dokumentierenden Merkmalen automatisch dem in dieser Checkliste vorgegebenen Ablauf unterliegen		
23	Produktbeobachtung festlegen		

Bild 3: Checkliste für den Durchlauf von Produkten mit DmbA-Eigenfertigung [2]

Für die elektronische Datenverarbeitung gelten besondere Regeln. Hier muss eine schnelle, übersichtliche und rationale Wiederauffindbarkeit und Lesbarkeit im Rahmen der Archivierungsfristen der Dokumente sichergestellt werden.

2.3 Rückverfolgbarkeit

Zur lückenlosen Nachweiserbringung, insbesondere im Schadensfall, ist eine Rückverfolgbarkeit des Fertigteils mindestens auf die Presslos und die Gießcharge erforderlich. Abhängig von den Prüfkriterien und dem wirtschaftlichen Risiko wird die Rückverfolgbarkeit auch bis auf den jeweiligen Pressbolzen gewährleistet. Dieses ist nicht ohne weiteres möglich, da in der Regel die Kennzeichnung der Bauteile mit dem Zuschneiden der Profile verwässert und damit die Kennzeichnungssysteme während der Weiterverarbeitung teilweise verloren gehen. In den

Lfd. Nr.	Forderung	Erledigt	
		Ja	Nein
1	Einbeziehung des Zulieferanten in die Entscheidungsfindung zur Festlegung von Notwendigkeit und Umfang der Dokumentation (Information über Anwendung des Produkts, Gesetzeslage, Sicherheitsrelevanz usw.)		
2	Festlegung eindeutiger und prüfbarer Spezifikation für den Lieferanten		
3	Kennzeichnung der Unterlagen als DmbA, auch beim Lieferanten, z. B. Zeichnung, Stückliste, Dokumentationsplan		
4	Kennzeichnung der zu dokumentierenden Merkmale auf den Unterlagen		
5	Bewertung der Lieferanten unter besonderer Berücksichtigung ihrer Fähigkeit, Produkte die DmbA erfordern, sicher herzustellen und die Dokumentation entsprechend VDA Band 1 korrekt durchzuführen		
6	Einholung der Bestätigung des Zulieferanten, dass er die Forderungen an Produkt und Dokumentation erfüllt		
7	Planung der Sicherstellung der Anlieferqualität. Z. B.: Eingangsprüfung, Prozessfähigkeitsnachweis durch Lieferant, Werksprüfzeugnis mit losbezogenen Messergebnissen		
8	Festlegung von Maßnahmen zur Identifikation und Rückverfolgbarkeit (Kunde und Lieferant gemeinsam)		
9	Information des Lieferanten über Produkthaftungsrisiko		
10	Vereinbarung sonstiger Forderungen		

Bild 4: Checkliste für den Durchlauf von Produkten mit DmbA-Fremdbezug [2]

nachfolgenden Tabellen 1 bis 4 werden die Vor- und Nachteile der in der Branche eingesetzten Systeme dargestellt.

Tabelle 1: Bedruckung der einzelnen Profile mit Tinte direkt am Ausgang der Strangpressanlage

Vorteile	Nachteile
Einfache Handhabung	Installation und Wartung der Anlage
Sichere und genaue Rückverfolgbarkeit bis auf 1 m möglich	Entfernbarkeit der Tinte
Anfahrschrott kann auch gekennzeichnet werden	

Tabelle 2: Manuelle Beschriftung der gesägten Profile

Vorteile	Nachteile
Wartungsarm	Identifikation nur bis zur Weiterverarbeitung gewährleistet
Genaue Rückverfolgbarkeit bis auf einen Bolzen möglich	Fehlerbehaftet
	Zeitaufwendig
	Entfernbarkeit der Beschriftung

Tabelle 3: Manuelle Kennzeichnung mit Anhängern der gesägten Profile

Vorteile	Nachteile
Wartungsarm	Identifikation nur bis zur Weiterverarbeitung gewährleistet
Genaue Rückverfolgbarkeit bis auf einen Bolzen möglich	Fehlerbehaftet
Keine Oberflächenprobleme durch Anhänger	Zeitaufwendig

Tabelle 4: Kennzeichnung der innerbetrieblichen Transporteinheiten mit Fertigungsunterlagen

Vorteile	Nachteile
Kein zusätzlicher Kennzeichnungsaufwand	Rückverfolgbarkeit häufig nur auf ein Presslos möglich
	Verwechslungsgefahr

Mit Hilfe der Lieferscheinnummer bzw. der Nummer der jeweiligen Verpackungseinheit ist dann eine Rückverfolgbarkeit auf den jeweiligen Fertigungsauftrag des Strangpressunternehmens und damit auf das Presslos und die Gießcharge möglich. An den Bauteilen direkt ist der Detaillierungsgrad dann maximal bis auf den jeweiligen Bolzen möglich. Zusätzlich besteht die Möglichkeit in die jeweiligen Extrusionsprofile eine Markierung für die eingesetzte Strangpressmatrize und die Anzahl der Stränge einzubringen. Dies erfolgt häufig in Form von Radien auf der Innenkontur des jeweiligen Strangs.

Die Kunden der Strangpressunternehmen können auf Basis der Lieferscheinnummer und den erzeugten Fertigungsaufträgen eine Rückverfolgbarkeit zum Strangpressunternehmen gewährleisten. Grundsätzlich werden die beim Kunden weiterverarbeiteten Profile graviert, so dass auch hier eine Zuordnung zu den jeweiligen Fertigungsaufträgen und damit zum Strangpressunternehmen sichergestellt ist und zwar bis ins Fahrzeug, da mit der gravierten Fertigungsauftragsnummer eine unverlierbare Kennzeichnung vorhanden ist.

2.4 Werkstofftechnische Anforderungen

Hier geht es nicht nur um die typische Erbringung der mechanischen Kennwerte wie Härte, Dehnung und Festigkeiten, sondern auch um die Bauteilprüfung, das Duktilitätsverhalten, die Fügbarkeit und Wärmestabilität.

2.4.1 Mechanische Kennwerte

Die Basis für die Ermittlung der mechanischen Kennwerte wie Streckgrenze $R_{p0,2}$, Zugfestigkeit R_m und Bruchdehnung A bildet die DIN EN 10002-1. Diese Norm definiert den Zugversuch bei Raumtemperatur und schafft die Rahmenbedingungen für die Berechnung dieser Größen, die Versuchsdurchführung, die Definition der Probengeometrie sowie die Berichterstattung.

Von besonderer Bedeutung sind hierbei die Messunsicherheit der Prüfmaschine und die Vergleichbarkeit der Messergebnisse unterschiedlicher Laboratorien. Der Ringversuch stellt eine praktikable Möglichkeit dar, unterschiedliche Prüfmaschinen miteinander zu vergleichen und entsprechend der erzeugten Ergebnisse abzugleichen. Hierzu wird in der Regel ein Blech einer definierten Charge verwendet. Aus diesem Material werden von mindestens 50 Proben einer definierten Probengeometrie bei vorgegebenen Parametern, die an der Prüfmaschine eingestellt werden müssen, die mechanischen Kenngrößen sowie die aus den Zugergebnissen zu berechnenden Eingriffsgrenzen ermittelt, eine Prozessfähigkeit von c_{pk} = 1,67 vorausgesetzt. Die zu vergleichende Prüfmaschine muss dann innerhalb dieses Intervalls liegende Ergebnisse erzeugen, um vergleichbar zu sein. Ist dies nicht der Fall, gilt es die Unterschiede der Einstellparameter zu ermitteln und aufeinander abzugleichen.

Falls diese mechanischen Kennwerte seitens des Kunden nicht benötigt werden, wird häufig auch die Härte ermittelt bzw. wird die Härteprüfung für einen definierten Zeitraum parallel zum Zugtest durchgeführt, um ein Toleranzband für die Härteprüfung, die häufig auch als zerstörungsfreie Prüfung durchgeführt werden kann, zu ermitteln. Der Vorteil der Schnelligkeit bei der Härteprüfung geht einher mit dem Nachteil der nur begrenzt auf die Festigkeit und Dehnung zurückzuführenden mechanischen Kennwerte.

Eine besondere Anforderung an Strangpressprofile stellt die Wärmestabilität dar. Diese Anforderung resultiert aus der während der weiterführenden Verarbeitung (Lackierung/KTL-Beschichtung) der Extrusionsprofile zusätzlichen Wärmeeinbringung. Dieser Prozess wird im Rahmen einer zusätzlichen Wärmebehandlung der Probeteile simuliert und die resultierenden mechanischen Eigenschaften und ggf. die Duktilität im Rahmen der Erstbemusterung einmalig bewertet.

2.4.2 Bauteilprüfung/Duktilität

Im Gegensatz zu den mechanischen Kennwerten, die die Basis für FEM-Berechnungen darstellen, besitzen Bauteilprüfungen den Vorteil, den realen Belastungsfall zumindest begrenzt abzubilden. Insbesondere die Duktilität spielt eine große Rolle, da in einem Crashfall möglichst wenig Risse erzeugt werden sollen und um eine hohe Energieaufnahme zu gewährleisten.

Um diese Duktilität zu prüfen, werden so genannte Stauchprüfungen durchgeführt, bei denen Profilsektionen in Pressrichtung mit einer definierten Geschwindigkeit einen festgelegten Weg zusammengedrückt werden. Hierbei erfolgt eine Kraft-Weg-Aufzeichnung sowie eine visuelle Beurteilung der Faltenbildung nach Durchführung der Prüfung, siehe Bild 5. Die visuelle Beurteilung der Faltenbildung stellt bei dieser Prüfung den Hauptnachteil dar – neben der aufwendigen Herstellung, Kennzeichnung und Rückverfolgbarkeit der Proben – da diese Beurteilung einen subjektiven Anteil besitzt. Dieser Anteil wird umso größer, je anspruchvoller das Strangpressprofil in der Geometrie, Wandstärke und den mechanischen Eigenschaften ausgelegt ist. Daher werden neben den allgemein gültigen Anforderungen bauteilspezifische Grenzmuster definiert.

Ein weiteres Verfahren stellt der 3-Punkt-Biegeversuch dar. Hier wird das zu bewertende Strangpressprofil entweder in einem Zusammenbau oder einer speziell angefertigten Prüfvorrichtung quer zur Pressrichtung einer Kraftzuführung über einen definierten Weg ausgesetzt. Die Beurteilung erfolgt wiederum visuell. Auch hier liegen dieselben Nachteile wie bei der Stauchprüfung vor.

2.4.3 Fügbarkeit

Bei der Fügbarkeit von Strangpressprofilen wird unterschieden zwischen mechanischen Fügeverfahren, z.B. Stanznieten und thermischen Fügeverfahren, z.B. Laserschweißen, Wolfram-Inert-Gasschweißen (WIG), Metall-Inert-Gasschweißen (MIG).

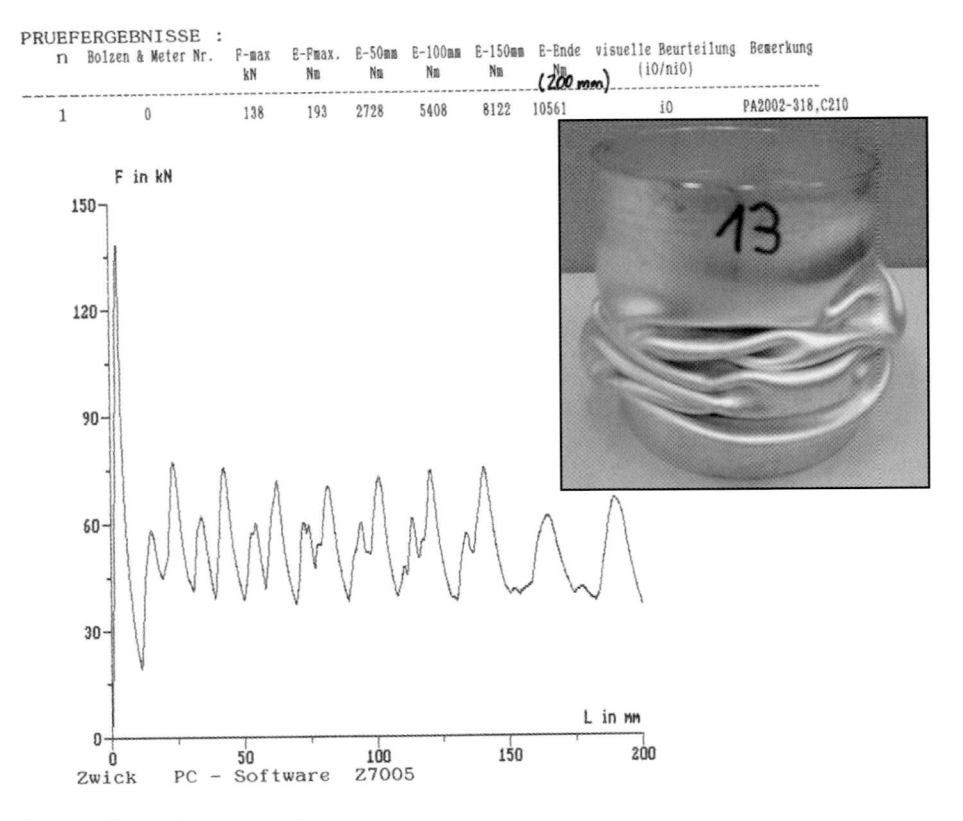

```
PRUEFERGEBNISSE :
  n  Bolzen & Meter Nr.   F-max  E-Fmax.  E-50mm  E-100mm  E-150mm  E-Ende   visuelle Beurteilung  Bemerkung
                           kN     Nm       Nm      Nm       Nm       Nm         (iO/niO)
                                                                   (200 mm)
  1         0              138    193      2728    5408     8122    10561         iO              PA2002-318,C210
```

Bild 5: Beispiel einer Stauchprüfung

Beide Fügeverfahren gelten für Aluminiumstrangpressprofile als unkritisch und werden im Rahmen der Legierungsqualifikation einmalig überprüft. Eine serienbegleitende Überprüfung der mechanischen Fügbarkeit wird in der Regel mit der Einhaltung der mechanischen Eigenschaften abgedeckt. Bei der thermischen Fügbarkeit und der Klebbarkeit der Aluminiumstrangpressprofile ist die Oberfläche das ausschlaggebende Kriterium der Prüfung, da hier eine Konversionsbeschichtung aus TiZr die für diese Fügeverfahren notwendige Oberfläche über einen längeren Lagerzeitraum sicherstellen muss.

2.5 Maßliche Anforderungen

Grundsätzlich stellen die DIN EN 12020 (für Legierungen EN AW 6060 und EN AW 6063) und die DIN EN 755 mit den entsprechenden Teilen die Basis für eine Zusammenarbeit mit einem Strangpressunternehmen dar, wobei unabhängig von der Legierung auch die DIN EN 12020 von der Automobilindustrie zugrunde gelegt wird. Allerdings erfordern die engen Form- und Lagetoleranzen der Automobilindustrie häufig eine gezielte Überwachung der Prozesse und ggf. eine nachträgliche Korrektur durch Rollen oder Innenhochdruckumformen (IHU).

Unabhängig von der Definition der Toleranzen stellen die unterschiedlichen Bemaßungssysteme der Automobilindustrie und der o.g. Normen den größten Abstimmungsbedarf und damit die größte Problematik dar, siehe Tabelle 5.

Tabelle 5: Bemaßungssysteme der Automobilindustrie versus DIN EN 12020 bzw. 755

Automobilindustrie	Normen	Konsequenz
Profilformtoleranz einer Fläche (⌒)	Querschnittsmaße	Höhere Anforderung als Norm. Merkmale werden auch zur Prozessfähigkeitsuntersuchung herangezogen.
	Länge und Rechtwinkligkeit des Schnitts	Höhere Anforderung als Norm, sofern Einzelbauteillängen definiert werden.
	Geradheit und Verwindung	Höhere Anforderung als Norm, da unterschiedliche Messsysteme und Einfluss der Masse nicht vorhanden.
	Konvexität/Konkavität, Kontur, Neigung	Höhere Anforderung als Norm. Es gelten Toleranzen unabhängig von der Geometrie des Bauteils, jedoch abhängig von Füge- und Anlagebereichen.
	Ecken-/Kantenradien	–
Wanddicken	Wanddicken	Höhere Anforderung als Norm. Es gilt eine Toleranz unabhängig von der Geometrie des Bauteils.
RPS (Referenzpunktsystem 3-2-1)	Best-Fit	Stecklehrenprüfung oder Vermessung der Bauteile auf Basis eines zwischen Automobilzulieferer und Strangpressunternehmen definierten RPS-Systems, da das RPS-System des Fertigbauteile in der Regel in einer bearbeiteten Bohrung

2.6 Nachweis der Prozessfähigkeit

2.6.1 Maschinenfähigkeitsuntersuchung (MFU)/ Prozessfähigkeitsuntersuchung (PFU)

Die Maschinenfähigkeits- und Prozessfähigkeitsuntersuchung steht in engem Zusammenhang mit der SPC. Während der Vorlaufphase muss sichergestellt werden, dass der Prozess, definiert als das *„Zusammenwirken von Maschinen, Material, Personal, Methoden und Arbeitsumwelt"* [3], robust ist, d. h. innerhalb der festgelegten Spezifikationen liegt. Denn die wichtigste Voraussetzung für eine sichere Produktion sind stabile Prozesse. Dazu werden serienbegleitend Fähigkeitsuntersuchungen durchgeführt, die sich auf Maschinen, Prozesse sowie Prüf- und Messmittel beziehen. Am wirkungsvollsten sind diese Untersuchungen vor Serienbeginn bzw. bei der Anschaffung von Maschinen und Anlagen, siehe Bild 6.

Die Maschinenfähigkeit beschreibt die Qualitätsfähigkeit einer Maschine unter Idealbedingungen. Die Maschinenfähigkeitsuntersuchung wird daher z. B. bei Abnahmeuntersuchungen vorgenommen und ist ein Maß für die kurzzeitige Merkmalsstreuung, die von der Maschine ausgeht. Da in der betrieblichen Praxis solche Idealbedingungen in der Regel nicht vorliegen, wird innerhalb der Produktion vorwiegend mit der Prozessfähigkeit gearbeitet.

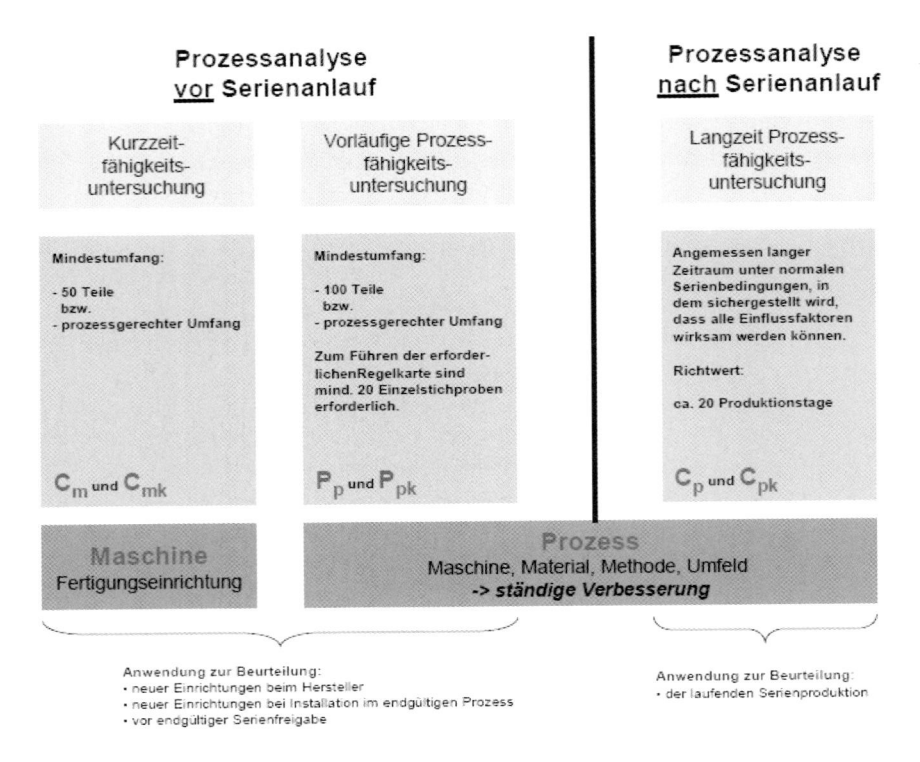

Bild 6: Prozessanalyse vor und nach Serienanlauf

Der Nachweis der Maschinenfähigkeit wird dadurch sichergestellt, dass die verwendeten Geräte die geforderte Genauigkeit, Wiederholbarkeit und Vergleichbarkeit aufbringen können. Unter Fähigkeit versteht man grundsätzlich die Güte einer Maschine oder eines Prozesses im Verhältnis zur Spezifikation (Toleranz).

Bei der Maschinenfähigkeitsuntersuchung werden also maschinenbedingte, zufällige Einflüsse untersucht. Systematische Abweichungen bleiben unberücksichtigt und müssen daher konstant gehalten werden. Die Verknüpfungen der Streuungen einer Maschine oder eines Prozesses mit vorgegebenen Toleranzen erfolgen durch Fähigkeitsindizes.

Die Maschinenfähigkeit wird durch die Kennwerte c_m und c_{mk} ausgedrückt. Der Kennwert c_m berücksichtigt dabei die Streuung der Maschine, die üblicherweise die dreifache Standardabweichung nach oben und nach unten um den Mittelwert umfasst (6-Sigma-Bereich), während c_{mk} zusätzlich die Lage des Mittelwerts innerhalb der Toleranz einbezieht. Innerhalb des 6-Sigma-Bereichs werden bei einem beherrschten Prozess mehr als 99,73% aller Werte erwartet. Ist diese Streubreite gleich der Toleranzbreite, so ist der c_m-Wert gerade 1.

Dabei stellen OTG und UTG die obere und untere Toleranzgrenze dar, s beschreibt die Standardabweichung des Loses und $\bar{x}$ ist der Mittelwert. Die Mindestfähigkeit für eine Maschine liegt bei $c_{mk} = 1{,}67$. Der c_{mk}-Wert ist so definiert, dass er identisch ist mit dem c_m-Wert, wenn der Prozess in der Toleranzmitte zentriert ist. Jede Abweichung führt zu einem kleineren c_{mk}-Wert.

Je höher der c_{mk}-Wert, desto stärker nutzt die Maschine die Werkstücktoleranz aus. Bei einem c_{mk}-Wert von 1,33 darf die Maschine beispielsweise 75% der Werkstücktoleranz ausnutzen, aber 68% aller Teile müssen innerhalb ¼ der Werkstücktoleranz gefertigt werden. Bei der vorläufigen bzw. der Langzeit-Prozessfähigkeit verhält es sich entsprechend. Berechnung und Aussage gelten analog den Kennwerten für die Maschinenfähigkeit. Sie ist allerdings ein Maß für Langzeiteinflüsse und strebt p_p-/c_p- bzw. p_{pk}-/c_{pk}-Werte größer als 1,67 an, um einen Prozess als qualitätsfähig bezeichnen zu können.

$$c_m \quad \text{bzw.} \quad p_p \quad \text{bzw.} \quad c_p = \frac{OTG - UTG}{6s}$$

$$c_{mk} \quad \text{bzw.} \quad p_{pk} \quad \text{bzw.} \quad c_{pk} = \frac{\min(OTG - \bar{x}; \bar{x} - UTG)}{3s}$$

Grundsätzlich muss berücksichtigt werden, dass der Fähigkeitswert nur für ein Merkmal gilt, d. h. man muss Referenzmerkmale finden, die eine Aussage über das gesamte Teil bzw. den Prozess zulassen.

Tabelle 6: Vor- und Nachteile der Fähigkeitsuntersuchungen

Vorteile der Fähigkeitsuntersuchungen	Nachteile der Fähigkeitsuntersuchungen
Absicherung eines beherrschten und fähigen Prozesses	Aufwendig, da sich die Prozessfähigkeit nur auf jeweils ein Merkmal bezieht
Kontinuierliche Dokumentation der Qualitätsfähigkeit von Maschine, Prozess sowie Prüf- und Messmittel	Voraussetzung, dass der Prozess beherrscht ist, muss gegeben sein, d. h. Prozessregelkartentechnik sollte vorhanden sein
Einfache Handhabbarkeit auch für Mitarbeiter, die wenig mit dem Prozess vertraut sind	Für die Prozessanalyse ist eine große Anzahl von Stichproben notwendig, d. h. zeit- und kostenintensiv
Geringer Schulungsbedarf erforderlich	
Große fehlerverhütende Funktion	

In jedem Fall ist zu beachten, dass die Ermittlung der Fähigkeit eines Prozesses oder einer Maschine nur bei einem beherrschten Prozess stattfinden darf. Ein Prozess gilt als beherrscht, wenn die Mittellage eines Prozesses nur geringen Änderungen unterliegt. Zudem ist er fähig, wenn die Streuung innerhalb der Toleranzbreite liegt. Tabelle 6 stellt stichpunktartig die Vor- und Nachteile der Fähigkeitsuntersuchungen heraus.

2.6.2 Umsetzung von Prozessfähigkeitsuntersuchung bei Strangpressprofilen

Ein ungeliebtes Thema, dem sich so manche Strangpressunternehmen entziehen wollen, wenn es z. B. um die Prozessfähigkeitsnachweise für Wanddicken geht. Dennoch ist dieses Merkmal von besonderer Bedeutung sowohl im Rahmen der Lebensdauerauslegung der Extrusionswerkzeuge als auch bezogen auf die werkstofftechnischen Eigenschaften. Mit Hilfe der Annahme-Regelkarte können Prozesse mit systematischen Mittelwertänderungen (z.B. Werkzeugverschleiß) überwacht werden, siehe Bild 7.

Bauteil	Merkmal	Sollmaß	Toleranz
Dachrahmen	Wanddicke	1,7	+/- 0,2

Datum	19.08.2005	20.08.2005	20.08.2005	20.08.2005	21.08.2005	21.08.2005	21.08.2005	22.08.2005	22.08.2005
Name des Prüfers	U. St.	U. St.	U. St.	U. St.	U. St.	U. St.	U. St.	U. St.	U. St.
visuelle Beurteilung	i.a. / n.i.a.	i.a. / n.i.a.	i.a. / n.i.a.	i.a. / n.i.a.	i.a. / n.i.a.	i.a. / n.i.a.	i.a. / n.i.a.	i.a. / n.i.a.	i.a. / n.i.a.
1. Probe	1,55	1,55	1,55	1,65	1,65	1,68	1,68	1,68	1,68
2. Probe	1,65	1,65	1,65	1,65	1,6	1,68	1,68	1,66	1,66
3. Probe	1,6	1,6	1,6	1,65	1,65	1,65	1,65	1,64	1,68
4. Probe	1,6	1,6	1,6	1,6	1,6	1,63	1,63	1,63	1,65
5. Probe	1,65	1,65	1,65	1,6	1,6	1,6	1,6	1,66	1,63
Mittelwert X	1,61	1,61	1,61	1,63	1,62	1,65	1,65	1,65	1,66
Spannweite R	0,10	0,10	0,10	0,05	0,05	0,08	0,08	0,05	0,05
StAbw. S	0,04	0,04	0,04	0,03	0,03	0,03	0,03	0,02	0,02

Datum	22.08.2005	23.08.2005	23.08.2005	23.08.2005	24.08.2005	24.08.2005	24.08.2005	25.08.2005	25.08.2005
Name des Prüfers	U. St.	U. St.	U. St.	U. St.	U. St.	U. St.	U. St.	U. St.	U. St.
visuelle Beurteilung	i.a. / n.i.a.	i.a. / n.i.a.	i.a. / n.i.a.	i.a. / n.i.a.	i.a. / n.i.a.	i.a. / n.i.a.	i.a. / n.i.a.	i.a. / n.i.a.	i.a. / n.i.a.
1. Probe	1,68	1,71	1,71	1,74	1,71	1,74	1,78	1,74	1,76
2. Probe	1,66	1,66	1,66	1,69	1,66	1,75	1,75	1,75	1,73
3. Probe	1,68	1,68	1,68	1,68	1,72	1,68	1,74	1,75	1,78
4. Probe	1,63	1,65	1,69	1,69	1,69	1,72	1,72	1,72	1,8
5. Probe	1,66	1,66	1,66	1,68	1,68	1,68	1,72	1,76	1,79
Mittelwert X	1,66	1,67	1,68	1,70	1,69	1,71	1,74	1,74	1,77
Spannweite R	0,05	0,06	0,05	0,06	0,06	0,07	0,06	0,04	0,07
StAbw. S	0,02	0,02	0,02	0,03	0,02	0,03	0,02	0,02	0,03

Mittelwert X quer	1,67		OEG	1,82	OTG	1,90	Sollwert	1,70
StAbw. S quer	0,028		UEG	1,58	UTG	1,50		

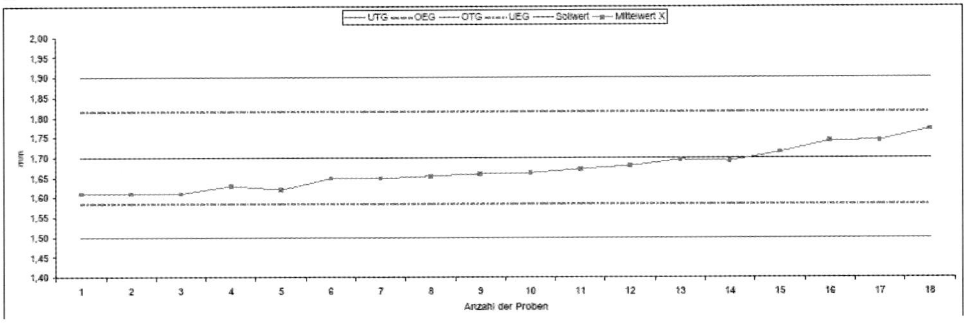

Bild 7: Annahmeregelkarte am Beispiel einer Wanddickenauswertung

Nichtsdestotrotz gibt es Merkmale, die einfach zu ermitteln, für den Extrusionsprozess und weitergehende Prozesse von besonderer Aussagekraft sind und mittels Prozessfähigkeitsuntersuchungen überwacht werden können. Als Beispiele seien hier Stichmaße, Abstandsmaße, Längenmaße genannt.

3 Ausblick

Die ISO 9000 wurde 2005 erneut überarbeitet, für die Normen ISO 9001-9004 ist eine Überarbeitung bis 2008 geplant, PPAP (**P**roduction **P**art **A**pproval **P**rocess) erschien im März 2006 mit der 4. Auflage und die QS-9000 läuft am 14.12.2006 aus. Hieraus ergeben sich Veränderungen an die QM-Systeme und kundenspezifischen Anforderungen, die wiederum auf die Strangpressunternehmen in entsprechender Art und Weise weiter gegeben werden müssen.

Des Weiteren wird die Automobilindustrie die maßlichen und werkstofftechnischen Anforderungen an Strangpressprofile weiter steigern und gleichzeitig Preisreduzierungen erwarten.

4 Literatur

[1] Rechtsanwalt Dr.-Ing. Heinz W. Adams, QZ 7/2005, 32.
[2] VDA e.V., Band 1, Nachweisführung, Leitfaden zur Dokumentation und Archivierung
[3] von Qualitätsforderungen, 1998, S. 46–47.
[4] Thomann, Hermann J. (Hrsg.), Der Qualitätssicherungs-Berater: Aktueller Ratgeber für alle Bereiche des Qualitätsmanagements im Industriebetrieb, 1993, Kapitel 11300, S. 6.

Weiterverarbeitung

Hydroformingtechnologie als Weiterverarbeitungsverfahren

B. Hachmann
F. W. Brökelmann Aluminiumwerk, Ense

Zusammenfassung

Hydrogeformte Aluminiumprofile bieten mit großer Präzision und Formgebungserweiterung in die dritte Dimension insbesondere für Automotive-Bauteile signifikante Gewichts- und Gestaltungsvorteile. Auch zur Formgebung und Verbindung bimetallischer Wärmetauscherkomponenten ist das Verfahren gut geeignet. Dieser Beitrag soll einen Überblick zum Stand der Technologie mit Anwendungsbeispielen geben sowie materialbedingte Restriktionen und Möglichkeiten zur Erweiterung des Prozessfensters aufzeigen.

1 Aluminium als Konstruktionselement

Mit seiner geringen Dichte ist Aluminium ein Leichtgewicht unter den Metallen. Dank der vergleichsweise hohen Festigkeit ermöglicht Aluminium innovative und gleichzeitig ökologische Lösungen nicht nur im Automobilbau. Das große Verarbeitungsspektrum im Ur- und Umformbereich, der mechanischen Bearbeitung sowie im Oberflächenfinish erlaubt vielfältige Verwendung.

Alle Automobilhersteller setzen Aluminium mittlerweile in unterschiedlichsten Konzeptionen ein. Motorblöcke, Wasser- und Luftführungen, Fahrwerks- und Karosserieteile, Außenhautbleche bis hin zur Großserienproduktion von Aluminiumvollkarosserien sind heute Stand der Technik und zunehmende Anwendungen (Bild 1). Innerhalb von 10 Jahren hat sich der Aluminiumanteil pro Fahrzeug auf rund 100 kg erhöht – Tendenz weiter steigend.

Bild 1: Pierce Arrow, Audi A8 und Audi A2 mit Voll-Aluminiumkarosserien

Bei Vollaluminiumkarosserien in SpaceFrame-Bauweise ist die Anwendung der vielfältigen Umformverfahren besonders deutlich: Der überwiegende Anteil besteht aus Blechen, aber auch Gussteile und Strangpressprofile stellen wesentliche Baugruppen. Bild 2 zeigt die jeweilgen Anteile am Beispiel des Audi A2.

Auch in der Wärmeaustauschertechnik hat Aluminium starke Potentiale. Die Wärmeleitfähigkeit ist sehr gut, und mit der Strangpresstechnologie eröffnen sich interessante Formgebungsmöglichkeiten für strömungs- und wärmetechnisch optimierte Medienführungen. Korrosionsschutz ist durch die Legierungswahl oder durch neuartige Beschichtungen realisierbar.

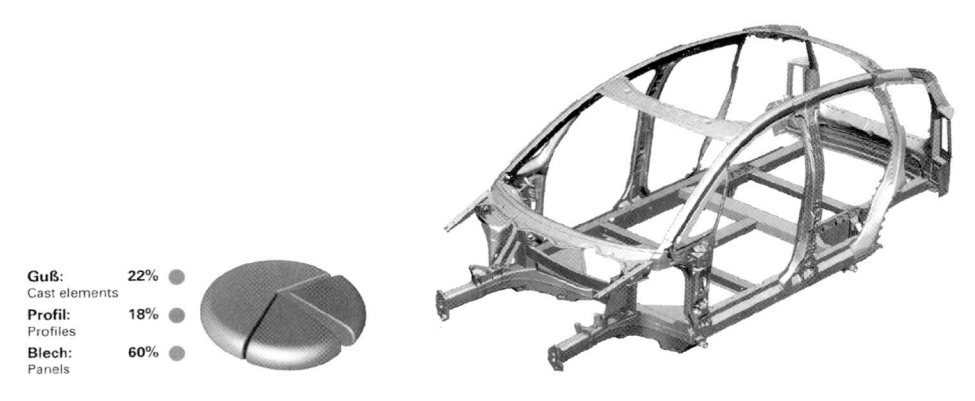

Guß: 22%
Cast elements
Profil: 18%
Profiles
Blech: 60%
Panels

Bild 2: Aluminium-SpaceFrame beim Audi A2 (Quelle: Alcan / Audi)

Bild 3: Stranggepresste Wärmetauscher-Komponenten

Für viele Anwendungen lässt sich das Potential von Aluminium noch besser nutzen, wenn die Formgebungsmöglichkeiten erweitert werden. Mit der Hydroform-Technologie steht ein Verfahren zur Verfügung, dessen konstruktive und gestalterische Möglichkeiten an Automotive-Bauteilen sowie an Baugruppen der Wärme- und Klimatechnik bereits häufig genutzt werden. Die Grenzen der Umformung können dabei durch gezielt aufeinander abgestimmte Prozessstufen oder durch neue Technologien erweitert werden.

2 Erweiterung der Formgebungsmöglichkeiten durch Hydroformen

Die Hydroform-Technologie bietet sich besonders für Leichtbauteile aus Aluminium an. Grundsätzlich für Bleche und Rohre anwendbar, spricht man speziell bei der Hohlkörper-Umformung vom Innenhochdruckumformen (IHU). Mit IHU können komplexe dreidimensionale rohrförmige Bauteile geformt werden, die zu wesentlichen Gewichts- und Kosteneinsparungen beitragen. Als Vormaterialien werden Hohlprofile aus Aluminium eingesetzt. Zumeist sind das Strangpressprofile oder hochfrequenz-geschweißte Rohre aus Flachmaterial.

Das rohrförmige Ausgangswerkstück liegt in einem der zu erzeugenden Fertigform entsprechenden Form, die zumeist in Ober- und Unterwerkzeug zweigeteilt ist und von einer Presse geschlossen gehalten wird. Mit geeigneten Adaptern werden die Rohrenden abgedichtet und das Umformmedium – meist eine Wasser-/Öl-Emulsion – zugeführt. Durch den hohen Druck des

Mediums wird das Rohr „aufgeblasen" und an die Wandung des umgebenden Werkzeugkörpers angelegt.

Die einfachste Variante des Hydroformens ist das hydrostatische Strecken. Hier wird das Rohr entsprechend seines Dehnvermögens aufgeweitet, wobei Material von den Enden her in die Umformzone nachgezogen werden kann. Ist das Dehnvermögen erschöpft, können weitere Hydroform-Stufen nach dem Zwischenglühen des Halbzeugs nachgeschaltet werden. Die Vorteile dieser Variante liegen in geringen Werkzeug- und Anlagenkosten, schneller Taktzeiten und der Möglichkeit, auch sehr dünnwandige Rohre umzuformen.

Durch axiales Stauchen des Rohres über ein Nachführen der Adapter während des Umformprozesses lässt sich zusätzlich Material in die Umformzone nachschieben. Damit können die in den kritischen Bereichen überwiegenden Zugspannungen durch Druckspannungen überlagert werden. So werden höhere Umformgrade erzielt, wie sie zum Beispiel für die Erzeugung größerer Querschnittsänderungen oder größerer Nebenformelemente erforderlich sind.

Damit das Rohr an einer auszufüllenden Hohlstelle nicht frühzeitig platzt, kann dieser Hohlraum durch einen verfahrbaren Gegenhalter zunächst geschlossen und während des Prozesses gezielt wieder geöffnet werden. Bild 4 zeigt den prinzipiellen Ablauf des Prozesses.

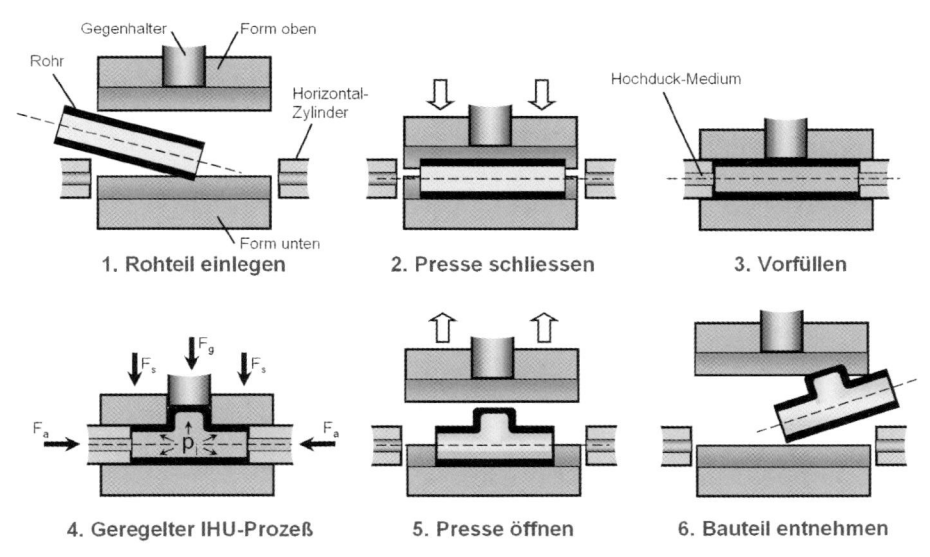

Bild 4: Prozessablauf beim Innenhochdruckumformen

Diese Maßnahmen erfordern allerdings einen hohen anlagen- und regelungstechnischen Aufwand, um das Prozessfenster einzuhalten. Die korrekte Ausformung ist eine Gratwanderung zwischen Falten, Knicken oder Bersten des Bauteils (Bild 5). Der erforderliche Innendruck hängt im wesentlichen vom Verhältnis des kleinsten auszuformenden Innenradius zur Wanddicke ab. Dabei steigt der Innendruck exponentiell mit der Verringerung des Innenradius (Bild 6). Die genaue Geometrie ist insbesondere bei komplexen Bauteilen nicht immer sicher vorauszusagen. Deshalb werden mit steigender Tendenz Simulationstools eingesetzt, die schon in einem frühen Entwicklungsstadium Aussagen über die Machbarkeit und später auch etwa zum Wanddickenprofil erlauben (Bild 7).

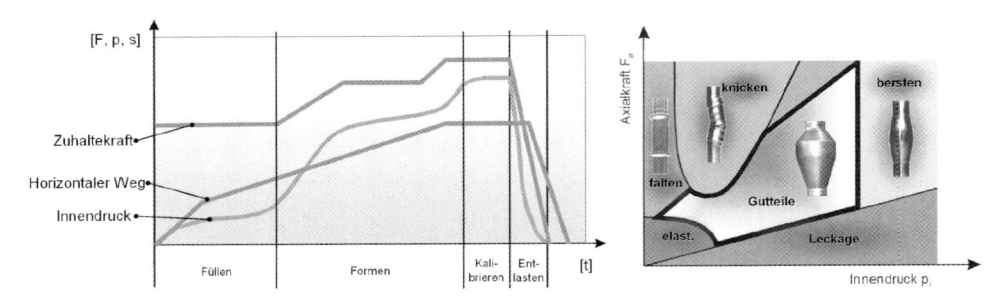

Bild 5: Typischer Ablauf der Prozessparameter; Prozessfenster

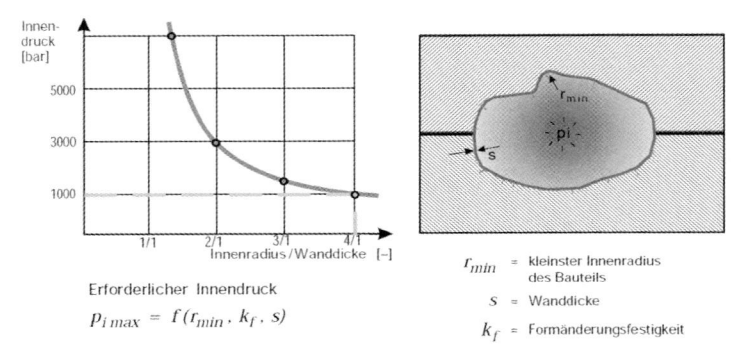

Erforderlicher Innendruck
$$p_{i\,max} = f(r_{min}, k_f, s)$$

r_{min} = kleinster Innenradius des Bauteils
s = Wanddicke
k_f = Formänderungsfestigkeit

Bild 6: Abschätzung des Umformdrucks über das Verhältnis Innenradius/Wanddicke

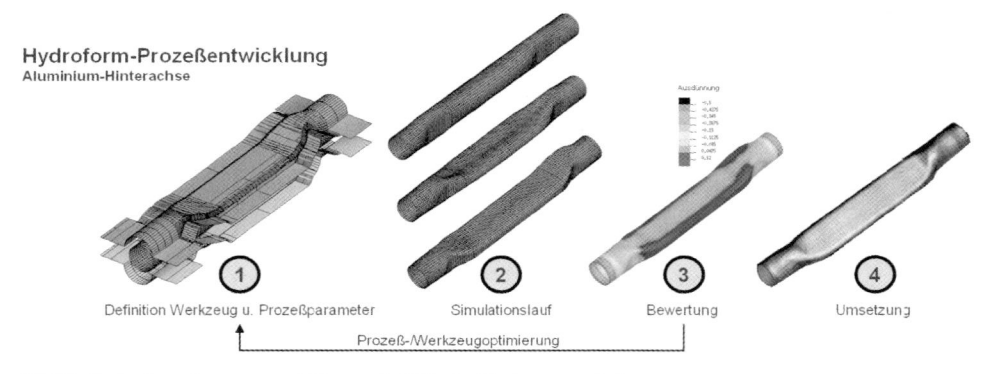

Hydroform-Prozeßentwicklung
Aluminium-Hinterachse

Bild 7: Hydroform-Prozessentwicklung mit Hilfe der Umformsimulation

Nach der Umformung ist es im gleichen Prozesstakt auch möglich, Lochoperationen zu integrieren. Die verschiedenen Verfahren zeigt Bild 8.

Auch die Herstellung engster Biegeradien bei gleich bleibendem Rohrquerschnitt ist mittels Hydroforming möglich. Dafür muss das Rohr vorgebogen sein und in das der Endform entsprechende Hydroform-Werkzeug passen. Geringere Bögen können in einem separaten Gesenk angeformt oder direkt beim Schließen des Werkzeugs „eingedrückt" werden, wenn sie in der senkrechten Ebene liegen. Ebenso sind Vorumformungen der Querschnittsform möglich; dabei

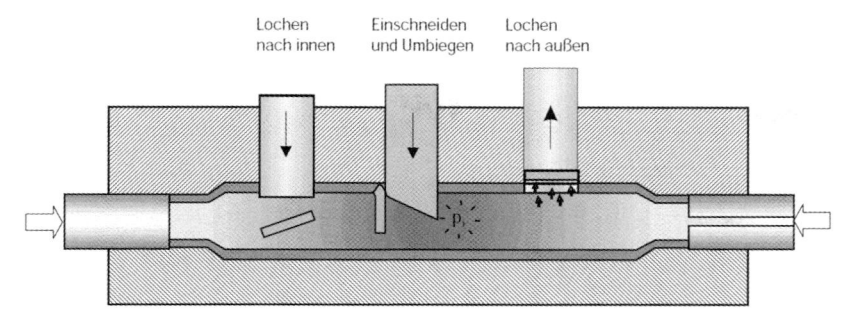

Bild 8: Verfahrensvarianten zum Lochen während des IHU-Prozesses

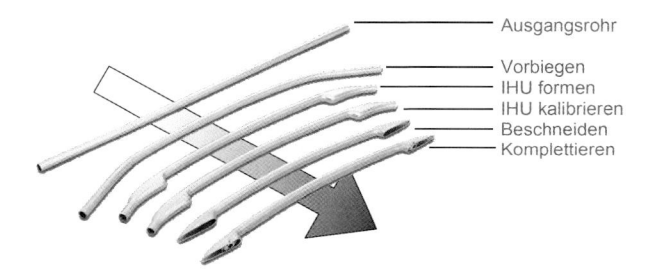

Bild 9: Fertigungsabfolge IHU-GesamtProzess "Kühlschrank-Türgriff" (Quelle: Schuler Hydroforming)

entstandene Dellen werden durch den anschließenden Hochdruck wieder ausgeformt. Bild 9 zeigt die gesamte Abfolge der Herstellung eines Kühlschrank-Türgriffs.

Der Hydroform-Prozess zeichnet sich generell durch eine geringe Anzahl von Fertigungsschritten, eine hohe Maß- und Formgenauigkeit und einen ungestörten Faserverlauf mit Potenzialen zur Kaltverfestigung aus. Mit anformbaren Geometrieelementen können verschiedene Funktionen in das Bauteil integriert werden.

2.1 Anwendungen in der Automotive-Industrie

Bild 10 zeigt ein typisches Bauteil zur Medienführung – hier Ladeluft – gebogen und IHU-geformt aus einem Rohr. Insbesondere mit den guten maßlichen Eigenschaften hydrogeformter Bauteile hat sich das Verfahren bereits früh bei der Fertigung innovativer Aluminium-Fahrwerke etabliert. Für manches stranggepresste und gebogene Profil waren die für eine automatisierte Fahrwerksfertigung erforderlichen engen Form- und Lagetoleranzen (Bild 11) nur durch einen IHU-Kalibriervorgang zu erreichen.

Bild 12 zeigt eine SpaceFrame-Komponente, streckgebogen und IHU-geformt aus einem Strangpressprofil.

Auch während des Vorformens lassen sich Funktionselemente ausbilden, deren Endform sich durch die anschließende Hochdruck-Stufe einstellt. Bild 13 zeigt das Anformen eines Flansches mit Höhenversatz als Anbindungselement vom Dachrahmen an eine Querverstrebung. Durch diese integrative Bauweise können separate Knotenbauteile – zum Beispiel als Gussbauteile – vermieden und die Anzahl der Bauteile reduziert werden.

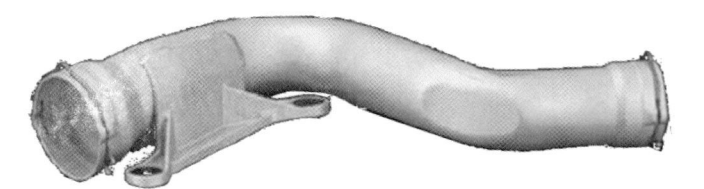

Bild 10: Innenhochdruckgeformtes Ladeluftrohr in EN-AW3003, mit Anbauteilen (Quelle: Form Automotive)

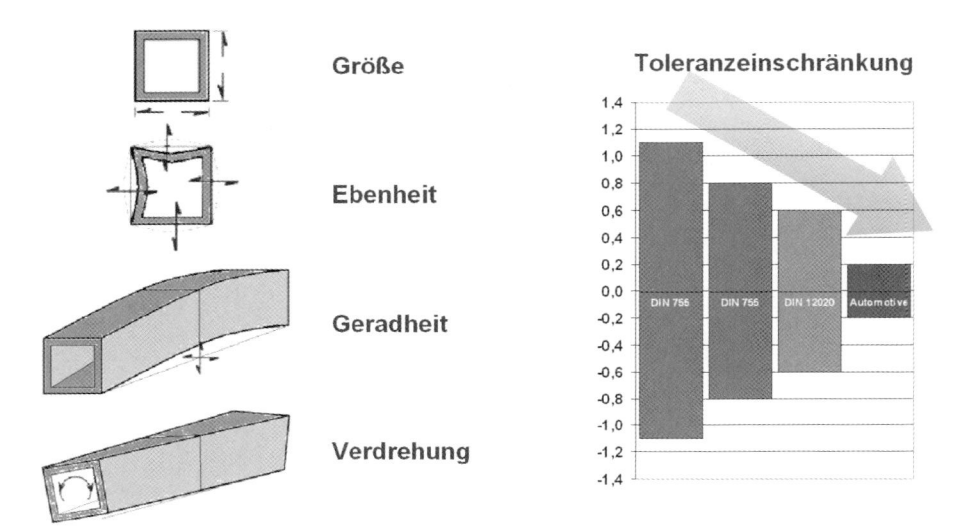

Bild 11: Formabweichung an Strangpressprofilen

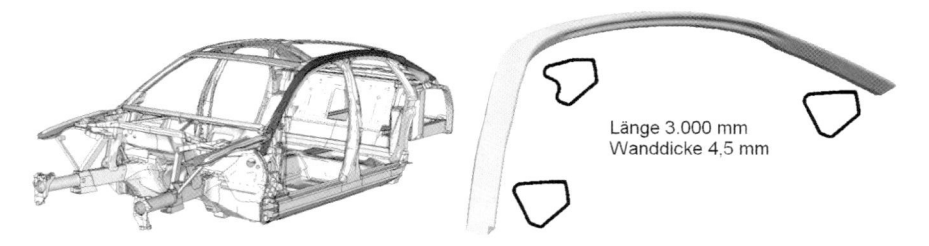

Bild 12: Innenhochdruckgeformter Dachrahmen am Audi A8 D3 (Quelle: Alcoa)

2.2 Anwendungen in der Wärmetauschertechnik

Auch im Bereich der Wärmetechnik ergeben sich vielfältige Anwendungen für eine sinnvolle Ergänzung der Fertigungstechnik durch HYDROFORMING.

Neben möglichst viel aktiver Wärmetauscherfläche fördern Turbulenzen in einem strömenden Medium den Wärmeaustausch mit dem umgebenden Material. Turbulenzen verhindern die Bildung einer ausgeprägten Grenzschicht, die den Wärmeübergang auf die Rohrwandung behindert. Bei Werkstoffen, die aufgrund ihrer Umformeigenschaften keine Ausbildung von In-

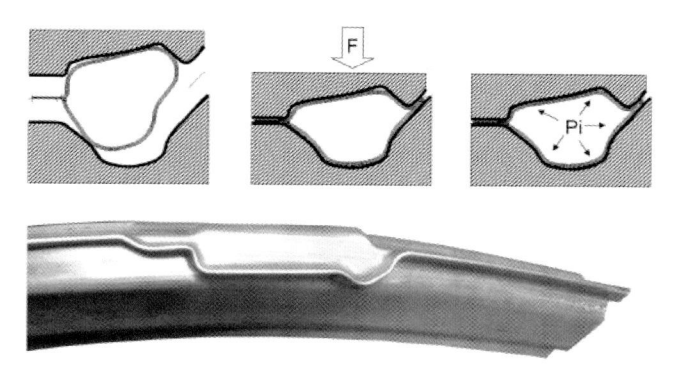

Bild 13: Angeformter Flanschversatz an Dachrahmen (Quelle: Alcoa)

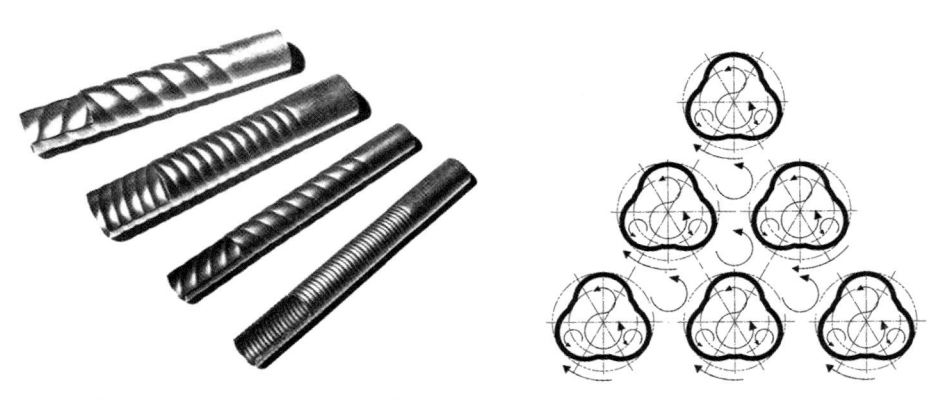

Bild 14: Verschiedene Drallrohr-Formen, Wirkungsweise im Bündel

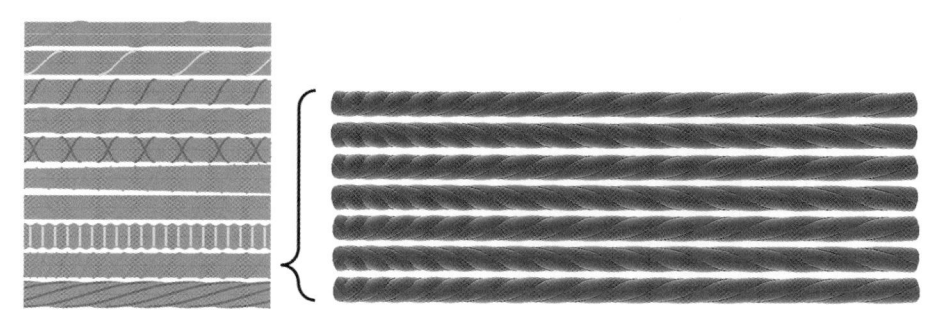

Bild 15: Mit Hydroformen darstellbare Geometrien; Rohrbündel mit gegenläufigem und abnehmendem Drall

nen- oder Außenrippen erlauben, kann dies durch eine Drallform erreicht werden (Bild 14). Konventionell werden Drallrohre durch spiralförmiges Einwalzen hergestellt.

Mit der Hydroformtechnik eröffnen sich weitergehende Möglichkeiten: Durch die nahezu freie Formgebung können optimierte Strukturen dargestellt werden, die auch über die Rohrlänge dem sich ändernden Zustand des durchfließenden Mediums angepasst werden können (Bild 15).

Weiterhin kann das Problem einer dauerhaften Verbindung von zwei Komponenten gelöst werden: Die FWB-TornadoFlow-Wärmetauscherrohre (Bild 16) müssen aufgrund ihrer komplexen Form in einer duktilen Legierung stranggepresst werden.

Bild 16: TornadoFlow-Wärmetauscherrohr; Wirkungsprinzip

Aus verschiedenen Gründen – Korrosionsbeständigkeit, Widerstandsfähigkeit etc. – werden diese Rohre oft als Bimetall-Rohre – d. h. mit einem äußeren metallischen Schutzrohr – gefordert. Die bei innen glatten Rohren üblicherweise eingesetzte mechanische Aufweiten zum Verbinden von Innen- und Außenrohr kann bei innenberippten Rohren nicht eingesetzt werden. Mittels hydraulischen Aufweiten lässt sich eine dauerhafte und wärmetechnisch sehr gute Pressverbindung realisieren.

Hierbei werden die Innenrohre mit leichtem Untermaß in die Außenrohre gesteckt und positioniert. Durch den Innendruck wird das innere Rohr gerade soweit aufgeweitet, dass das äußere Rohr mit aufgeweitet wird, aber noch im elastischen Bereich bleibt. Die Rückfederung des Außenrohrs sorgt dann für den erforderlichen Anpressdruck.

Auf die gleiche Art können auch Außenrippenrohre hergestellt werden. Insbesondere an Rippenrohren mit Lücken – zum Beispiel für Kammertrennwand-Durchführungen – ist das hydraulische Aufweiten der Innenrohre in aufgesteckte, separat gefertigte Rippenrohre eine wirtschaftliche Alternative gegenüber dem nachträglichen lokalen Entfernen von Rippen (Bild 17).

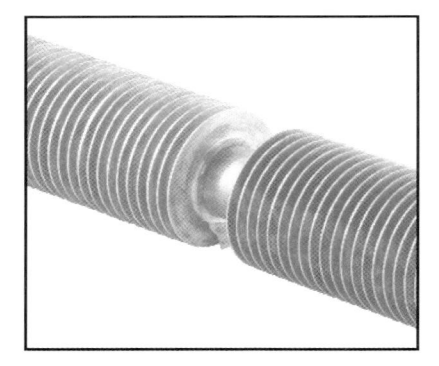

Bild 17: TornadoFlow-Bimetallrohre mit Cu- und Niro-Mantelrohren; Alu-Rippen auf Niro-Innenrohr

3 Vergleich metallischer Werkstoffe für das Innenhochdruckumformen

Seit gut 30 Jahren wird das Verfahren industriell genutzt; anfangs für Kupfer- und Messingbauteile aus der Sanitärindustrie, später – mit verbesserten Hochdruckkomponenten und erweiterten Regelungsmöglichkeiten – auch für Abgasrohre aus Edelstahl aus der Automobil-Industrie. Als Vormaterial eignen sich prinzipiell alle metallischen Werkstoffe. Der überwiegende Anteil – Anwendungen in der Automobilindustrie – zeigt allerdings heute nur 3 Werkstoffklassen: Normalstahl, Edelstahl und Aluminiumlegierungen.

Aufgrund der in kritischen Bereichen überwiegend auftretenden Zugspannungen ist eine hohe Streckziehfähigkeit des Materials von Vorteil. Diese geht mit einer hohen Kaltverfestigung einher und wird durch den Verfestigungsexponenten n beschrieben. Eine hohe Verfestigung führt zu einer guten Gleichmaßdehnung und verhindert an Stellen dünnerer Wanddicke ein zu schnelles Versagen des Bauteils. Bild 18 zeigt einen Vergleich dieser Eigenschaft an verschiedenen Werkstoffen.

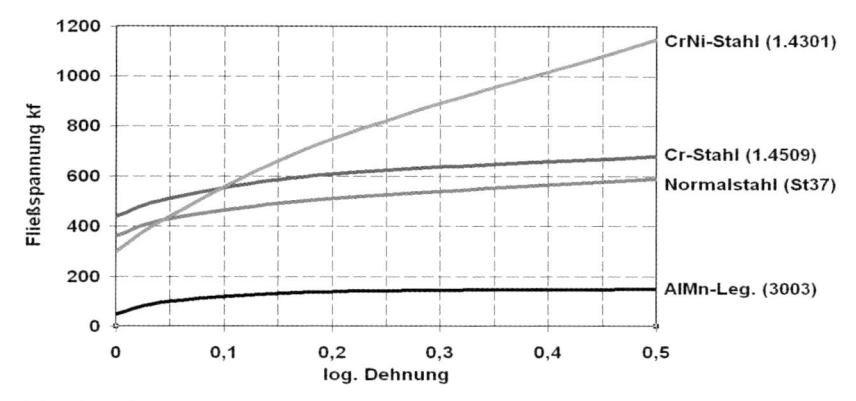

Bild 18: Fließkurven verschiedener Werkstoffe

Die CrNi-Stähle bieten demnach die besten Voraussetzungen für die Innenhochdruckumformung, wenn auch bei vergleichsweise sehr hohen erforderlichen Innendrücken.

Der Verfestigungsverlauf von Normal- und den ferritischen Cr-Stählen ist deutlich flacher und erlaubt nur geringere Umformgrade. Cr-Stahl lässt sich allerdings gut zwischenglühen und damit auch mehrstufig weiterformen.

Bei hochfesten Stählen – zum Beispiel Dual- oder Komplexphasenstählen – können Zwischenglühungen das Gefüge schädigen; hier wird das Innenhochdruckumformen im wesentlichen nur für Kalibrierschritte angewendet.

Aluminiumlegierungen zeigen den geringsten Verfestigungseffekt. Ohne eine gute Streckziehfähigkeit führen lokale Abstreckungen schnell zum Versagen des Bauteils – beispielsweise in scharfen Ecken. Insbesondere die hochfesten aushärtbaren Aluminiumlegierungen stoßen bei der Kaltumformung schon bei relativ geringen Umformgraden an ihre Grenzen. Aber gerade die aushärtbaren Legierungen wären geeignet, dem Werkstoff Aluminium neue Anwendungsgebiete im Fahrzeugbau zu erschließen, vorausgesetzt ihre Nachteile wie schlechte Umformbarkeit könnten überwunden werden.

Dieses Verhalten stellt an den Umformprozess hohe Ansprüche. Bei höheren angestrebten Umformgraden ist das Nachschieben des Werkstoffs sinnvoll. Bei den vorgelagerten Bearbeitungsstufen – Strangpressen und Biegen – muss bereits besonders sorgfältig auf die Wanddickenverteilung geachtet werden.

Mit Zwischenglühungen – jeweils vor dem Biegen und vor dem Innenhochdruckumformen – können Prozess- und Bauteileigenschaften maßgeblich beeinflusst werden. Durch eine abschließende Warmauslagerung kann zudem bei aushärtbaren Legierungen eine optimale Kombination aus Festigkeit und Zähigkeit erreicht werden.

4 Innenhochdruckumformen von Aluminiumlegierungen

Aluminium-Legierungen lassen sich entsprechend ihren Mechanismen zur Festigkeitssteigerung in zwei Hauptgruppen einordnen: Die naturharten Legierungen (1xxx, 3xxx und 5xxx) durch Mischkristall- und Kaltverfestigung sowie die aushärtbaren Legierungen (6xxx, 7xxx und 2.xxx) durch zusätzliche Ausscheidungshärtung bei Raum- oder erhöhter Temperatur In Bild 19 zeigt die mechanischen Eigenschaften mit den ungefähren Niveaus von Festigkeit und Dehnung, die individuell abhängig sind von Herstellart, Umformgrad und Wärmebehandlung. Generell nimmt mit zunehmendem Legierungsgehalt die Festigkeit zu und die Dehnung ab.

4.1 Art des Vormaterials

Aluminium-Hohlprofile werden in drei grundsätzlichen Verfahren hergestellt, deren Unterscheidungsmerkmale in den erreichbaren Toleranzen und in den Stückkosten liegen:
- Längsnahtgeschweißte Rohre bieten die beste Maßhaltigkeit, da Wanddickentoleranzen und mechanische Eigenschaften denen des kaltgewalzten Bands entsprechen. Nachteilig sind die hohen Werkzeugkosten und die eingeschränkte Verfügbarkeit durch die hohe Variantenvielfalt von Legierung, Wanddicke und Durchmesser.
- Nahtlose Strangpressprofile können mittels indirektem Strangpressen auch in schwer verpressbaren Legierungen (z.B. 7xxx) gefertigt werden. Verfahrensbedingt gibt es auch keine Kammernaht als Störstelle, aber durch den fliegenden Dorn große Wanddickenschwankungen (bis zu ±10%). Daher werden diese Profile meist nachgezogen und wärmebehandelt. Die entsprechend hohen Stückkosten rechtfertigen sich dementsprechend nur bei besonders hohen Anforderungen an die Bauteilfestigkeit.
- Kammernahtgepresste Strangpressprofile weisen die geringsten Stückkosten auf, haben aber relativ hohe Wanddickentoleranzen (bis zu ±7%). Zudem darf sich die Kammernaht als potentielle Störstelle in Gefüge und mechanischen Eigenschaften nicht zu stark vom übrigen Profilquerschnitt unterscheiden.

Gerade die Schwankungen der Wandstärke können die Ergebnisse beim Hydroforming entscheidend beeinträchtigen und einen stabilen Prozess verhindern. Auch können sich die beim Strangpressen über die Länge nicht konstanten mechanischen Eigenschaften und die Gefügestruktur als störend für den IHU-Prozess auswirken. Bild 20 zeigt die Einflussfaktoren der Entstehungsgeschichte des Vormaterials für den IHU-Prozess.

4.2 Verhalten und Grenzen beim Innenhochdruckumformen von Aluminium-Legierungen

Die eingesetzten verschiedenen Legierungen mit jeweils spezifischen Eigenschaften erfordern auch bei der Umformung zum Teil sehr unterschiedliche Behandlungen.

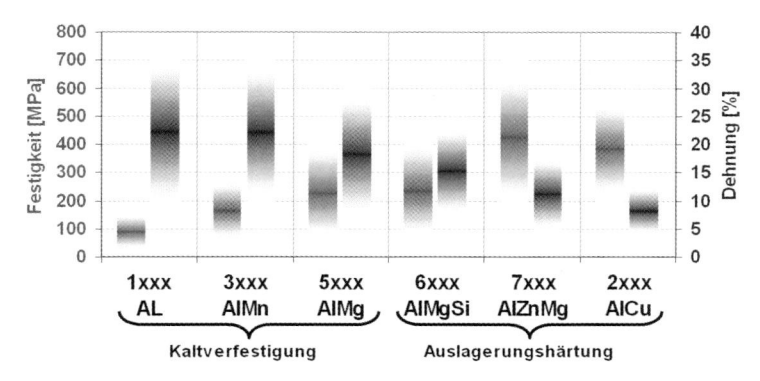

Bild 19: Einteilung der Al-Legierungen

Bild 20: Einflussfaktoren beim Gießen und Strangpressen auf das Profil

Die mechanischen Eigenschaften des Profils – insbesondere die Streckgrenze – zeigen eine deutliche Abhängigkeit von den Strangpressparametern. Eine nicht ideale Wahl zum Beispiel der Parameter Temperatur und Pressgeschwindigkeit äußert sich in erhöhten Ausschussraten beim IHU-Prozess. Ein typisches Fehlerbild bei umgeformten Strangpressprofilen ist in Bild 21 dargestellt.

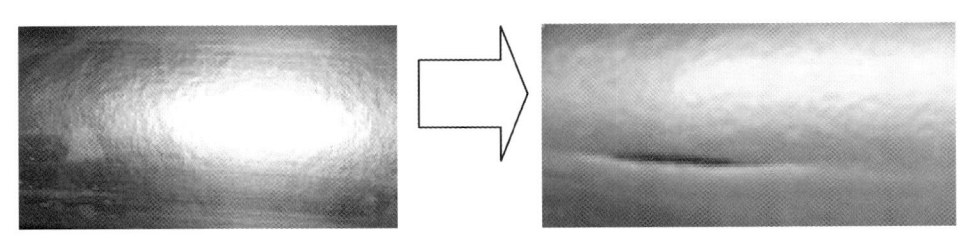

Bild 21: Grobkornbildung an der Legierung EN-AW3003 als potentielle Störstelle beim IHU

Grobkörniges Material bildet beim Umformen Orangenhaut aus. Die Umformung konzentriert sich hier auf einzelne in Umformrichtung günstig orientierte Körner. Dabei entstehen lokale Instabilitäten, die gerade bei Aluminium aufgrund des niedrigen Kaltverfestigungsexponenten Versagen des Bauteiles zur Folge haben können. Grobkörnige, kammernahtgepresste Strangpressprofile neigen daher zum Versagen beim IHU.

Für Bauteile mit relativ hohen Umformgraden und gleichzeitig geforderter Korrosionsfestigkeit bietet sich der Werkstoff EN-AW5005 an. Dieser Werkstoff bietet auch gute dynamische Festigkeitseigenschaften, muss jedoch nach dem toleranzbedingten Nachziehen noch wärmebehandelt werden. Das hierbei eingestellte Gefüge entscheidet maßgeblich über die Ausschussrate beim IHU

Hinsichtlich der Umformbarkeit sind auch 3xxx-Legierungen gut einzusetzen.

Aufgrund der hohen Verfügbarkeit sind die häufig eingesetzten Strangpresslegierungen aus der 6xxx-Reihe interessant, insbesondere die Legierung AlMgSi0,5 (EN-AW6060). Allerdings gestaltet sich hier die Umformung aufgrund der Ausscheidungshärtung problematisch.

Schon ein dem IHU-Prozess vorgeschaltetes Vorbiegen erfordert ein Lösungsglühen, da die üblichen Lieferzustände – kalt- oder warm ausgelagert – nur äußerst geringe Umformungen zulassen. Nach dem Glühen müssen die Rohre kurzfristig verarbeitet werden, da die Umformbarkeit wegen der Kaltaushärtung bereits nach wenigen Stunden wieder deutlich abnimmt.

Nach dem Biegen muss wiederum die entstandene Kaltverfestigung durch eine Rekristallisationsglühung beseitigt werden. Hierbei ist die Neigung der 6xxx-Legierungen zur Grobkornbildung zu beachten. Wird die Rekristallisationsschwelle nicht überschritten, tritt kein Grobkorn mehr auf, allerdings muss der dann noch ablaufende Erholungsprozess ausreichen, das erforderliche Umformvermögen sicherzustellen.

Diese zugunsten der Umformeigenschaften gewählte Vorgehensweise ist allerdings nachteilig für die Bauteil-Festigkeit, die gerade durch eine Lösungsglühung noch optimiert werden kann. Dabei nimmt allerdings auch die dynamische Festigkeit aufgrund der Grobkornbildung ab.

Die bei der typischen Prozessfolge
1. Lösungsglühen,
2. Biegen,
3. Zwischenglühen,
4. Innenhochdruckumformen,
5. Kaltauslagern und
6. Warmauslagern

erreichbare Festigkeit nach dem letzten Warmauslagerungs-Prozessschritt ist bei reduzierten Zwischenglühtemperaturen zur Vermeidung von Grobkorn deutlich geringer.

Hier muss bei der Wahl der Prozessparameter offensichtlich ein Kompromiss zwischen guter Umformbarkeit und mechanischer Bauteilfestigkeit geschlossen werden. Um dieses Hemmnis beim Einsatz aushärtbarer Legierungen für Strukturbauteile zu umgehen, wurden bereits einige Ansätze für eine temperierte Umformung unternommen.

5 Anlagentechnik

Generell werden für die Innenhochdruckumformung relativ hohe Zuhaltekräfte für das Geschlossenhalten des Werkzeugs benötigt. Diese Kräfte sind dem erforderlichen Innendruck und der projizierten Fläche des Bauteils proportional – beispielsweise muss ein Werkzeug für einen

PKW-Armaturenträger mit 1000 mm Länge und 50 mm Breite bei 1500 bar Innendruck bereits mit mehr als 750 to zugehalten werden. Beim Schließvorgang selbst werden keine oder nur geringe Presskräfte gebraucht.

Dieses verfahrenstypische Anforderungsprofil führt zu spezialisierten Pressen, die auf relativ kleiner Fläche große Schließkräfte realisieren können, aber zugunsten kurzer Taktzeiten schnelle Schließ- und Öffnungsbewegungen sicherstellen sollen.

Bewährt haben sich grundsätzlich hydraulische Antriebe mit einem oder mehreren Zylindern, je nach Geometrie der Tischfläche. Mechanische Verriegelungen sind zwar theoretisch möglich, haben sich aber wegen unbefriedigender Kompensation der Werkzeug-Auffederung nicht durchsetzen können.

Die Standardbauweise ist deshalb eine hydraulische Presse in Drei- oder Vier-Säulen-Bauweise, die einen guten Kompromiss bezüglich Zugänglichkeit und Flexibilität darstellt. Eine etwas vereinfachte Alternative ist die Bauweise mit vorgespanntem Rahmen (Bild 22).

Bild 22: 3.500-to-Presse (SPS)

Nachteilig ist hier die große zu bewegende Ölmenge, die große hydraulische Leistungen erfordert, um akzeptable Verfahrgeschwindigkeiten zu erreichen.

Mittlerweile gibt es verschiedene Ansätze, um mit weiter spezialisierten Lösungen schnellere oder wirtschaftlichere Pressenzyklen zu erreichen. Hier werden meistens die Funktionen Verfahren und Zuhalten getrennt. Die eigentliche Zuhaltung erfolgt mit Kurzhubzylindern. Eine Bauweise ist ein Aufbau mit einer Reihe parallel angeordneter Platten mit Loch für das Werkzeug (Bild 23 links). Zur Beschickung wird das Werkzeug aus der Zuhaltevorrichtung gefahren und außerhalb geöffnet. Eine weitere Bauweise arbeitet mit verfahrbaren Seiten, die nur während der Hochdruckphase mit Ober- und Untertisch verriegelt werden (Bild 23 rechts). Zum Öffnen des Werkzeugs kann dann der Obertisch mit relativ kleinen Zylindern verfahren werden. Es existieren noch eine ganze Reihe weiterer Konstruktionen, die aber hier nicht alle dargestellt werden sollen.

6 Kosten

Die Innenhochdruckumformung ist nur ein – wenn auch wesentlicher – Baustein in der gesamten der Prozesskette vom Vormaterial bis zur einbaufertigen Baugruppe.

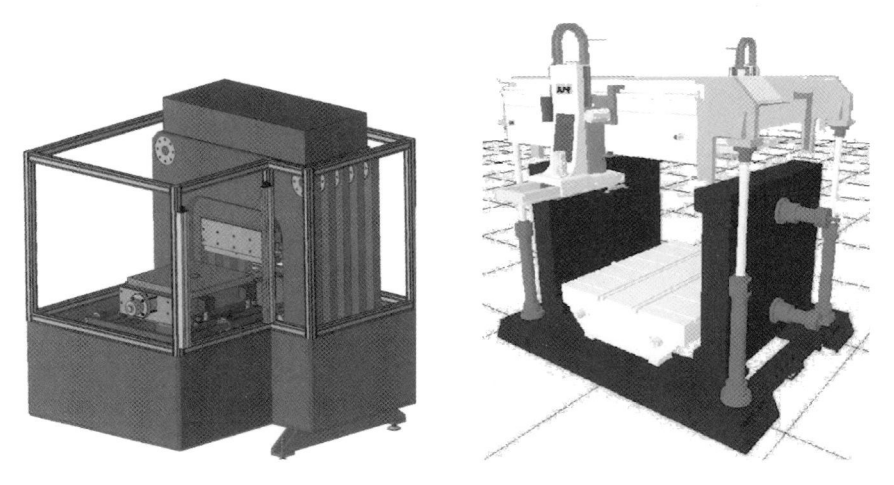

Bild 23: Rahmenpresse (Konzept Fluidforming); Presse mit verriegelbaren Seiten (Konzept (APT/Schäfer)

Das Innenhochdruckumformen wird dabei oft als teures Verfahren angesehen. Betrachtet werden muss aber der Gesamtprozess. So stellt das Biegen bzw. Vorformen der Hohlprofile häufig einen Engpass hinsichtlich Taktzeit in der Prozesskette dar, sodass zwei Biegemaschinen mit einer IHU-Anlage zusammenarbeiten müssen.

Auch Baugruppen erfordern erheblichen Aufwand in der Fertigstellung; dementsprechend vielfältig gestaltet sich die gesamte Prozesskette: mit Umformen, Schweißen und Endmontage. Der Anteil der Innenhochdruckumformung an den gesamten Herstellkosten ist bei dieser Betrachtungsweise nicht mehr so erheblich – je nach Bauteil zwischen 5 und 30% der Stückkosten.

Wichtig ist auch der angepasste Einsatz von IHU-Anlage und Regelungsaufwand. Die wenigen Umformschritte – oft ist es nur ein Schritt – bis zum fertigen Bauteil sowie die damit bereits integrierbaren Nebenformelemente rechtfertigen schnell den Einsatz einer aufwendigen Anlage. Einfache Bauteile erfordern oft keine Regelung, sondern nur eine Steuerung für den Ablauf der Prozessschritte. Werden solche Bauteile nicht auf den relativ teuren IHU-Anlagen, sondern mit Hilfe einfacher Zuhaltevorrichtungen gefertigt, können die Stückpreise durchaus mit denen konventionell umgeformter Bauteile konkurrieren – wobei die größere Flexibilität hinsichtlich Gestaltung aber erhalten bleibt.

Die IHU-Technologie selbst ist also nicht der entscheidende Kostenfaktor, sondern die Wahl der "richtigen" IHU-Variante und der daran angepassten Anlage oder Vorrichtung.

7 Erweiterung des Prozessfensters durch Warmumformung

Bei der Innenhochdruck-Umformung der untersuchten Aluminiumwerkstoffe bietet die Prozessführung bei erhöhter Temperatur eine viel versprechende Möglichkeit der Erweiterung der Prozessgrenzen.

Eine Temperaturerhöhung bewirkt eine Veränderung der mechanischen Eigenschaften von Leichtmetallen. Mit steigender Temperatur nehmen die erreichbaren Dehnungen beim Umformen und die erforderlichen Umformkräfte ab (Bild 24). Außerdem kann die Maß- und Formgenauigkeit aufgrund des verbesserten Rückfederungsverhaltens optimiert werden.

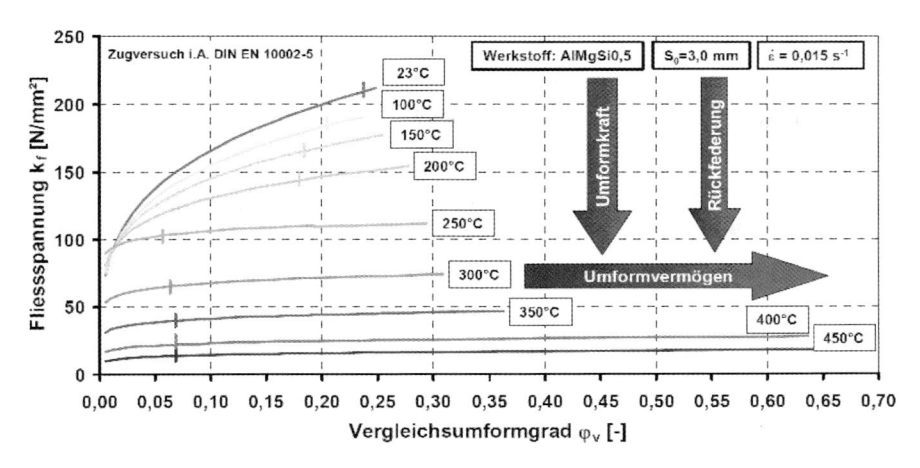

Bild 24: Temperaturabhängige Fließkurven der Legierung EN-AW6060 (AlMgSi0,5). Quelle: IWU Chemnitz

7.1 Warmumformung mit flüssigem Hochdruckmedium

In einem Gemeinschaftsprojekt von FWB und der Universität Erlangen wurde die Umformbarkeit von Strangpressprofilen aus den Legierungen Al99,9MgSi und AlMg3 im IHU-Prozess bei Raumtemperatur und bei erhöhten Temperaturen im Bereich der Halbwarmumformung untersucht. Hierzu wurden Versuche zum Aufweitstauchen der Profile bei drei verschiedenen Temperaturen mit Thermoöl durchgeführt und die gemessenen Dehnungen in einer für Grenzformänderungsschaubilder üblichen Form aufgetragen. Beide Legierungen zeigen eine Abnahme der Berstdrücke und eine Zunahme der maximalen Umformgrade im Tiefziehbereich mit zunehmender Temperatur.

Die untersuchten Strangpressprofile mit Kreisquerschnitt beider Legierungen können mittels Innenhochdruck umgeformt werden. Im Rohraufweitstauchversuch wurde der Tiefziehbereich („linke Seite") des Grenzformänderungsdiagramms für diese Werkstoffe in Abhängigkeit von der Temperatur ermittelt. Es zeigt sich eine Verschiebung der Grenzkurve parallel zur Hochachse (Hauptdehnung φ_1) um ca. 25 % bei 200 °C für den Werkstoff Al99,9MgSi bzw. um ca. 27 % bei 230 °C für den Werkstoff AlMg3 (Bild 25).

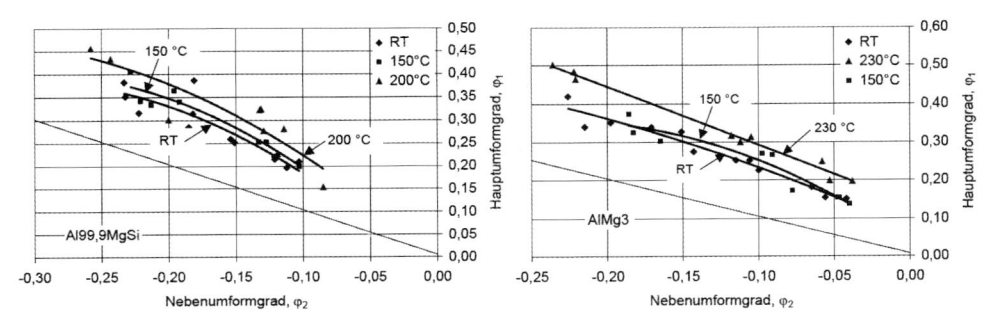

Bild 25: Maximale (Tiefzieh-)Umformgrade in Abhängigkeit von der Temperatur für Al99,9 und AlMg3

Aufgrund der verringerten Fließspannung reduzieren sich auch die zur Umformung nötigen Drücke, was zur Verringerung der Reibkräfte beitragen kann und die Umformung auf kleineren Anlagen ermöglicht.

Aus werkstofftechnischer Sicht müssten im Weiteren die zulässigen Umformtemperaturen für die unterschiedlichen Legierungen überprüft werden. Im Rahmen dieser Untersuchung wurde die maximale Untersuchungstemperatur für die aushärtbare Legierung Al99,9MgSi auf 200 °C begrenzt, um unerwünschte Veränderungen in der Gefügestruktur zu vermeiden, die eine spätere Warmauslagerung beeinträchtigen könnten. Bei Bauteilen, die im Betrieb nur geringen mechanischen Belastungen ausgesetzt sind, wird jedoch oft auf eine Warmauslagerung verzichtet. Hier sind möglicherweise auch höhere Umformtemperaturen zulässig, die zu einem weiter gesteigerten Umformvermögen des Werkstoffs führen könnten.

Die in dieser Untersuchung gemessenen Veränderungen im Materialverhalten dürften sich in einem realen IHU-Prozess positiv auf die Formgebungsmöglichkeiten auswirken. Hieraus könnten Prozessführungsstrategien für die Innenhochdruck- Umformung von Strangpressprofilen bei erhöhter Temperatur entwickelt werden, die zur Kostensenkung durch eine Reduktion der Umformstufen oder zur Machbarkeit von bislang nicht herstellbaren komplexen Geometrien führen könnten.

Die Homogenität der Werkstoffe im Bezug auf das Umformverhalten bietet noch Verbesserungspotenziale. Derzeit ergibt sich über den Umfang eine inhomogene Umformung, die vermutlich auf die Gefügestruktur zurückzuführen ist.

Zusätzlich zur Erwärmung des Bauteils durch das IHU-Medium sollte in einem IHU-Umformwerkzeug eine Erwärmung durch Zusatzheizungen erfolgen. Dies würde eine homogenere Erwärmung und Umformung des Bauteils ermöglichen und gleichzeitig zu kürzeren Zykluszeiten führen. Insgesamt lassen sich damit auch höhere Umformtemperaturen im Werkzeug und damit noch weiter gesteigerte Umformgrade am Bauteil erzeugen., wie eine Untersuchung an der Legierung EN-AW7020 zeigt. Hier konnten in Aufweitversuchen Umfangserweiterungen um 100% erzielt werden. Wenn das Ausgangsrohr nicht im T6-Zustand, sondern in lösungsgeglühtem Zustand eingesetzt wird, ist auch die Ausformung kleinster Radien möglich.

7.2 Warmumformung mit gasförmigem Hochdruckmedium

Eine noch weitergehende Entwicklung ist die Innenhochdruckumformung mit gasförmigen Medium. Hier kann die bei Hochtemperarur-Ölen vorhandene Grenze von ca. 300°C noch überwunden werden – es sind Umformtemperaturen von über 500°C möglich. Damit liegt die Dehnfähigkeit der Legierungen noch einmal erheblich höher – bei entsprechender Prozessführung sind Umfangsänderungen von 300% und mehr möglich. Erste Prototypen zeigen eine beeindruckende Formänderung (Bild 26).

Auch scharfe Ecken und Kanten bis hin zu funktionsfähigen Gewindeprofilen lassen sich in einem Prozessschritt darstellen. Die bei Schuler Hydroforming realisierten Bauteile wurden mit induktiv vorgeheizten Rohren und beheiztem Werkzeugeinsatz erzielt. Hier muss das Umformmedium – Luft oder Stickstoff – nicht erwärmt werden, da die relativ geringe Wärmekapazität des erst im Bauteil passiv aufgeheizten Gases keine große Abkühlung des Bauteils bewirkt.

Je nach Bauteilgeometrie ist allerdings ein Temperaturprofil über die Länge der Umformzone einzustellen – sowohl im Werkzeug als auch im Rohteil (Bild 27).

Die Vorteile dieses Verfahrens sind offensichtlich: Dank der erheblich herabgesetzten Fließspannung werden nur geringe Innendrücke benötigt. Ein geringes Druckniveau wiederum erfor-

Bild 26: HEATform-Demonstratorbauteil (Quelle: Schuler Hydroforming)

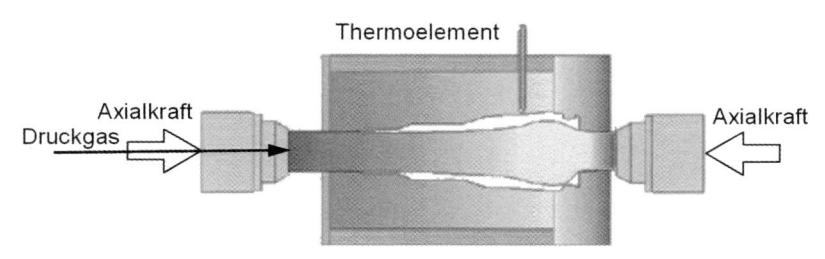

Bild 27: Umformung mit voreingestelltem Temperaturprofil. (Quelle: Schuler Hydroforming)

dert keine hohen Zuhaltekräfte – als Folge kann eine Umformanlage erheblich kleiner gehalten werden. Bauteil-Vorheizung und Umformprozess können parallel ablaufen; damit sind auch kurze Taktzeiten möglich.

Erhebliches KnowHow ist dagegen für die komplexe Prozessführung nötig: Sind beim Kaltumformen auch schon der Innendruck und die Verfahrwege der Axialzylinder aufeinander abzustimmen, kommen hier noch die Temperaturprofile von Werkstück und Werkzeug hinzu.

Auch muss die Reibung des Bauteils an der Werkzeugwandung durch eine geeignete Beschichtung des Rohteils vermindert werden, welches wiederum eine nachgeschaltete spezielle Reinigung erfordert.

Grundsätzlich können die Grenzen der Kaltumformung durch den Einsatz der temperierten Innenhochdruckumformung überwunden werden. Die erreichbaren hohen Umformgrade erlauben bei der Bauteilgestaltung eine größere konstruktive Freiheit zu. Denkbar sind neue Anwendungsmöglichkeiten für hochfeste Aluminiumlegierungen – in der Automobil-Industrie z. B. im Bereich der Karosserie oder des Fahrwerks.

Erste Versuche zeigen das Potential der temperierten Innenhochdruckumformung auf. In der noch laufenden Phase der Weiterentwicklung zu Serienstandards müssen in Zusammenarbeit mit Vormateriallieferanten und Anwendern jedoch noch wichtige Punkte geklärt werden:
- Aushärteeigenschaften von warm- bzw. heiß umgeformten Material,
- statische und dynamische Bauteileigenschaften,
- Verhalten bei der Weiterverarbeitung (Fügen etc.),
- erreichbare Steigerung des Umformgrads speziell bei hochfesten aushärtbaren Aluminiumlegierungen.

Zusammenfassung und Ausblick

Hydrogeformte Komponenten aus Aluminium gehören mittlerweile zum gehobenen Stand der Technik. Den bekannten Vorteilen, unter anderen
- die einteilige, integrative Bauweise,
- die sehr hohe Form- und Maßgenauigkeit,
- die dank Kaltverfestigung hohe Steifigkeit und geringe Rückfederung,
- das Potential zur Gewichtsverringerung,
- bei Medienführungen geringere Strömungswiderstände und höhere Dauerfestigkeiten,

stehen eingeschränktes Umformvermögen und eine komplexe Prozessführung aufgrund der Gefüge- und Aushärteeigenschaften entgegen. Trotz dieser Einschränkungen in der werkstoffbedingten Umformbarkeit sind mittlerweile verschiedenste Aluminiumanwendungen realisiert worden.

In näherer Zukunft sind durchaus noch deutliche Entwicklungssprünge zu erwarten, im Wesentlichen durch konsequente Anwendung der Erkenntnisse zu gefügetechnischen Zusammenhängen über die gesamte Prozesskette sowie durch die viel versprechende Weiterentwicklung der temperierten Umformung.

Bearbeitungs- und Simulationskonzepte für die Zerspanung dünnwandiger und langfaserverstärkter Leichtmetallrahmenstrukturen

K. Weinert, T. Engbert, S. Grünert, N. Hammer
Institut für Spanende Fertigung, Universität Dortmund

1 Einführung

Vor dem Hintergrund steigender Energienachfrage und knapper werdender Ressourcen gewinnen Leichtbaukonzepte zur Reduzierung des Energieverbrauchs im Bereich des Straßen-, Schienen-, Wasser- und Luftfahrzeugbaus zunehmend an Bedeutung. Insbesondere die Verringerung des Fahrzeuggewichts bei gesteigerter Stabilität und Gebrauchssicherheit bildet dabei ein wesentliches Entwicklungsziel. In diesem Zusammenhang haben sich räumlich geschlossene Rohrrahmen auf der Basis dünnwandiger, stranggepresster Leichtmetall-Profilstrukturen als wichtige Konstruktionselemente für verwindungssteife, hochfeste und leichte Fahrwerkskomponenten, Karosserieelemente und Tragwerkbestandteile etabliert. Darüber hinaus eröffnen neuartige Verbundstrangpressprofile eine Vielzahl weiterer Einsatzmöglichkeiten im Bereich sicherheitsrelevanter bzw. rissbeanspruchter Baugruppen [1].

Allerdings wird in der industriellen Praxis die mechanische Bearbeitung derartiger Profile oftmals als problembehaftet eingestuft. Während bei der Bohrungsbearbeitung konventioneller Leichtmetall-Strangpressprofile häufig materialbedingt Anhaftungen an den Werkzeugschneiden sowie unzureichende Bearbeitungsqualitäten die Prozesssicherheit beeinflussen, bildet bei der Bearbeitung von stahlverstärkten Strangpressprofilen vorrangig der Werkzeugverschleiß die prozessbestimmende Größe. Ferner erschweren im Besonderen dünnwandige Profile aufgrund ihres nachgiebigen und im Rahmenverbund schwingungsanfälligen Aufbaus eine qualitätsgerechte Zerspanung. Im Folgenden sollen daher die Möglichkeiten und Grenzen einer Prozessgestaltung für die qualitätsgerechte Bohrungsfertigung durch konventionelles Bohren und Zirkularfräsen an herkömmlichen sowie an langfaserverstärkten Aluminiumprofilen aufgezeigt werden. Sowohl experimentelle Untersuchungen als auch simulationsorientierte Analysen bilden dabei die Basis der vorgestellten Arbeiten.

2 Herstellung, Eigenschaften und Einsatz von Verbundprofilen

Während konventionelle Leichtmetallstrangpressprofile bereits seit vielen Jahren in der industriellen Anwendung, beispielsweise als Automobil-Space-Frame oder auch als Konstruktionselement im Fassadenbau, etabliert sind, liefern verbundstranggepresste Profile auf der Basis endlos stahldrahtverstärkter Aluminiumstränge neuerdings innovative Ansätze zur Anpassung der spezifischen Gebrauchseigenschaften. Die Herstellung dieser Verbundprofile erfolgt in einem modifizierten Strangpressverfahren, bei dem während des Pressvorganges über das Kammerwerkzeug Endlosdrähte bzw. Seile aus hochfestem Stahl (1.4310) dem Werkstofffluss zugeführt werden (vgl. Bild 1). Durch eine zusätzliche Anpassung der Presswerkzeuge sind zudem weitere Verstärkungselemente in anderer Form bzw. Werkstoffbeschaffenheit denkbar [2].

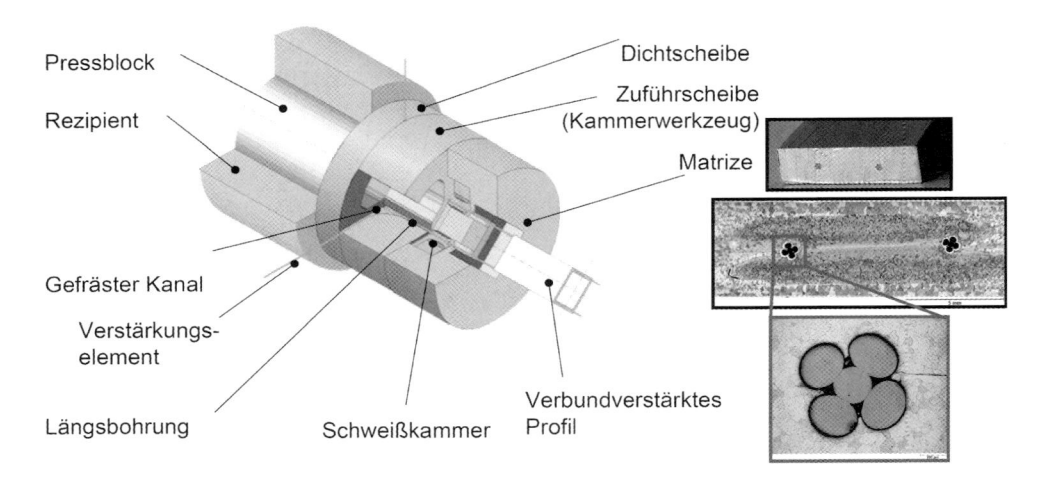

Bild 1: Prinzip des Verbundstrangpressens [2]

Herkömmliche unverstärkte Strangpressprofile, hergestellt aus der Aluminiumlegierung AlMgSi0,5 (EN AW6060), erreichen absolute Zugfestigkeiten von R_m = 150 – 180 MPa. Dieser Wert kann durch das Einbringen von Volldrähten im Durchmesser d = 1 mm aus hochfestem Federstahl X10CrNi18-8 bei einem volumenbezogenen Verstärkungsgehalt von Ct_F = 10 Vol.-% auf bis zu $R_{m\ verst}$ = 350 MPa gesteigert werden [3]. Es ergibt sich somit eine spezifische, also gewichtsbezogene Zugfestigkeitssteigerung im Bereich von 60–80 %, je nach zugrundeliegender Ausgangszugfestigkeit des Matrixmaterials [4].

Neben der gesteigerten Zugfestigkeit des Verbundmaterials durch die Stahldrähte bei vergleichsweise geringer Zunahme des spezifischen Gesamtgewichts ($\Delta\rho \approx 20$ %) ist die verstärkungsbedingt stark begrenzte Rissausbreitung quer zur Profilpressrichtung für diverse Einsatzgebiete von großem Interesse. Insbesondere Anwendungen als Verbund-Stringer im Flugzeugbau sowie als überlastsicheres Bauteil in Tragstrukturen stehen hier im Fokus weiterer Untersuchungen. Ferner macht die durch die Grenzflächenhaftung zwischen Stahldraht und Aluminiummatrix gesteigerte Energieabsorption im Crashfall derartige Profile interessant für den Einsatz als Seitenaufprallschutz o. Ä. in PKW.

Eine gewichtsneutrale Steifigkeitserhöhung, welche vorrangig für Fahrzeugrahmenstrukturen von Bedeutung wäre, ist mit dem Aluminium-Stahl-Verbundmaterial aufgrund des näherungsweise gleichen spezifischen E-Moduls von Stahl und Aluminium kaum realisierbar, so dass zu diesem Zweck zukünftig keramische Verstärkungen, wie etwa Al_2O_3- bzw. C-Fasern, dem Verbund zugeführt werden. Derartige keramische Werkstoffe weisen im Vergleich zu Aluminium einen wesentlich höheren E-Modul bei deutlich geringerer Dichte auf, was im Werkstoffverbund zu erheblichen Steigerungen des spezifischen E-Moduls führt [4]. Eine entsprechende Anpassung des Zerspanprozesses kann in diesem Fall auf der Grundlage von Bearbeitungsregeln für Metall-Matrix-Verbundwerkstoffe (MMC) [5,6] erfolgen. Allerdings sind hierbei aufgrund der kompakten Anordnung der einzelnen Faserbündel neben der abrasiven Wirkung auch insbesondere starke mechanische Beanspruchungen der Werkzeuge zu erwarten. Ein Erkenntnistransfer aus den derzeit durchgeführten Untersuchungen zur Bearbeitung stahlverstärkter Profilen stellt somit eine bedeutende Grundlage dar.

3 Problemstellung, Versuchsdurchführung, Prozessgestaltung

3.1 Problemstellung

Die Bearbeitung von unverstärkten Al-Strangpressprofilen im Bereich der Hochleistungszerspanung ist in der industriellen Praxis häufig mit Problemen verbunden. Insbesondere vor dem Hintergrund des zunehmenden Einsatzes der Trockenbearbeitung bzw. der Minimalmengenkühlschmierstoffversorgung (MMKS) in Zerspanprozessen [7] stellt beispielsweise die qualitätsgerechte und prozesssichere Bohrungsfertigung an dünnwandigen Aluminium- und Magnesium-Strangpressprofilen eine anspruchsvolle Herausforderung dar. Aufgrund der hohen Duktilität der für das Strangpressen üblichen Leichtmetall-Knetlegierungen zeigen sich im Bearbeitungsprozess ausgeprägte Werkstoffablagerungen auf den Spanflächen der Werkzeuge. In deren Folge sind Beeinträchtigungen der Bearbeitungsqualität in Form von Maßabweichungen, unzureichenden Oberflächengüten und starke Gratbildungen bzw. Kappenbildungen an den Bohrungen zu beobachten (vgl. Bild 2). Darüber hinaus wird die Bearbeitung zusätzlich erschwert, da beim Anbohren an Rohrkonstruktionen häufig schräge oder gewölbte Oberflächen vorzufinden sind. Eine Überlagerung verschiedener Wirkzusammenhänge zwischen Bearbeitung und Qualität ergibt sich zudem an dünnwandigen Profilen, so dass sich hier insbesondere bei der Bohrungsbearbeitung Form- und Lageabweichungen vom Sollmaß einstellen. Das Bild 2 stellt in diesem Zusammenhang die wesentlichen Problemfelder der Profilbearbeitung exemplarisch dar.

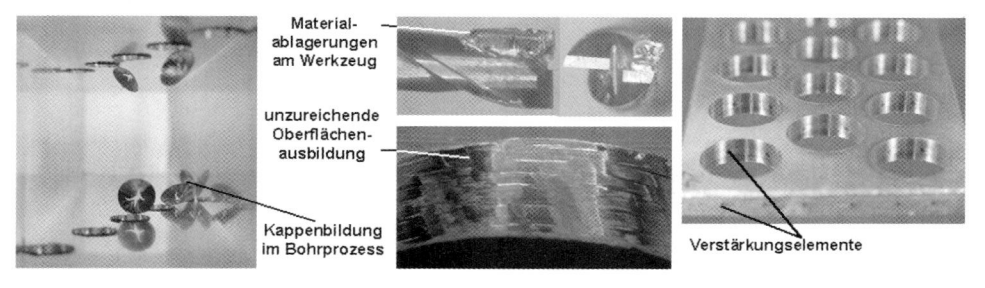

Bild 2: Problemfelder der mechanischen Bearbeitung an Aluminiumprofilen

Bezüglich der Bearbeitung von Verbundprofilen aus Aluminium und Stahl sind neben den bereits beschriebenen Problemen weitere Aspekte des Zerspanprozesses von Bedeutung. Insbesondere der durch die Stahldrähte hervorgerufene, schlagartige Übergang vom minderfesten Matrixmaterial zu den deutlich härteren Verstärkungsfasern führt an den Werkzeugschneiden zu starker mechanischer Impulsbelastung und dadurch zu vorzeitigem Ausfall der Zerspanwerkzeuge. Für eine prozesssichere Zerspanung ist daher eine beanspruchungsgerechte Werkzeug- und Prozessgestaltung unabdingbar.

3.2 Versuchsdurchführung

Zur Identifizierung geeigneter Werkzeugkonzepte und Verfahrensvarianten für eine qualitätsgerechte Bohrungsfertigung an konventionellen und an verstärkten dünnwandigen Strangpressprofilen wurden im Rahmen eines am Institut für Spanende Fertigung (ISF) der Universität

Dortmund etablierten Forschungsprojekts die im Folgenden vorgestellten experimentellen Analysen durchgeführt und bewertet. Die Arbeiten sind Teil des Sonderforschungsbereich/Transregio (SFB/TR10) „Integration von Umformen, Trennen und Fügen für die flexible Fertigung von leichten Tragwerkstrukturen", der von der Deutschen Forschungsgemeinschaft (DFG) gefördert wird.

Die Durchführung von experimentellen Zerspananalysen erfolgt auf zwei flexiblen Bearbeitungszentren (BAZ) am ISF. Während die Untersuchungen zum herkömmlichen Bohren mit Wendelbohrern auf einem BAZ vom Typ Grob BZ 600 realisiert werden, kommt dynamikbedingt für die Analysen zum Zirkularfräsen ins Volle ein spezielles für die Leichtmetall-Hochleistungs-Zerspanung konzipiertes BAZ vom Typ Grob BZ40CS zum Einsatz. Die in beiden Maschinen eingesetzten NC-Steuerungen vom Typ Siemens Sinumerik 840D sowie die Werkzeugaufnahmesysteme HSK80-A bzw. HSK63-A und die hochgeschwindigkeitstauglichen Motorspindeln mit maximal möglichen Spindeldrehzahlen von 12.500 min^{-1} und 24.000 min^{-1} erlauben sowohl die Bearbeitung bei hohen Schnittgeschwindigkeiten mit kleinen Werkzeugdurchmessern als auch eine steife und sichere Werkzeugeinspannung. Zur Messung der während der Bearbeitung auftretenden Kräfte werden beim Bohren das Bohrmoment M_B und die Vorschubkraft F_f mittels eines Hochgeschwindigkeits-Rotationsdynamometers vom Typ Kistler 9125A erfasst. Für die Ermittlung der beim Fräsen entstehenden Prozesskräfte erfolgen Messungen mit Hilfe einer 3-Komponenten-Kraftmessplattform vom Typ Kistler 9255B.

Die Beurteilung der Bearbeitungsqualität erfolgt anhand von Messungen zur Maß-, Form- und Lageabweichung der gefertigten Bohrungen mit Hilfe einer Koordinatenmessmaschine vom Typ Zeiss Prismo HTG Vast. Vor dem Hintergrund des zunehmend wichtigen Aspekts der Bauteilsauberkeit werden zudem Messungen zur Gratentwicklung an den spanend bearbeiteten Bauteilen mittels konfokaler Weißlichtmikroskopie durchgeführt. Ferner dienen Licht- und Rasterelektronenmikroskopie zur Charakterisierung des Werkzeugverschleißes. Neben der rein experimentellen Analyse des Zerspanvorganges derartiger Profilstrukturen erfolgt zudem die Prozessanalyse durch Simulationsrechnungen via Finite-Elemente-Modellierung. Mit Hilfe der FEM-Simulation wird dabei sowohl die prozessbedingte thermomechanische Bauteilbeanspruchung beschrieben als auch ein gesteigertes Prozessverständnis erreicht.

3.3 Prozessgestaltung

Die mechanische Trockenbearbeitung an leichten, dünnwandigen Tragwerksbauteilen stellt eine komplexe Aufgabe dar. Insbesondere das Einbringen von Bohrungen wird von einer Vielzahl von Problemen begleitet [7]. Bei der spanenden Bearbeitung eines instabilen Systems, wie es eine komplex gestaltete, leichte Tragwerkstruktur prinzipbedingt darstellt, ergeben sich Schwingungen und Deformationen. Darüber hinaus treten beim An- und Ausbohren an schrägen bzw. gekrümmten Oberflächen, bei der Bearbeitung eines dünnwandigen, geschlossenen Profils, bei geringen l/D-Verhältnissen etc. zahlreiche Prozessbeeinträchtigungen auf, die im Hinblick auf ein optimales Bearbeitungsergebnis sorgfältig zu beachten sind. Besonders die Span- und Gratbildung im Inneren einer geschlossenen Rahmenstruktur, aber auch die Einhaltung von Form- und Lagetoleranzen sorgt über den eigentlichen Bohrprozess hinaus für Störungen bzw. Verzögerungen in der Prozesskette zur Herstellung derartiger Profilstrukturen.

Im Vergleich zum konventionellen Bohrprozess mit Wendelbohrern bietet die Bohrungsfertigung durch Zirkularfräsen daher verschiedene Vorteile [8]. Während beim Bohren der Bohrungsdurchmesser durch das Werkzeug bestimmt ist, ermöglicht das Zirkularfräsen, also das

Fräsen mit einer helixbahnförmigen Zustellbewegung, die flexible Fertigung verschiedener Bohrungsdurchmesser und weiterer Funktionsflächen mit einem Werkzeug. Dies ermöglicht im Allgemeinen die Reduzierung der Nebenzeiten eines Bearbeitungsprozesses und bedeutet damit eine Verbesserung des Zyklusnutzungsgrades. Ferner lassen sich in vergleichenden Untersuchungen erheblich verbesserte Bearbeitungsqualitäten beobachten [9]. Sowohl der verfahrensbedingt unterbrochene Schnitt und die daraus resultierende begünstigte Spanbildung und -abfuhr als auch die deutlich geringere Gratbildung an den Bohrungsrändern prädestinieren das Zirkularfräsen für den Einsatz bei der Bearbeitung dünnwandiger Rahmenstrukturen. Das Bild 3 verdeutlicht in diesem Zusammenhang den prinzipiellen Verfahrensablauf sowie die verfahrensspezifischen Vorteile des Bohrens und Zirkularfräsens.

Bohren:
- Geringe Hauptzeiten
- Bohrungsdurchmesser durch WZ bestimmt
- Geringe Anforderungen an Werkzeugmaschine

Zirkularfräsen
- Günstige Spanabfuhr und -bruch
- Geringe Axialkräfte und Radialkräfte
- Variable Bohrungsdurchmesser realisierbar
- Flexibilität / geringere Nebenzeiten
- Bearbeitungsqualitäten

Gratbildung nach Bohrprozess

Gratbildung nach Fräsprozess

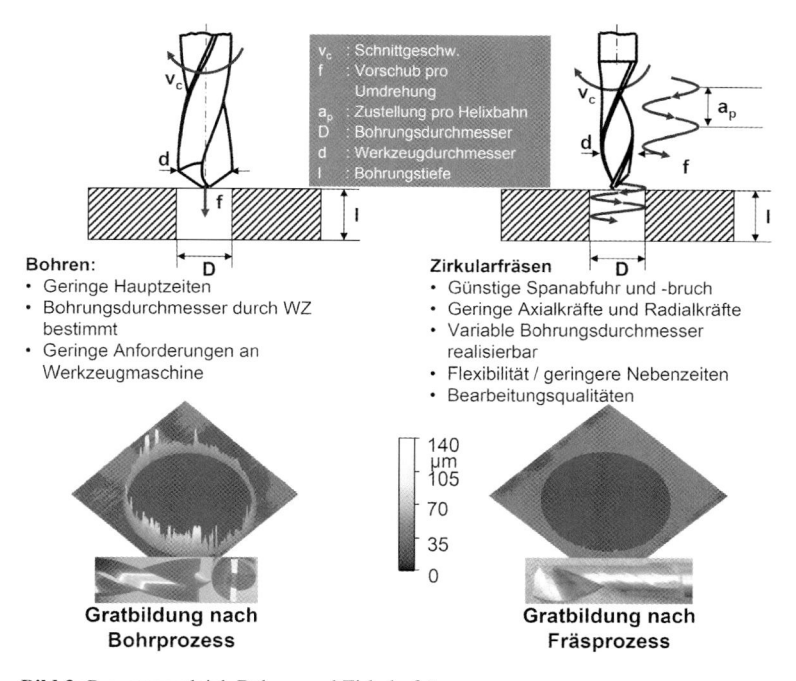

Bild 3: Prozessvergleich Bohren und Zirkularfräsen

Werkzeugauswahl zur konventionellen Bohrungsfertigung

In den Untersuchungen zur Bohrungsfertigung mittels konventioneller Bohrwerkzeuge kommen zunächst vier nach Herstellerangaben für die Aluminiumzerspanung prädestinierte Wendelbohrer zum Einsatz (vgl. Bild 4). Ausgehend von Untersuchungen zum Bohren bei der Bearbeitung von unverstärkten, dünnwandigen Aluminiumstrangpressprofilen unter den Bedingungen der Trockenbearbeitung hat sich gezeigt, dass insbesondere der Materialaufrieb an den Hauptschneiden der Bohrwerkzeuge als standzeitbestimmende Größe identifiziert werden kann. Insbesondere das Werkzeug WZ1 zeigt während der Zerspanung der Knetlegierung AlMgSi0,5 (AW6060) bereits nach wenigen Bohrungen deutliche Materialaufschmierungen, so dass eine prozesssichere Bohrungsfertigung nicht länger gewährleistet ist. Zudem ist der Schneidstoff HSS aufgrund der im Vergleich zu Hartmetallen geringeren Duktilität und der daraus folgenden

Ablenkung am Werkstück, insbesondere beim Anbohren an schrägen bzw. gewölbten Oberflächen nur bedingt einsetzbar.

Werkzeug 1 (WZ1)

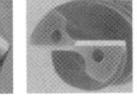

Typ: 2-Schneider
Durchmesser: d = 8,5 mm
Spitzenwinkel: σ = 130°
Seitenspanwinkel: γ_f = 35°
Schneidstoff: HSS-E, TiN-Beschichtung

Werkzeug 2 (WZ2)

Typ: 2-Schneider
Durchmesser: d = 8,5 mm
Spitzenwinkel: σ = 140°
Seitenspanwinkel: γ_f = 25°
Schneidstoff: Feinstkornhartmetall KG <= 0,8 µm, TiN-Al-Beschichtung

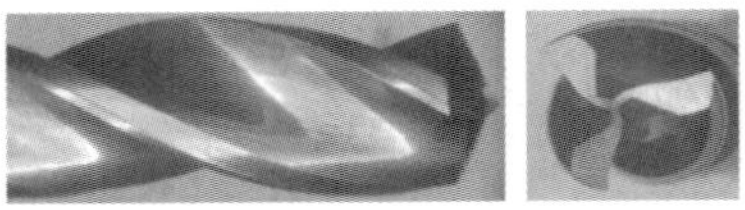

Werkzeug 3 (WZ3)

Typ: 3-Schneider
Durchmesser: d = 8,5 mm
Spitzenwinkel: σ = 130°
Seitenspanwinkel: γ_f = 30°
Schneidstoff: Hartmetall K10, unbeschichtet

Werkzeug 4 (WZ4)

Typ: 2-Schneider, Spitzenform-E
Durchmesser: d = 8,5 mm
Spitzenwinkel: σ = 180° bzw. 90° Zentrierspitze
Seitenspanwinkel: γ_f = 30°
Schneidstoff: Feinstkornhartmetall KG <= 0,8 µm, unbeschichtet

Bild 4: Übersicht Bohrwerkzeuge

Während die Werkzeuge WZ2 und WZ3 starke Gratbildung und die Ausbildung von Bohrkappen an den Bohrungsrändern verursachen, zeigt das Werkzeug WZ4 aufgrund des modifizierten Spitzenanschliffs der Form E und der sehr scharfen Hauptschneidenausführung die günstigsten Einsatzeigenschaften bei vorrangiger Berücksichtigung von Qualitätsaspekten. Unter den Randbedingungen der Bearbeitung von stahlseilverstärkten Leichtmetallprofilen zeigt das WZ3 ein im Vergleich zu den anderen Bohrwerkzeugen günstiges Verschleißverhalten. Durch die leicht verrundeten Schneidkanten dieses Werkzeugtyps können früher Ausbrüche verhindert werden. Die dreischneidige Ausführung hat zur Folge, dass die mechanischen Impulsbelastungen, denen die Werkzeuge bei der Bearbeitung von Verbundprofilen ausgesetzt sind, abnehmen. Ursachen des Werkzeugversagens sind vor allem Schneidkantenausbrüche oder Beschichtungsabplatzungen, so dass mit den untersuchten Bohrwerkzeugen eine qualitätsgerechte und prozesssichere Bohrungsfertigung im Verbundmaterial nur bedingt zu realisieren ist.

Werkzeugwahl zum Zirkularfräsen von Bohrungen

In vorausgegangenen Analysen hat sich gezeigt, dass das Zirkularfräsen von Bohrungen ins Volle bei einem Verhältnis von Bohrungsdurchmesser D zu Werkzeugdurchmesser d von 1 < D/d < 2 an konventionellen Strangpressprofilen prozesssicher möglich ist. Die Herstellung der Bohrungen erfolgt im Rahmen dieser Untersuchungen mit grundsätzlich unterschiedlichen Werkzeugtypen. Zum einen werden zur Herstellung der Bohrungen mit einem Durchmesser von D = 8,5 mm ausschließlich Werkzeuge mit einem Durchmesser von d = 5 mm verwendet, während die Bohrungen mit einem Nenndurchmesser von D = 15,5 mm durch Fräser mit einem Durchmesser von d = 12 mm erzeugt werden. Die Paarung von Werkzeugdurchmesser und Bohrungsdurchmesser ist dabei so gewählt, dass sich bei der Fertigung aller Bohrungen dieselben dynamischen Konstellationen an der Werkzeugmaschine einstellen. Die Maschinenspindel und somit das Werkzeug müssen in beiden Fällen auf einer spiralförmigen Helixbahn mit einem Durchmesser von d_{Helix} = 3,5 mm bewegt werden. Die einschneidigen Werkzeuge in beiden Durchmesservarianten werden sowohl als unbeschichtete Vollhartmetallwerkzeuge als auch teilweise in beschichteter Form eingesetzt. Insbesondere Einzahnfräser zeigen in diesem Zusammenhang gute Ergebnisse in Bezug auf die Spanabfuhr, während mehrschneidige Fräswerkzeuge aufgrund relativ kleiner Spannuten häufig von Werkstückstoff zugesetzt werden und vorzeitig versagen. Das Bild 5 stellt hierzu exemplarisch die eingesetzten Fräswerkzeuge des Durchmessers d = 12 mm dar.

Schneidenanzahl:	z = 1	z = 1	z = 1	z = 1	z = 2
Beschichtung:	unb.	unb.	a-C:H	TiAlN + a-C:H:W	unb.
Freiwinkel HS	$α_{HS}$ = 15°	$α_{HS}$ = 15°	$α_{HS}$ = 15°	$α_{HS}$ = 15°	$α_{HS}$ = 12°
Keilwinkel HS	$β_{HS}$ = 62°	$β_{HS}$ = 62°	$β_{HS}$ = 62°	$β_{HS}$ = 62°	$β_{HS}$ = 66°
Spanwinkel HS	$γ_{HS}$ = 13°	$γ_{HS}$ = 13°	$γ_{HS}$ = 13°	$γ_{HS}$ = 13°	$γ_{HS}$ = 12°
Freiwinkel NS	$α_{NS}$ = 12°	$α_{NS}$ = 12°	$α_{NS}$ = 12°	$α_{NS}$ = 12°	$α_{NS}$ = 10°
Keilwinkel NS	$β_{NS}$ = 48°	$β_{NS}$ = 48°	$β_{NS}$ = 48°	$β_{NS}$ = 48°	$β_{NS}$ = 78°
Spanwinkel NS	$γ_{NS}$ = 30°	$γ_{NS}$ = 30°	$γ_{NS}$ = 30°	$γ_{NS}$ = 30°	$γ_{NS}$ = 2°
Drallwinkel	$λ$ = 30°	$λ$ = 30°	$λ$ = 30°	$λ$ = 30°	$λ$ = 30°

Bild 5: Exemplarische Darstellung der Fräswerkzeuge zum Zirkularfräsen

Neben der Werkzeuggestalt hat die Werkzeugbeschichtung einen wesentlichen Einfluss auf die Stabilität des Bearbeitungsprozesses. In den Untersuchungen zur Fräsbearbeitung stahlverstärkter Aluminiumprofile kommen daher zwei unterschiedliche Typen wasserstoffhaltiger amorpher Kohlenstoffschichten als Werkzeugbeschichtungen zum Einsatz, die beide vom Hersteller ausdrücklich für die Aluminiumbearbeitung empfohlen werden. Zusätzlich unterscheiden sich die beiden Schichten insbesondere in ihrem Aufbau. Während die wasserstoffhaltige amorphe Kohlenstoffschicht als Monolayer-Schicht direkt auf das Substrat aufgebracht wird, ist der Schichtaufbau der metallhaltigen wasserstoffhaltigen amorphen Kohlenstoffschicht mehrlagig, lamellar. Zwischen Substrat und Kohlenstoffschicht befindet sich hier eine weitere Schicht aus Titanaluminiumnitrid (TiAlN). Die TiAlN-Schicht soll dem Werkzeug Härte und Temperaturbeständigkeit verleihen, die mit den guten Gleit- und Schmiereigenschaften der Kohlenstoffschicht kombiniert werden sollen.

4 Bearbeitungsergebnisse beim Zirkularfräsen an Verbundprofilen

In Voruntersuchungen zur Fräsbearbeitung von unverstärkten Strangpressprofilen haben sich Einzahn-Schaftfräser aus Feinstkornhartmetall als sehr geeignet herausgestellt. Insbesondere die vergleichsweise groß dimensionierten Spankanäle erlauben eine prozesssichere Spanabfuhr. Da auch bei den hier untersuchten partiell, stahldrahtverstärkten Aluminiumprofilen der wesentliche Zerspananteil auf die Aluminiummatrix entfällt und somit eine sichere Spanabfuhr unabdingbar ist, kommen auch hier Einzahnfräser zum Einsatz. Als Probewerkstücke stehen Vollprofile aus der Legierung AW6060 in der Abmessung 56 x 5 mm mit jeweils acht Verstärkungsdrähten im Durchmesser d = 1mm aus dem Federstahl 1.4310 zur Verfügung. Ausgehend von einer Variationen der Schnittwerte beim Zirkularfräsen, also der Schnittgeschwindigkeit v_c, dem Vorschub pro Zahn f_z sowie der Zustellung pro Helixbahn a_p, stellte sich der sehr schnell zunehmende Werkzeugverschleiß an der Haubschneide sowie an der Nebenschneide der Werkzeuge als prozessbestimmende Größe ein. Rasterelektronenmikroskopische Aufnahmen (vgl. Bild 6) lassen in diesem Zusammenhang eine Oberflächenzerrüttung an den Werkzeugen und die daraus resultierende mechanische Überbeanspruchung der Werkzeugschneiden als vorrangigen Verschleißmechanismus erkennen. Der verstärkungsbedingt auftretende schlagartige Übergang vom weichen Aluminiummatrixmaterial zu dem hochfesten edelstahlbasierten Verstärkungsmaterial führt daher zu massiven Kantenausbrüchen im Bereich der Schneidenecke bzw. zu einem frühzeitigen Totalversagen durch Werkzeugbruch. Eine Reduzierung dieser mechanischen Beanspruchung kann somit vor allem durch eine entsprechende Anpassung der Schnittwerte erfolgen. Lediglich geringe Zahnvorschübe bis f_z = 0,05 mm und relativ große Zustellungen von a_p = 3 mm machen eine leistungsgerechte Zerspanung bei moderatem Werkzeugverschleiß möglich. Darüber hinaus ist somit eine Verlagerung des Werkzeugverschleißes von der aufgrund des geringeren Keilwinkels empfindlichen Nebenschneide auf die stabilere Hauptschneide gewährleistet.

Werkstoff (Grundmaterial):	Al 6060	Bohrungsdurchmesser:	D_B = 8,5 mm
Werkstoff (Verstärkung):	1.4310	Werkzeugdurchmesser:	d_W = 5 mm
Stahldrahtposition:	mittig	Schnittgeschwindigkeit:	v_c = 375 m/min
Bearbeitungsmaschine:	Grob BZ 40CS	Vorschub pro Zahn:	f_z = 0,05 mm
KSS-Konzept:	MMKS	Zustellung:	a_p = 3 mm

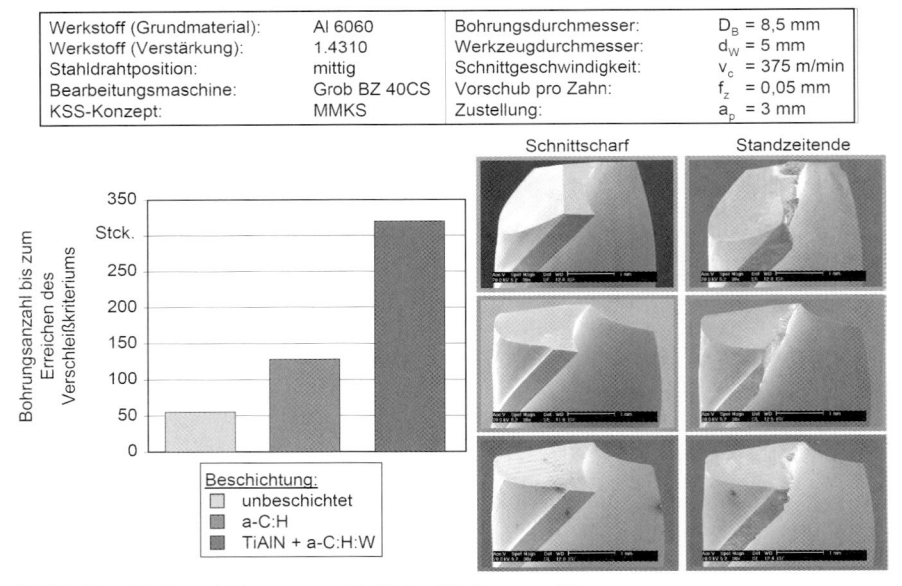

Bild 6: Verschleißentwicklung unterschiedlicher Werkzeugausführungen

Im Vergleich der unterschiedlichen Werkzeuggrößen sind bei gesteigertem Werkzeugdurchmesser höhere Vorschub- und Zustellungswerte ohne plötzlichen Werkzeugbruch realisierbar. Allerdings stellt auch bei dem größeren Werkzeug mit einem Durchmesser von d = 12 mm das Ausbrechen der Schneidkanten sowie das Versagen der Schneidenecke ein wesentliches Ausfallkriterium dar. Unabhängig von der Beschichtungswahl lassen sich unter den in Bild 6 aufgeführten Randbedingungen bis zum erreichen des Verschleißkriteriums durch das Zirkularfräsen Bohrungsdurchmesser im Bereich der ISO Toleranzklasse IT7 fertigen.

Neben der verschleiß- und qualitätsgerechten Abstimmung der Schnittparameterwerte offeriert im Besonderen der Einsatz von Werkzeugbeschichtungen weitere Möglichkeiten zur Verschleißminderung im Zirkularfräsprozess. Wie das Diagramm und die REM-Aufnahmen im Bild 6 verdeutlichen, lassen sich mit Hilfe von kohlenstoffbasierten Beschichtungen erhebliche Standzeitverbesserungen bei der Bearbeitung von Verbundprofilen realisieren. Die Mehrlagenkombination aus einer Titanaluminiumnitrid-Beschichtung und einer amorphen wasserstoff- bzw. metallhaltigen Kohlenstoffdeckschicht verhindert einerseits das Anhaften von Aluminiummaterial an den Span- und Freiflächen der Fräser und andererseits ist ein Schutz gegenüber Zerrüttungsmechanismen an den Oberflächen gewährleistet. Durch den Einsatz dieser Werkzeugbeschichtung wird das Verschleißkriterium einer maximalen Verschleißmarkenbreite von VB_{max} = 0,3 mm erst nach ca. 310 Bohrungen erreicht, während ein unbeschichtetes Werkzeug bereits nach 50 Bohrungen das Ende des Standweges erreicht hat. Begleitend zu den Analysen zum Standzeitverhalten der Werkzeuge ist festzustellen, dass mit zunehmendem Werkzeugverschleiß sowohl die Oberflächengüte abnimmt als auch eine verstärkte Gratbildung an den Bohrungsrändern zu verzeichnen ist. Ausgehend von Analysen zur Gratbeherrschung bei der Profilbearbeitung zeigt sich ein signifikanter Einfluss der Werkzeuggestalt auf die Gratentste-

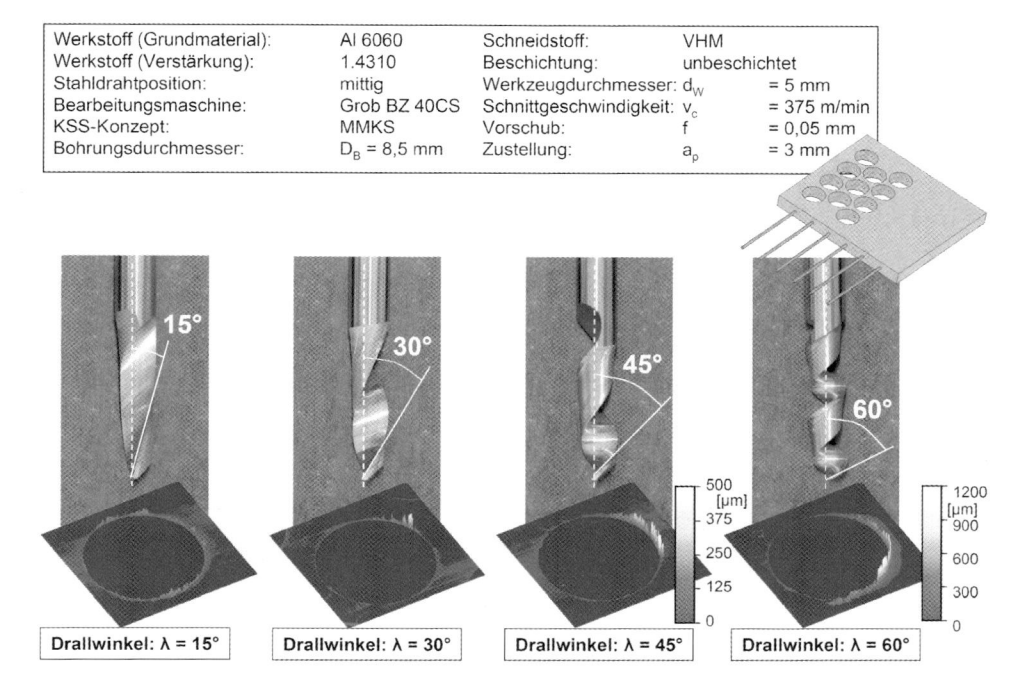

Werkstoff (Grundmaterial):	Al 6060	Schneidstoff:	VHM
Werkstoff (Verstärkung):	1.4310	Beschichtung:	unbeschichtet
Stahldrahtposition:	mittig	Werkzeugdurchmesser:	d_W = 5 mm
Bearbeitungsmaschine:	Grob BZ 40CS	Schnittgeschwindigkeit:	v_c = 375 m/min
KSS-Konzept:	MMKS	Vorschub:	f = 0,05 mm
Bohrungsdurchmesser:	D_B = 8,5 mm	Zustellung:	a_p = 3 mm

Bild 7: Einfluss der Werkzeuggestalt auf die Gratbildung

hung (vgl. Bild 7). Bezüglich der Gratbildung im Prozess kann somit der Drallwinkel an den Einzahnfräsern und der sich daraus ergebende Spanwinkel der Nebenschneide als wesentliche Stellgröße identifiziert werden.

Da sich selbst bei der Wahl kleiner Drallwinkel, wie in Bild 7 gezeigt, eine Gratbildung nicht vermeiden lässt und für eine sichere Weiterverarbeitung von Profilstrukturen jedoch unverzichtbar ist, sind im Bild 8 praktikable Möglichkeiten der Gratvermeidung bzw. -entfernung aufgeführt.

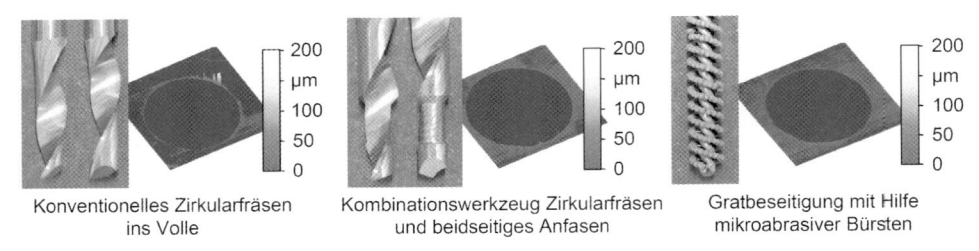

Bild 8: Gratvermeidung und -entfernung

Die Abbildung zeigt links die stets auftretende Gratbildung, wie sie im Eingriffsbereich des Werkzeuges am Bohrungseintritt und am Bohrungsausgang unvermeidbar ist. Im Vergleich hierzu zeigt die mittlere Abbildung eine mit Hilfe eines Kombinationswerkzeuges gefertigte und zudem entgratete Bohrung, wobei in diesem Fall eine minimale Sekundärgratbildung zu erkennen ist. Eine vollständig gratfreie Bohrung ist für die Anwendung bei der Profilbearbeitung lediglich durch den Einsatz mikroabrasiver Bürsten zu erreichen. Zudem führt die Bürstbehandlung der Bohrungen aufgrund des Übermaßes der Bürsten zu einer Verbesserung der Oberflächengüte. Der dabei unvermeidbare Materialabtrag in der Bohrungswand und die somit auftretende Vergrößerung der Bohrungen ist jedoch durch eine vorausgehende Verringerung des Fräserbahnradius beim Zirkularfräsen leicht zu kompensieren.

5 Simulationsbasierte Prozessanalyse

Die Bearbeitung von dünnwandigen Aluminium-Leichtbauprofilen ist aufgrund der geringen Steifigkeit und der damit verbundenen möglichen starken Bauteildeformationen schwierig. Im Prozess auftretende Bauteildeformationen können zu Form- und Maßungenauigkeiten, beispielsweise zu kegeligen Bohrungen, führen und beeinträchtigen damit das Fertigungsergebnis. Diese Auswirkungen sind im Vorfeld nur unzureichend abzuschätzen, aber zur Durchführung einer prozesssicheren und wirtschaftlichen Bearbeitung erforderlich. Die Wirtschaftlichkeit eines Prozesses wird üblicherweise an dem Werkzeugverschleiß bzw. der Werkzeugstandzeit und an der Gratbildung bzw. Oberflächenqualität und damit an den notwendigen nachfolgenden Bearbeitungsschritten gemessen. Darüber hinaus wird durch die Zerspanung ein nicht vorhersehbarer Spannungszustand in der Randzone des Bauteils hervorgerufen, der zu einer eingeschränkten Funktionalität im späteren Einsatzfall führen kann. Vor diesem Hintergrund gilt es, die Prozessgestaltung in der Weise auszuführen, dass keine unnötigen Belastungen eingebracht werden. Um die Belastungen, die auf das Leichtbauprofil durch den Zerspanprozess einwirken, zu ermitteln, wird eine Simulation mit Hilfe der Finite-Elemente-Methode (FEM) durchgeführt. Diese ermöglicht es, die prozessbedingten Auswirkungen auf das Bauteil zu untersuchen, beispielsweise die Deformation sowie die Spannungs- und Temperaturverteilung. Des Weiteren können die Vorgänge in der Wirkzone analysiert werden, was bei experimentellen Untersuchungen messtechnisch aufgrund der Unzugänglichkeit der Wirkstelle nicht möglich ist.

Ziel der Simulation ist es, die durch spanende Fertigungsverfahren in das Bauteil eingebrachten Belastungen zu ermitteln und daraus Verbesserungen in der Prozessführung hinsichtlich einer geringeren Werkstückbelastung zu erzielen. So kann mit Hilfe der FEM die Deformation des Profilsteges einer AlMgSi0,5-Legierung, die während der Bohrungsbearbeitung auftritt, berechnet werden (vgl. Bild 9). Es konnte eine Verkippung der Bohrungswand zur Mittelachse von bis zu 2,3° berechnet werden, die je nach Konizität des Werkzeugs zu einer kegelstumpfförmigen Bohrung führen kann. Nach Prozessende federt das Bauteil aufgrund elastischer Verformungen zurück, mit dem Resultat einer nicht zylindrischen Bohrung [10]. Auf der Grundlage der Ergebnisse war es möglich, die Verlagerung der Wirkstelle zu analysieren und durch eine angepasste Prozessführung bzw. durch Einsatz des alternativen Fertigungsverfahrens Zirkularfräsen die Deformation zu reduzieren. So kann eine höhere Formgenauigkeit der Bohrung gewährleistet werden.

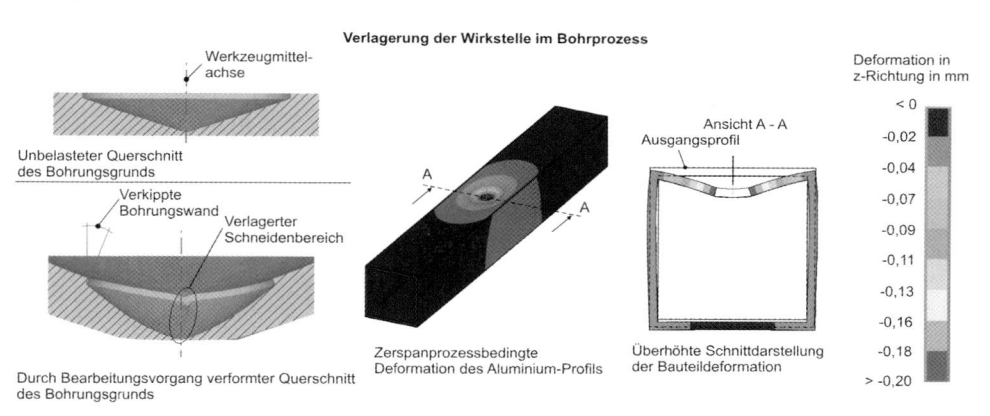

Bild 9: Verlagerung der Wirkstelle während des Bohrprozesses

Neben den Bauteildeformationen werden mit Hilfe der FEM die während des Prozesses eingebrachten Spannungen ermittelt. Überschreiten die induzierten Spannungen die Dehngrenze, so verbleiben Residualspannungen im Bauteil. Dieser komplexe nicht vorhersehbare Spannungszustand kann die nachgelagerten Fertigungsschritte sowie die Funktionalität im späteren Einsatzfall beeinflussen. So ist durch eine ungünstige Spannungsverteilung beispielsweise einer Zugbeanspruchung in der Randzone einer Bohrung die Funktionalität erheblich reduziert, denn Randzonenschädigungen und eine erhöhte Rissbildung sind die Folge. Mit Hilfe der FEM soll die eingebrachte mechanische Belastung auf das Bauteil ermittelt und Reduktionsmöglichkeiten durch eine angepasste Prozessführung aufgezeigt werden. Die FEM-Analysen der Fertigungsverfahren Bohren und Zirkularfräsen verdeutlichen, dass das Zirkularfräsverfahren eine geringere mechanische Belastung in das Leichtbauprofil induziert. Im Vergleich dazu übersteigen die durch das Bohren eingebrachten Spannungen die Dehngrenze, verbleiben als Residualspannungen und führen zu einer bleibenden Belastung des Leichtbauprofils. Die durch das Zirkularfräsen hervorgerufene geringere Bauteilbelastung ist zum einen mit einer geringeren Vorschubkraft und zum anderen durch den Einsatz eines Einzahnfräsers, womit die Krafteinleitungsstelle – im Gegensatz zum zweischneidigen Bohrer – auf eine Seite beschränkt ist, zu erklären. Der Vergleich der Spannungsverteilungen nach der von-Mises-Vergleichsspannung zeigt diese differenzierte Spannungssituation und führt zu der Schlussfolgerung, dass das Zirkularfräsen für die Bearbeitung von Al-Leichtbauprofilen hinsichtlich der mechanischen Belastung das geeignetere Fertigungsverfahren ist [11].

Eine weitere Einsatzmöglichkeit der FEM ist die Analyse der prozessbedingten Wärmeentwicklung und -verteilung im Bauteil. Die im Prozess eingebrachte mechanische Leistung wird zu einem großen Teil in thermische Energie umgewandelt. Diese thermische Energie kann zu möglichen Gefügeumwandlungen im Werkstoff führen, Aufhärtungen bzw. Randzonenschädigungen wären die Folge. Bild 10 zeigt die gegenübergestellten Temperaturverläufe für das Bohren bzw. Zirkularfräsen basierend auf der thermischen Simulation. Die Temperaturverläufe verdeutlichen zum einen die sehr gute Übereinstimmung mit im Bauteil gemessenen Temperaturen und damit die Plausibilität der Prozessmodellierung sowie die Übertragbarkeit der berechneten Ergebnisse auf den realen Prozess. Zum anderen ist den Verläufen zu entnehmen, dass die thermische Belastung durch das Zirkularfräsen erheblich höher ist. Die höheren Temperaturen im Zirkularfräsprozess sind durch die längere Prozessdauer zu erklären, die zu einer längeren Wärmeeinbringung in der Wirkzone führt [12,13].

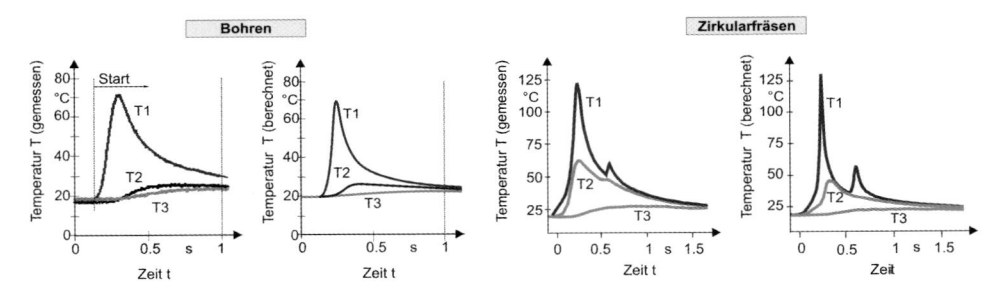

Bild 10: Gemessene und berechnete Temperaturverläufe für das Bohren und Zirkularfräsen

Werden die Ergebnisse der mechanischen und thermischen Simulation gegenübergestellt, so ist trotz der höheren thermischen Belastung das Fertigungsverfahren Zirkularfräsen zu präferieren, weil die Auswirkungen der höheren Temperatur im Vergleich zu den mechanischen Auswirkungen deutlich geringer ausfallen und bei den berechneten bzw. gemessenen Temperaturen keine Werkstoffgefügeumwandlungen auftreten. Die Analyseergebnisse mittels FEM verdeutlichen die Wichtigkeit der Simulation, um die in das Werkstück im Zerspanprozess eingebrachten Belastungen zu analysieren und Fertigungsverfahren hinsichtlich einer geringeren Bauteilschädigung zu bewerten.

Die Analyse der Zerspanung verstärkter Leichtbauprofile ist Gegenstand laufender Untersuchungen. Im Strangpressprozess werden die Verstärkungselemente aus Stahl und Keramik in die Aluminium-Matrix eingelassen. Die stark unterschiedlichen Wärmeausdehnungskoeffizienten bewirken nach Abkühlung auf Raumtemperatur ein spannungsbehaftetes Werkstoffgefüge. Es gilt zu untersuchen, inwiefern dieser Eigenspannungszustand die nachfolgende Zerspanung beeinflusst, um durch eine angepasste Prozessführung die resultierenden Gestaltveränderungen des Bauteils möglichst gering zu halten.

6 Zusammenfassung und Ausblick

Verbundstranggepresste Werkstoffkombinationen liefern einen zukunftweisenden Ansatz zur Herstellung leichter, steifer und hochbelastbarer Tragwerkstrukturen und bieten gleichzeitig neue Herausforderungen für die spanende Fertigung. Bei der Bohrungsbearbeitung stahlverstärkter Aluminiumprofile stellt das Fertigungsverfahren Zirkularfräsen ins Volle eine geeignete Alternative zum Bohren dar. Obwohl die reine Hauptzeit der Fräsbearbeitung in der Regel höher ist, bietet das Verfahren viele Vorteile, die es insgesamt zu einem wirtschaftlichen Produktionsschritt machen. Insbesondere bei der Fertigung leichter Rahmenstrukturen kann die hohe Flexibilität des Verfahrens die Wirtschaftlichkeit der Produktion steigern. Die vorgestellten Untersuchungen liefern grundlegende Erkenntnisse zum Einsatz- und Verschleißverhalten von Werkzeugen bei der Bearbeitung verstärkter Aluminiumprofile durch Zirkularfräsen und Bohren und bieten darüber hinaus Ansätze zur Prozessoptimierung. Für das Zirkularfräsen von Bohrengen in dem Verbundmaterial hat sich eine Beschichtung mit einem lamellaren Mehrlagensystem aus TiAlN und a-C:H:W als besonders effizient herausgestellt.

Neben der experimentellen Prozessbetrachtung ist es gelungen, mit Hilfe der FEM spanende Prozesse zu simulieren, jedoch bei Vernachlässigung der Spanbildungsmechanismen. Die Ergebnisse wurden mit experimentell aufgenommen Daten validiert und können somit auf den realen Prozess übertragen werden. Auf der Grundlage der FEM-Berechnungen konnte herausgestellt werden, dass die Bohrbearbeitung im Vergleich zum Zirkularfräsen zu einer höheren Deformation und Spannungsbelastung im Prozess führt. Jedoch belegen die Ergebnisse der thermischen Simulation, dass das Zirkularfräsen aufgrund einer längeren Prozessdauer zu einer höheren Temperaturbelastung im Bauteil führt.

Zukünftig sollen die mechanischen und thermischen Belastungen des Zirkularfräsens auf verstärkte Profile untersucht werden. Auf der Grundlage der Untersuchungen sollen mögliche Verbesserungen in der Prozessführung ermittelt bzw. die Prozessparameterwerte bewertet werden. Bezüglich der experimentellen Untersuchungen ist geplant, das Spektrum der zu bearbeitenden Verbundmaterialen auf Magnesiummatrixwerkstoffe zu erweitern und bei den Verstärkungsfasern keramische Verstärkungen in verschiedenen Ausführungen in das Versuchsprogramm mit aufzunehmen. Entsprechend der weiteren Modifizierung des Verbundstrangpressens stehen zudem Zerspananalysen an Stahlbändern als Verstärkungselemente und weitere Profilquerschnittsformen im Fokus des Interesses. Ferner gilt es, eine Prozessgestaltung zur flexiblen, variantenreiche Fertigung von Profilverbindungselementen voranzutreiben, da insbesondere für die flexible Fertigung von Rahmenstrukturen in kleinen Stückzahlen eine Verbindungstechnik über Knotenelemente unerlässlich ist.

7 Literatur

[1] N. Hammer, K. Weinert: Prozessgestaltung für die Spanende Bearbeitung verbundstranggepresster, langfaserverstärkter Aluminiumprofile in *ZWF Zeitschrift für wirtschaftlichen Fabrikbetrieb, 100 (2005) 10*, Carl Hanser Verlag **2005**, S. 591–594

[2] M. Kleiner, A. Klaus, M. Schomäcker: Verbundstrangpressen in *Aluminium, International Journal for Industrie, Research and Application, Volume 80 12/December 2004*, Giesel Verlag **2004** S. 1370–1374

[3] K. A. Weidenmann, E. Kerscher, V. Schulze, D. Löhe, Mechanical properties of wire-reinforced aluminium extrusions under quasi-static loading conditions in *Advanced Materials Research Volume 10 Trans Tech Publikations* (**2006**) S. 23–33

[4] K. A. Weidenmann, C. Fleck, V. Schulze, D. Löhe: Materials selection process for compound-extruded aluminium matrix composites. In *Advanced Engineering Materials* Volume 7 (**2005**) 12, S. 1150–1155

[5] M. Lange: Prozessgestaltung bei der spanenden Bearbeitung von kurzfaserverstärkten Magnesiumlegierungen. *Dissertation, Universität Dortmund*, Vulkan Verlag, Essen, **2003**

[6] D. Biermann: Untersuchungen zum Drehen von Aluminiummatrix-Verbundwerkstoffen. *Dissertation, Universität Dortmund*, VDI-Verlag, Düsseldorf **1995**

[7] K. Weinert: Trockenbearbeitung und Minimalmengenkühlschmierung Springer/VDI Verlag, Berlin, **1998**, ISBN 3-540-64793-7

[8] R. Janssen: Bohren und Zirkularfräsen von Schichtverbunden aus Aluminium, CFK und Titanlegierungen. *Dissertation Universität Bremen*, Shaker Verlag, **2003**

[9] K. Weinert; N. Hammer: Zirkularfräsen von Bohrungen im Leichtbau. *WB Werkstatt und Betrieb, Industrielle Metallbearbeitung* 10 (**2004**), 137. Jahrgang, S. 54–58

[10] K. Weinert, C. Peters, M. Schulte: Simulation der spanenden Bearbeitung dünnwandiger Profile. *ZWF Zeitschrift für wirtschaftlichen Fabrikbetrieb* 97 (2002) 12, Carl Hanser Verlag, München **2002**, S. 649–651

[11] K. Weinert, S. Grünert, M. Kersting: Analysis of Cutting Technologies for Lightweight Frame Components. In: Flexible Manufacture of Lightweight Frame Structures, Kleiner, M. et al. (eds.), *TTP Trans Tech Publications Ltd*, Switzerland, Vol. 10, **2006** of Advanced Materials Research, S. 121–132

[12] K. Weinert, M. Kersting, M. Schulte, C. Peters: Finite Element Analysis of Thermal Stresses During the Drilling Process of Thin-Walled Profiles. *Production Engineering – Research and Development, Annals of the German Academic Society for Production Engineering*, XII (**2005**) 1, S. 101–104

[13] K. Weinert, S. Grünert, N. Hammer, M. Kersting: Analysis of Circular Milling Process for Thin-Walled Space-Frame-Structures Applying FEA-Simulation. *Production Engineering – Research and Development, Annals of the German Academic Society for Production Engineering*, XII (**2005**) 2, S. 99–102

Erklärung

Die Veröffentlichung basiert auf Forschungsarbeiten des Sonderforschungsbereiches SFB/TR10, der von der Deutschen Forschungsgemeinschaft (DFG) gefördert wird.

Werkstoffe

Einfluss des Strangpressprozesses auf Mikrostruktur und Eigenschaften von Strangpressprodukten

W. Reimers, B. Camin, S. Müller, B. Reetz
Institut für Werkstoffwissenschaften und -technologien, Technische Universität Berlin

1 Einführung

Anhand verschiedener technisch relevanter Werkstoffe wird der Zusammenhang zwischen dem Strangpressprozess und seinen Parameter einerseits sowie der resultierenden Mikrostruktur und den Festigkeits- sowie Verformungseigenschaften der Strangpressprodukte andererseits dargestellt. Im Fall von stranggepressten mehrphasigen Messinglegierungen wird der Einfluss des Strangpressens auf die Phasenverteilung sowie die anschließende Kaltumformbarkeit dargestellt. Mittels der Mikrostrukturanalyse konnte bei stranggepressten AZ-Magnesiumlegierungen sowohl eine Optimierung des Strangpressprozesses als auch der Strangpressprodukte erzielt werden. Die Einflüsse des Strangpressens auf mechanische Kenngrößen werden am Beispiel des Kriechens des partikelverstärkten Verbundwerkstoffes AA6061 (22% Al_2O_3) gezeigt. Dabei wurde die Porenbildung mittels Röntgen-Synchrotronstrahlung tomographisch in-situ untersucht.

2 Grundlagen der Mikrostrukturanalyse

2.1 Licht- und Elektronenmikroskopie

Im Rahmen der vorliegenden Untersuchungen wurden Lichtmikroskopie sowie Raster- und Transmissionselektronenmikroskopie angewendet, wobei die laterale Auflösung von der Lichtmikroskopie hin zur Transmissionselektronenmikroskopie zunimmt.

Lichtmikroskopie wird vor allem zur Bestimmung von Korngrößen- bzw. Kornformverteilungen und zur Darstellung der Phasenanteile und Phasenmorphologien in mehrphasigen Werkstoffen verwendet, wobei die erreichbare Auflösung im Bereich von 0.3 µm bis 1 µm liegt.

Zur Abbildung feindisperser Ausscheidungen mit einer Größe kleiner 1 µm, die u.a. in Aluminium- und Magnesiumlegierungen zu finden sind, wird die Rasterelektronenmikrosko-pie (REM) eingesetzt. Das REM lässt Auflösungen von bis zu 5 nm zu. Mit einem EDX-System ausgestattet erlaubt die Rasterelektronenmikroskope auch qualitative Analysen der chemischen Zusammensetzungen der einzelnen Phasen bzw. Ausscheidungen. Bei der Transmissionselektronenmikroskopie (TEM) wird die gedünnte Probe durchstrahlt. Die durchstrahlbare Objektdicke beträgt bei den üblichen Beschleunigungsspannungen von 180kV bis 200kV ca. 100 nm. Dabei werden Auflösungen von bis zu ca. 0.2 nm erzielt.

Bei der Hellfeldabbildung wird der Zentralstrahl für die Abbildung der Probe verwendet. Somit weisen dunkle Probenstellen daraufhin, dass ein relativ großer Anteil des Primärstrahls durch Beugung oder inelastische Streuung von der Richtung des Primärstrahls abgelenkt wurde. Durch Setzen der Bildfeldblende wird ein Bildfeldbereich, z.B. eine Ausscheidung, ausgewählt. Das Beugungsbild des Probenbereichs gibt Auskunft über das Gitter der entsprechenden Phase.

Mittels Dunkelfeldabbildung wird die Verteilung der Ausscheidungen in der Matrix dargestellt. Dazu wird die sog. Objektivaperturblende auf einen einzelnen Beugungspunkt gesetzt, so dass sämtliche Probenbereiche hell abgebildet sind, die zu dem Beugungspunkt beitragen.

2.2 Röntgenbeugung für die Mikrostrukturanalyse

Gemäß der Bragg'schen Gleichung wird monochromatische Röntgenstrahlung an den Netzebenen hkl kristalliner Phasen unter den Glanzwinkeln ϑ_{hkl} reflektiert. Durch Verfahren des Detektors über den Beugungswinkelbereich 2ϑ lässt sich das Beugungsdiagramm mit charakteristischen Röntgenreflexlinienprofilen aufnehmen.

$$\lambda = 2 \cdot d_{hkl} \cdot \sin \vartheta_{hkl} \tag{1}$$

λ ist die Wellenlänge der verwendeten Röntgenstrahlung, d_{hkl} der Netzebenenabstand der Netzebenenschar hkl, die unter dem Winkel ϑ_{hkl} einen Beugungsreflex liefert.

Der Beugungsreflex ist durch die Reflexlage $2\vartheta_{hkl}$, seine Integralintensität und seine Reflexprofilform gekennzeichnet.

Da in mehrphasigen Werkstoffen jede Phase jeweils charakteristische Beugungsreflexe liefert, die sich i. A. nur teilweise überlagern und somit separat ausgewertet werden können, ermöglicht die Röntgenbeugung die quantitative Phasenanalyse. Die Integralintensitäten $I_j(hkl)$ der Phase j sind dem Volumenanteil V_j der entsprechenden Phase proportional:

$$I_j(hkl) = R_j(hkl) \cdot A \cdot V_j. \tag{2}$$

$R_j(hkl)$ ist der aus Struktur-, Lorentz-, Polarisations- und Flächenhäufigkeitsfaktor bestehende Intensitätsfaktor und A der Absorptionsfaktor. Im Falle eines zweiphasigen Werkstoffes mit den Phasen α und β gilt somit für die Volumenanteile der Phasen [1]:

$$V_\beta = \frac{100 \text{ Vol.-}\%}{1 + \dfrac{I_\alpha(hkl) \cdot p_\beta(hkl) \cdot R_\beta(hkl)}{I_\beta(hkl) \cdot p_\alpha(hkl) \cdot R_\alpha(hkl)}} \tag{3}$$

mit $V_\alpha + V_\beta = 100$ Vol.%. (4)

$P_j(hkl)$ berücksichtigt eventuell auftretende Intensitätsänderungen der Reflexe, die durch das Vorliegen einer Textur verursacht werden können.

Texturen äußern sich dadurch, dass die Intensitäten der einzelnen Beugungsreflexe in Abhängigkeit von der Probenrichtung variieren. Um die Richtungsabhängigkeit der Beugungsintensitäten zu erkennen, ist es erforderlich, Intensitätsmessungen $I(hkl)$ in Schritten $\Delta\varphi$ (φ: Drehwinkel um die Probenoberflächennormalenrichtung) und $\Delta\psi$ (ψ: Inklinationswinkel der Probenoberfläche zur Beugungsebene) durchzuführen. Die Darstellung dieser experimentell ermittelten Intensitätsverteilungen $I(hkl)$ erfolgt in Polfiguren. Anhand der Messung mehrerer Polfiguren kann dann die Orientierungsverteilungsfunktion [2] berechnet werden, die u. a. dazu herangezogen wird, die Polfiguren zu berechnen und damit die experimentellen Ergebnisse in gewissem Maße zu überprüfen. Weiterhin wird die Orientierungsverteilungsfunktion verwendet, um die inverse Polfigur zu berechnen, die die Häufigkeitsverteilungen der Kristallitorientierungen in einer betrachteten Probenrichtung beschreibt. Die Schärfe der Textur wird durch den Texturindex p beschrieben, der gegeben ist durch:

$$p = \frac{I_{\varphi\psi}(\text{hkl})}{I_{\varphi\psi}(\text{hkl})_{\text{regellos}}}. \tag{5}$$

Lastspannungen und Eigenspannungen führen zu einer Verschiebung der Beugungsreflexlage. Der Netzebenenabstand d_{hkl} des verspannten Gitters sowie der Netzebenenabstand d_0 der Netzebenenschar im spannungsfreien Zustand ergeben die Dehnung ε_{hkl} gemäß:

$$\varepsilon_{\text{hkl}} = \frac{d_{\text{hkl}} - d_0}{d_0}. \tag{6}$$

Auch Stapelfehler verursachen Stapelfehler eine Verschiebung der Beugungsreflexlage, wobei das Vorzeichen der Verschiebung im Gegensatz zu den Makro- und Pseudomakroeigenspannungen von der Ordnung n des Reflextyps {hkl} abhängt.

Weitere Gitterdefekte, beispielsweise Versetzungen und Zwillinge, äußern sich in einer Verbreiterung des Röntgenreflexlinienprofils. Während Versetzungen und Stapelfehler im wesentlichen zu einer symmetrischen Verbreiterung des Beugungsreflexes führen, äußern sich Zwillinge in einem asymmetrischen Röntgenreflexlinienprofil, wobei die Asymmetrie der Zwillingsdichte proportional ist. Die verschiedenen mikrostrukturellen Defekte wirken sich in Abhängigkeit vom Reflextyp {hkl}, von der Ordnung n des Beugungsreflexes sowie vom Beugungswinkel ϑ_{hkl} unterschiedlich auf Lage und Form der Röntgenreflexlinienprofile aus. Versetzungsdichten, Subkorngrößen, Stapelfehler- und Zwillingsdichten im polykristallinen Werkstoff können daher durch die Anpassung eines Beugungsdiagrammes mit mehreren Beugungsreflexen verschiedenen Reflextyps nach dem. Rietveldverfahren [3] ermittelt werden.

Für die Röntgenreflexlinienprofilanalyse eignet sich insbesondere monochromatische Synchrotronstrahlung, bei der die Lage und die Form des Beugungsreflexes aufgrund der hohen Parallelität und guten Monochromasie des Röntgenstrahls sehr genau gemessen werden kann. Durch Variation der Wellenlänge der verwendeten Strahlung sind auch Informationen aus unterschiedlichen Probentiefen zugänglich.

2.3 Röntgentomographie

Bei der Röntgentomographie wird das Material durchstrahlt und das durch die Absorption geschwächte Signal mit einem 2D-Detektor, i. A. ist das eine CCD-Kamera, aufgezeichnet [4].

$$\ln \frac{N_0}{N_1} = \oint \mu(x, y_1) \, dx \tag{7}$$

N_0: Anzahl der emittierten Photonen der Quelle, N_1: Anzahl der transmittierten Photonen durch die Probe pro Zeile, $\mu(x, y)$: linearer Schwächungskoeffizient am Punkt (x, y).

Die Probe wird in vielen Schritten um 180° gedreht. Bei jedem Schritt wird ein Radiograph aufgezeichnet. Die unter den verschiedenen Winkeln aufgenommenen 2D-Projektionen werden mittels eines numerischen Algorhitmus' zu einem 3D-Modell zusammengesetzt in dem sich dann Werkstoffinhomogenitäten wie z.B. Poren, Partikel aufgrund ihres Absorptionskontrastes zur Matrix räumlich darstellen lassen (Bild 1).

Röntgensynchrotronstrahlung zeichnet sich durch eine hohe Parallelität und hohe Intensität der Strahlung aus. Damit läßt sich der Vorteil einer guten räumlichen Auflösung mit einer schnellen Durchführung der Messung kombinieren, so dass die erzielbare Zeitauflösung in-situ Experimente ermöglicht.

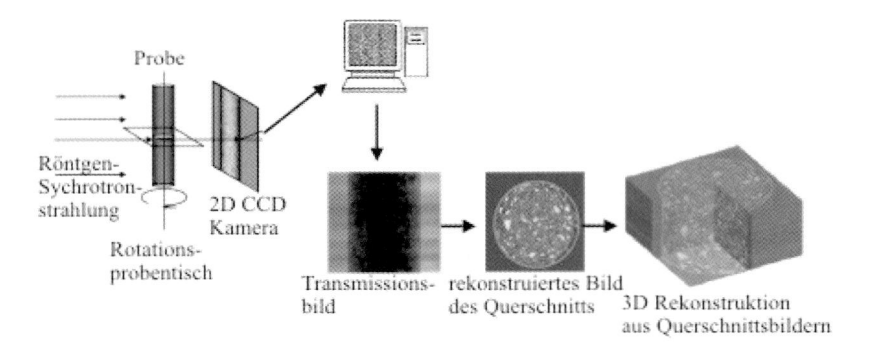

Bild 1: Prinzip der Röntgentomographie

2.4 Experimentelle Durchführung

2.4.1 Mikroskopie

Für die Charakterisierung der Strangpressprofile wurden jeweils Längs- und Querschliffe entnommen, nach dem Einbetten mit SiC-Papier bis zu einer Körnung von 2400 geschliffen und anschließend mit Diamantpaste bis 1 µm Körnung poliert. Zum Abschluss erfolgte das Ätzen der Schliffe, um die Gefüge sichtbar zu machen.

Die derart präparierten Schliffe wurden im Lichtmikroskop der Firma Zeiss, Modell Axioskop betrachtet und zwecks Charakterisierung der Korngröße sowie der Kornform mit einer an das Mikroskop angeschlossenen Kamera dokumentiert. Die Korngrößenbestimmung erfolgte mit dem Linienschnittverfahren.

Die TEM-Untersuchungen wurden mit einem Philipps CM20 durchgeführt, das am MPIE Düsseldorf zur Verfügung stand. Als Besonderheit befinden sich an dem Gerät eine Kamera zwecks Aufnahme der Kikuchi-Beugungsbilder und eine Software namens Toca, mit der anhand der Auswertung der Kikuchiaufnahmen automatisch die Orientierung des betrachteten Probenbereichs bestimmt werden kann [5].

2.4.2 Röntgenbeugung

Für die Phasen- und Texturanalysen an den Strangpressprodukten stand ein ψ-Diffraktometer mit CoKα-Strahlung zur Verfügung, das mit einem ortsempfindlichen Detektor (OED) ausgestattet ist. Der Strahldurchmesser wurde primärstrahlseitig durch einen Rundkollimator auf $d = 2$ mm begrenzt.

Im Falle der Phasenanalyse an den Strangpressprodukten aus Messing wurden Beugungsdiagramme mit $2\vartheta = 40°$ ... $130°$ in Schritten von $0.1°$ mit einer Messzeit von 20 s pro Messschritt aufgenommen und gemäß Gl. 3 ausgewertet.

Für die Texturanalyse der Strangpressprodukte wurden folgende Reflexe gemessen:
- Messing: α (001), α (011), α (111), α (113)
- Magnesiumlegierungen: $(10\bar{1}0)$, (0002), $(10\bar{1}1)$, $(10\bar{1}2)$, $(11\bar{2}0)$

Die Polfiguren wurden in $\psi = 0°$ ... $75°$ (Inklinationswinkel zwischen Oberflächennormale und Messrichtung) mit einer Schrittweite gleich $5°$ and in $\varphi = 0°$ ... $350°$ (Rotationswinkel um die? Oberflächennormale) mit einer Schrittweite gleich $10°$ abgetastet, wobei die Messzeit für jeden Schritt 50 s betrug. Aufgrund der Verwendung eines OED wurde das gesamte Linienprofil simultan gemessen und die Integralintensität bestimmt. Mit Hilfe des Programms „ODF-Analysis" [6] konnten aus den Messdaten die Polfiguren, inversen Polfiguren sowie die Eulerschnitte der Orientierungsverteilungsfunktionen (ODFs) berechnet werden.

An den Strangpressprodukten aus Messing wurden im Querschliff oberflächennahe Eigenspannungsanalysen mittels monochromatischer Synchrotronröntgenstrahlung durchgeführt, die an der Beamline G3 des Hasylab zur Verfügung stand [7]. Bei dem Vierkreisdiffraktometer kann der Winkel ψ zwischen $0°$ und $90°$ variiert werden. Der Primärstrahl mit einer Wellenlänge entsprechend CuKα-Strahlung wurde primärseitig mit einem Schlitzkollimator auf eine Größe von 2 mm × 2 mm begrenzt. Sekundärstrahlseitig waren ein Soller mit einem Akzeptanzwinkel von $0.15°$ und ein Szintillationszähler eingebaut, mit dem verschiedene Röntgenreflexlinienprofile in Schritten von $2\vartheta = 0.006°$ für verschiedene Winkel ψ abgetastet wurden, wobei $\psi = 0°$ ... $60°$ mit einer Schrittweite von $10°$ betrug. Die Auswertung erfolgte nach dem $\sin^2\psi$-Verfahren [8].

2.4.3 Röntgentomographie

Für den Einsatz am Synchrotronstrahlungsring wurde eine Miniatur-Apparatur entwickelt, die in-situ tomographische Messungen an Proben ermöglicht, die mechanischer Lastspannung und erhöhter Temperatur ausgesetzt sind [9].

Die Last wird bei der Apparatur mit einer Feder aufgebracht, um Vibrationen während der Messung zu vermeiden. Da für die transmissionstomographische Messung die Probe um $180°$ gedreht wird, ist die Apparatur so aufgebaut, dass der Strahlweg durch die Probe und das Gehäuse über $360°$ identisch ist, sodaß keine Absorptionsartefakte auftreten. Mittels Synchrotronstrahlung (Beamline ID15A, ESRF, [10]) können Materialvolumina bis zu 1mm³ bei einer Auflösung bis zu 1µm³ untersucht werden.

3 Strangpressen von Messinglegierungen

Für Messinglegierungen unterschiedlichen Zinkgehaltes, der im Bereich der α-Phase (CuZn10 und CuZn20), am Rand des α-Phasengebietes (CuZn37) bzw. im α/β-Zweiphasengebiet (CuZn40Pb2) lag, konnten durch die Variation der Strangpressverfahren [11], Bolzeneinsatztemperatur, des Umformgrades und der Produktgeschwindigkeit unterschiedliche Kombinationen von Phasengehalten, Texturen, Korngrößen und Makro- und Mikroeigenspannungen eingestellt werden.

Beim Strangpressen wird das Stranggussgefüge durch die Kombination aus plastischer Verformung, Einformung des zuvor dendritischen Gussgefüges, Rekristallisation und Erholung in ein feinkörnigeres, homogeneres Gefüge mit leicht gestreckten Körnern und einer Strangpresstextur umgewandelt (Bild 2).

Bei indirekt stranggepresstem CuZn37 und CuZn40Pb2 weist die Textur der α-Phase eine <100>-Faserkomponente und eine <111>-Faserkomponente in Strangpressrichtung (Bild 3) auf, während in der β-Phase eine <110>-Textur vorliegt. In den Strangpressprodukten aus

CuZn10 und CuZn20 sind die Texturpole in Strangpressrichtung um bis zu 10° zu <100> bzw. <111> geneigt.

Bild 2: Gefüge vor (Makroaufnahme vom Querschliff) und nach dem Strangpressen (Längsschliff) von CuZn37

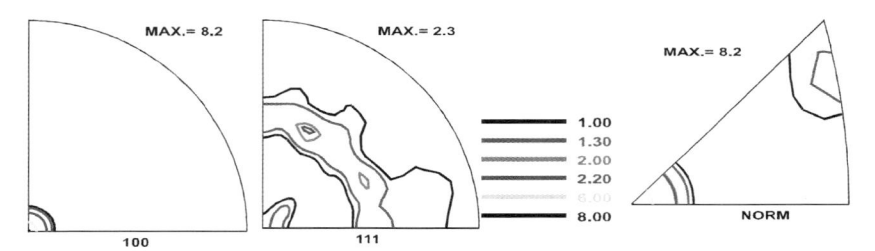

Bild 3: Strangpresstextur in der α-Phase von CuZn37, Polfiguren und inverse Polfiguren

Die Phasengehalte von CuZn37 variieren signifikant mit den Strangpressparametern (Bild 4). Bei Bolzeneinsatztemperaturen T_{Bolz} = 700°C und relativ niedrigen Umformgraden und damit aufgrund der Versuchsführung auch niedrigen Produktgeschwindigkeiten sind bis zu 15% β-Phase vorhanden, die sich als Saum entlang der zeilenförmig angeordneten α-Phase verteilen. Die β-Phase verbessert einerseits das Warmumformvermögen, verschlechtert andererseits das Umformvermögen bei Kaltverformung wie z. B. dem Streckziehen.

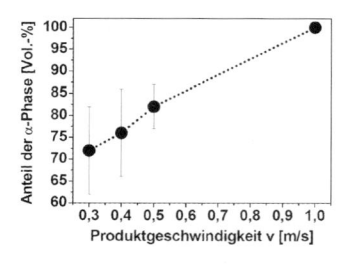

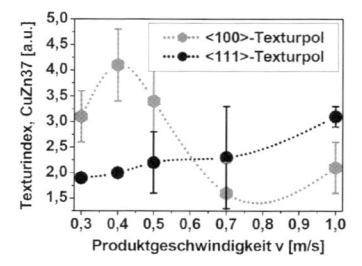

Bild 4: α-Phasengehalt von stranggepresstem CuZn37, Variation der Produktgeschwindigkeit bzw. des Umformgrades

Bild 5: Einfluss der Produktgeschwindigkeit auf die Strangpresstextur in der α-Phase von CuZn37

Hohe Druckspannungen bzw. große Umformgrade, die in den vorliegenden Versuchen mit großen Produktgeschwindigkeiten einhergehen, fördern hingegen während des Strangpressen von CuZn37 bei 700°C die β→α-Phasenumwandlung. Bei einem Umformgrad $\varphi = 3.92$ bzw. einer Produktgeschwindigkeit $v_{Strang} = 1$ m/s wurde röntgenographisch nur die α-Phase gefunden. Mit der Zunahme der α-Phase geht gleichzeitig eine Relaxation der Eigenspannungen in der α-Phase einher, weil die α-Phase die dichter gepackte Kristallstruktur darstellt. Da CuZn37 und weiterhin auch CuZn40Pb2 anfällig für interkristalline Spannungsrisskorrosion sind, wird deren Korrosionsbeständigkeit durch die Vermeidung von Phasengrenzen sowie die Relaxation von Eigenspannungen gesteigert.

Wesentlichen Einfluss auf die Festigkeit und das Umformvermögen der Strangpressprodukte aus CuZn37 hat die Textur der Strangpressprodukte. Große Umformgrade bzw. Produktgeschwindigkeiten beim Strangpressen bewirken eine Zunahme der <111>-Faserkomponente der Strangpresstextur der α-Phase, während die <100>-Faserkomponente bei großen Umformgraden bzw. Produktgeschwindigkeiten relativ klein ist (Bild 5). Daraus resultiert eine Zunahme der Festigkeit der Strangpressprodukte. Ursache für die Strangpresstextur bei großen Umformgeschwindigkeiten bzw. Umformgraden ist die Kombination aus starker plastischer Verformung und der Verringerung der dynamischen Rekristallisation bei großen Verformungsgeschwindigkeiten.

Mit zunehmender Stärke der <111>-Faserkomponente der Strangpresstextur der α-Phase wird die Gleichmassdehnung im Zugversuch kleiner (Bild 6), d. h. das Kaltumformvermögen der Strangpressprodukte nimmt ab.

Ein feines Korn in den Strangpressprodukten kann durch gezielte Einstellung der Bolzeneinsatztemperaturen erzielt werden (Bild 7). Günstig wirkt sich ein feinkörniges Gefüge sowohl hinsichtlich Festigkeit als auch hinsichtlich Kaltverformung der Strangpressprodukte aus, da damit gleichzeitig die Festigkeit der Strangpressprodukte gesteigert und die Oberflächengüte der Strangpressprodukte bei anschließender Kaltverformung, z. B. dem Streckziehen von Rohren, verbessert wird.

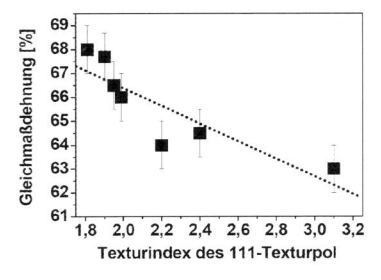

Bild 6: Einfluss der Strangpresstextur auf die Gleichmassdehnung von CuZn37

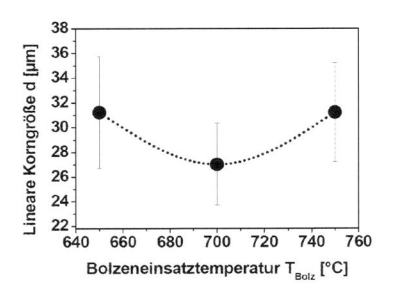

Bild 7: Einfluss der Bolzeneinsatztemperatur auf die Korngröße von CuZn37

Die Kaltverformung der Strangpressprodukte ist überdies durch eine Überlagerung verschiedener, überwiegend inhomogener Verformungsmechanismen gekennzeichnet. Während bei geringen und mittleren Umformgraden Gleitband- (Bild 8) und Zwillingsbildung überwiegen, setzt bei Verformungen von 30% Scherbandbildung ein. Diese Verformungsmechanismen können durch die gezielte Einstellung der Mikrostrukturen der Strangpressprodukte begünstigt bzw. beeinträchtigt werden. Zwillingsbildung wird z.B. durch ein kleineres Korn gemäß der Hall-Petch-Beziehung benachteiligt, was dazu führt, dass sich eine stärkere Vorzugstextur bei der plastischen Verformung einstellt und die makroskopische plastische Anisotropie zunimmt. Folge der in diesem Falle aufgrund der Fasertextur in Strangpressrichtung senkrechte Anisotropie ist eine relativ starke Veränderung des Querschnitts bei einachsiger Verformung, was sich z.B. beim Streckziehen von Rohren in einer relativ starken Wanddickenreduzierung äußern würde.

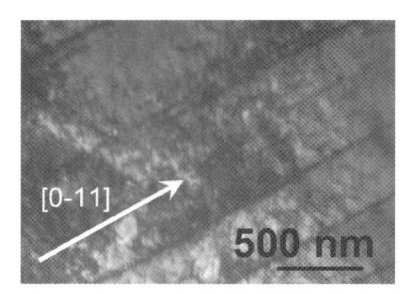

Bild 8: Gleitbänder in CuZn37, 15% Kaltstauchung

4 Strangpressen von Magnesiumlegierungen

Magnesium und die meisten seiner Legierungen besitzen eine hexagonale dichtest gepackte Gitterstruktur. Sie verhalten sich bei der Verformung daher anders als das Leichtbaumetall Aluminium mit kubischer Gitterstruktur. Zusätzlich unterscheiden sich hexagonale Metalle hinsichtlich der Art und Anzahl der Gleitebenen, die durch das Achsenverhältnis der Gitterparameter (*c/a*) bestimmt werden [12][13]. Magnesiumlegierungen können auf Grund der geringen Anzahl an Gleitsystemen und der Wirkung der Korngrenzen bei Raumtemperatur nur schwer verformt werden. Durch eine Erhöhung der Verformungstemperatur oberhalb von 220 °C lassen sich Magnesiumlegierungen bedingt durch die Aktivierung zusätzlicher Gleitsysteme gut verformen. Deshalb werden bisher meist nur Magnesiumgusslegierungen eingesetzt, Strangpressprodukte aus Magnesiumlegierungen haben deutlich weniger Anwendungen gefunden [14]. Während des Strangpressprozesses treten Besonderheiten auf. Weiterhin wird der Strength Differential Effect (SDE) [15][16] der Magnesium Strangpressprodukte beobachtet, der sich in Form einer deutlich niedrigeren Fließgrenze unter Druck als unter Zugbelastung äußert [17].

4.1 Kraftspitze

Zu Beginn des indirekten Strangpressens von Magnesiumknetlegierungen liegt eine starke Presskraftüberhöhung (F_{max}) vor, bevor der Pressvorgang in den stationären Zustand (F_{stat}) übergeht. Während beim indirekten Strangpressen der vergleichbaren Aluminiumlegierung AA6061 lediglich eine Kraftüberhöhung von 5 % auftritt (Bild. 9), beträgt die Kraftüberhöhung bei gleichen Pressbedingungen bei der Magnesiumlegierung AZ31 20 % (Bild 10). Auch ist der Abfall der Presskraft von der maximal erforderlichen Kraft auf die Kraft im stationären Bereich bei AA6061 nicht so steil wie bei AZ31. Im stationären Bereich hingegen weisen beide Legierungen eine ähnliche Presskraft auf.

Um auch komplexe Profilgeometrien mit hohen Pressverhältnissen auf vorhandenen Aluminiumstrangpressen aus Magnesiumlegierungen herstellen zu können, ist eine Absenkung dieser Kraftüberhöhung zu Beginn des Strangpressvorganges notwendig.

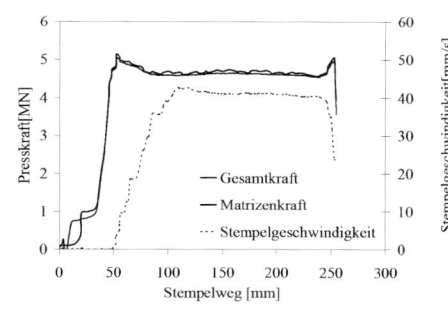

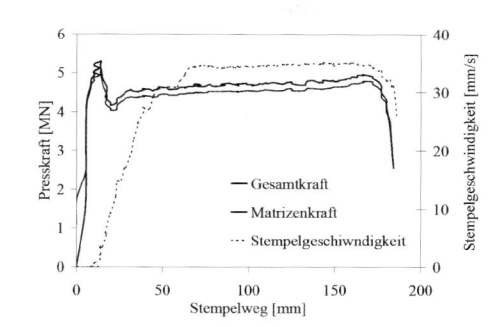

Bild 9: Kraftüberhöhung bei AA6061

Bild 10: Kraftüberhöhung bei AZ31

Mittels der Analyse der Mikrostruktur der stranggepressten Produkte sowie der Pressreste konnten mikrostrukturelle Veränderungen während der Umformung analysiert und dadurch Rückschlüsse auf eine verbesserte Prozessführung während des Strangpressens gezogen werden. So konnte mittels Lichtmikroskopie eine deutlich geringere Korngröße im Produkt als im Gussmaterial festgestellt werden (Bild 11). Im Zusammenhang mit einem deutlichen Härteabfall (Bild 12) im Bereich der Umformzone, weisen diese Beobachtungen auf eine dynamische Rekristallisation während des Strangpressens hin.

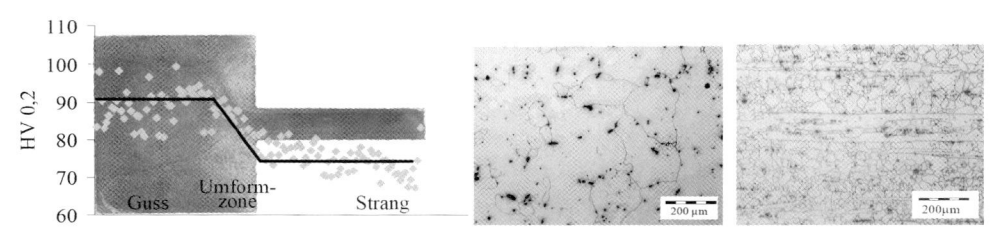

Bild 11: Härteabfall in der Umformzone

Bild 12: Guss- und Strangpressgefüge AZ31

Da die wesentlichen Einflussgrößen der dynamischen Rekristallisation die Zeit und die Temperatur sind, konnte durch eine höhere Bolzeneinsatztemperatur (370°C anstatt 300°C) verbunden mit einem ansteigenden Geschwindigkeitsprofil die Kraftspitze beim indirekten Strangpressen von Magnesiumlegierungen auf 7 % gesenkt werden (Bild 13). Damit liegen die Presskräfte bei gleichen Bedingungen sowohl in stationären der als auch in der maximalen Kraft im Bereich vergleichbarer Aluminiumlegierungen.

4.2 Strength Differential Effect

Eine weitere Besonderheit von stranggepressten Magnesiumlegierungen ist eine starke Asymmetrie der mechanischen Eigenschaften im Zug- und im Druckversuch. Von besonderem Interesse ist dabei die deutlich niedrigere Fließgrenze unter Druck als unter Zugbelastung. Der

Grund für das unterschiedliche Verhalten der Magnesiumlegierungen unter Zug- und Druckbelastung liegt in der Kombination von Textur und Zwillingsbildung bei der Verformung. Die Aktivierung des für Magnesium primären Zwillingssystems $\{10\bar{1}2\}<10\bar{1}\bar{1}>$ erfolgt je nach c/a-Verhältnis als Zug- (c/a < √3) oder Duckzwilling (c/a > √3) [18]. Für die Magnesiumlegierung AZ31, deren c/a-Verhältnis mit ~1,624 kleiner √3 ist, handelt es sich demnach um Zugzwillinge. Diese Zwillinge werden unter Druckbelastung entlang der Pressrichtung aktiviert und sind inaktiv unter Zugbelastung in dieser Richtung [19].

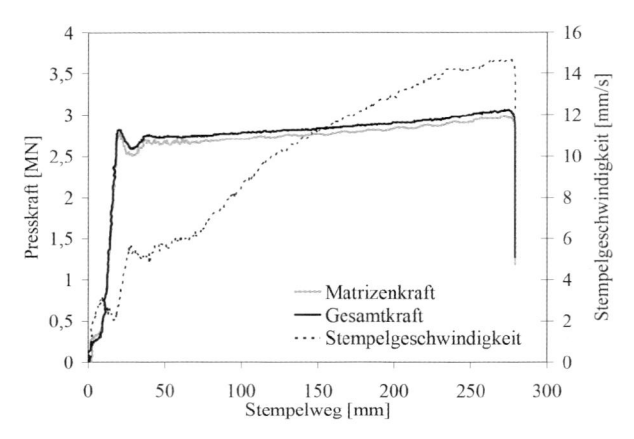

Bild 13: Absenkung der Kraftspitze beim indirekten Strangpressen von AZ31

Zur Verbesserung der mechanischen Eigenschaften insbesondere im Druckversuch ist zum einen die Einstellung eines feinkörnigen Gefüges möglich, da somit die kritische Schubspannung für die Zwillingsbildung heraufgesetzt wird. Durch die Veränderung der Bolzeneinsatztemperatur sowie einem Wechsel des Strangpressverfahren vom direkten über das indirekte bis hin zum hydrostatischen Strangpressen lässt sich diese Verbesserung einstellen (Bild 14 und 15) [20, 21].

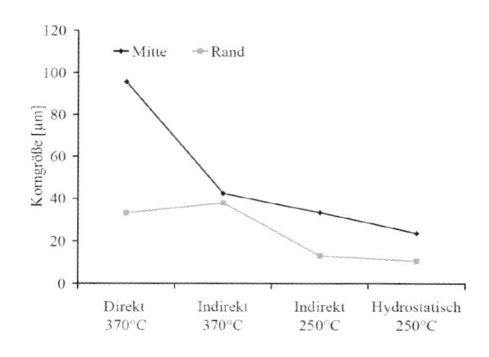

Bild 14: Korngrößen bei verschiedenen Strangpressfahren und -temperaturen

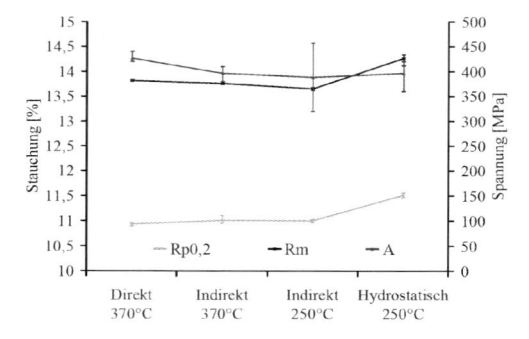

Bild 15: Mechanische Eigenschaften im Druckversuch bei verschiedenen Strangpressverfahren und -temperaturen

Eine weitere Möglichkeit zur Anhebung der Druckfließgrenze besteht in der gezielten Beeinflussung der Textur schon während des Strangpressprozesses. Da das im Druckversuch aktivierte Zwillingssystem nahezu zu einer Rotation des hexagonalen Kristall von 90° führt, ist es möglich, durch die Aktivierung dieser Zwillinge während des Strangpressens, die Textur so zu verändern, dass eine günstige Orientierung der Kristallite für Druckbelastung entsteht. In Bild 16 ist die Veränderung der Textur aufgrund der Zwillingsbildung im Druckversuch dargestellt. Während die Textur nach dem Zugversuch lediglich an Schärfe und Intensität zunimmt, führt die Zwillingsbildung im Druckversuch zu einer Verkippung der Textur um 90°.

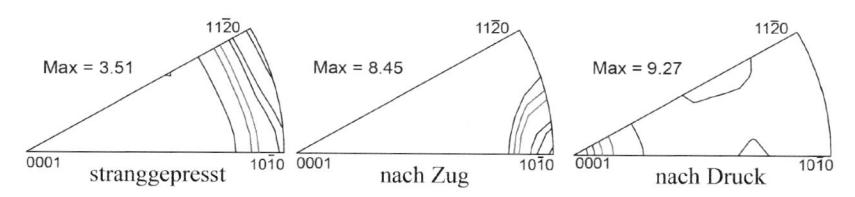

Bild 16: Texturveränderung nach dem Strangpressen, Zug- und Druckversuch

Wird das $\{10\bar{1}2\}<10\bar{1}\bar{1}>$-Zwillingssystem bereits vor der Druckbelastung durch einen Gegendruck schon beim Strangpressen aktiviert, führt dies zu einer Änderung der Textur der Strangpressprodukte und damit zu einer signifikanten Erhöhung der Druckfließgrenze (Bild 17 und 18).

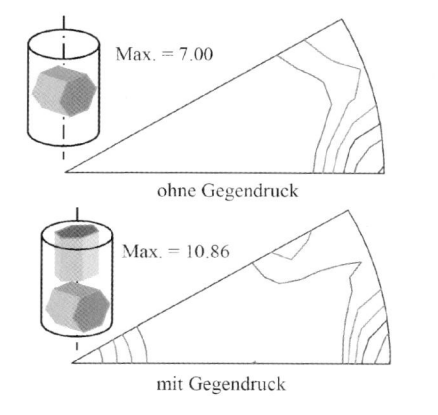

Bild 17: Textur nach dem Strangpressen mit und ohne Gegendruck

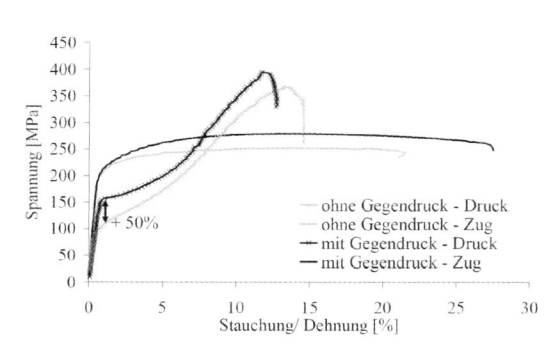

Bild 18: Mechanische Eigenschaften nach dem Strangpressen mit und ohne Gegendruck

5 In-situ Tomographie an Metallmatrix-Verbundwerkstoffen

Keramikpartikelverstärkte Metallmatrix-Verbundwerkstoffe (MMC) zeichnen sich durch die vorteilhafte Kombination der Eigenschaften der metallischen Matrix, wie Duktilität und Zähigkeit, mit der Eigenschaft hoher Festigkeit der keramischen Partikel aus. Strangpressen stellt eine vergleichsweise kostengünstige Herstellungsmöglichkeit für MMC-Werkstoffe dar. Mittels einer geeigneten Prozessführung soll im Produkt sowohl eine geringe Porosität als auch möglichst schon eine optimale Partikel-Matrix Anbindung erzielt werden. Diese ist von entscheidender Bedeutung für die Kraftübertragung von der Matrix auf die Partikel unter äußerer Last und damit auch für die Mechanismen, die zum Versagen des Verbundes führen.

Am Beispiel des MMC AA6061 mit 22 % Al_2O_3 wurde das Werkstoffversagen unter Kriechbedingungen (erhöhte Temperatur, anliegende uniaxiale Lastspannung) bei Variation der Temperatur-Spannungshorizonte mit Hilfe der Röntgensynchrontomographie verfolgt. Bild 19 zeigt die Dehnung einer Probe AA6061 mit 22 % Al_2O_3-Partikel bei einer Temperatur von 360 °C und einer Last von 30 MPa über der Zeit bis zum Bruch. Die in Bild 19 eingefügten Tomogramme eines Probenausschnittes belegen das Porenwachstum. Dabei entstehen und wachsen Poren meist am Partikelrand, dem Ort der höchsten Mehrachsigkeit der mechanischen Spannungen.

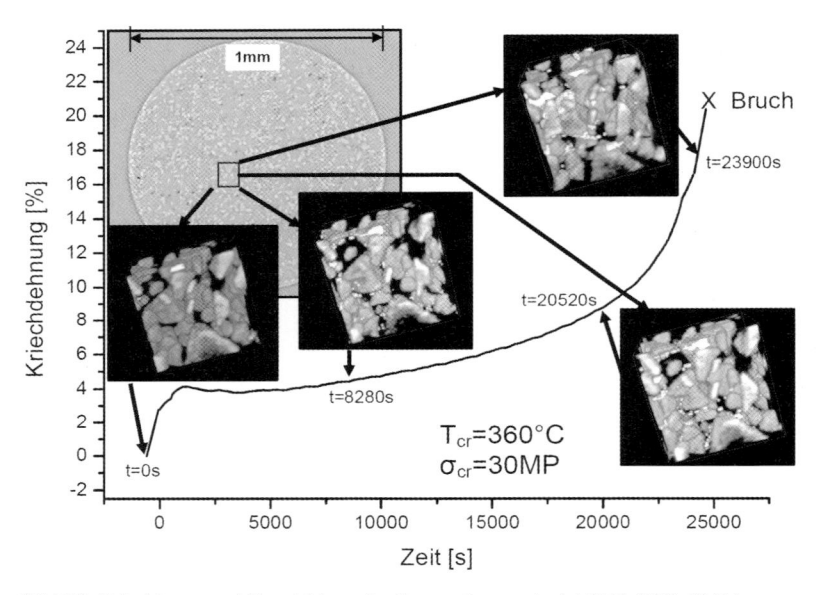

Bild 19: Kriechkurve und Entwicklung des Porenvolumens in AA6061 (22% Al_2O_3)

Das Versagen der Probe (Bild 19) wird durch das Porenwachstum hervorgerufen. Demgegenüber zeigt Bild 20, dass bei einem Belastungsregime, gekennzeichnet durch niedrige Temperatur aber hoher Lastspannung, das Versagen durch Partikelbruch bestimmt ist.

Zusammenfassung

Bei den vorgestellten Werkstoffen (Messinglegierungen mit unterschiedlichen Zinkgehalten, Magnesiumlegierungen des Typs AZ mit verschiedenen Aluminiumgehalten und AA6061+Al_2O_3) beeinflussen die Textur, Korngröße sowie im Fall der mehrphasigen Werkstoffe die Verteilung und Ausrichtung der Phasen wesentlich die mechanischen Eigenschaften der Strangpressprodukte.

Eine Zunahme der <111>-Fasertextur des α-Messings steigert die Festigkeit einerseits, reduziert andererseits das Kaltumformvermögen der Strangpressprodukte. Durch eine Reduzierung der Korngröße wird hingegen die Festigkeit gesteigert und gleichzeitig die Oberflächengüte bei Kaltverformung verbessert, ohne dass sich das Umformvermögen stark verschlechtert.

Bei Magnesium wurde gezeigt, dass durch eine gezielte Einstellung der Strangpressbedingungen (Verfahren, Temperatur, Gegendruck) und damit der Mikrostruktur der SDE reduziert und die Festigkeit verbessert wurden.

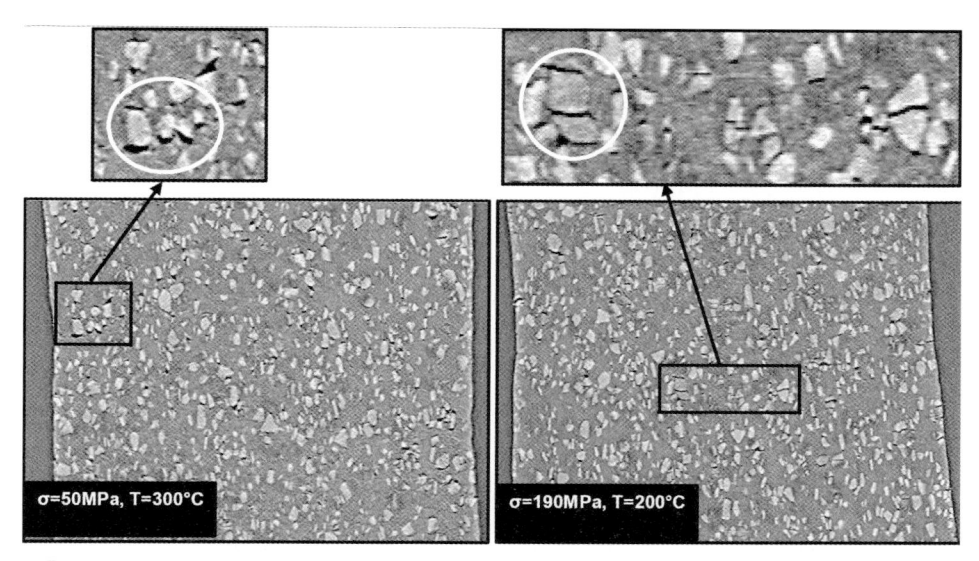

Bild 20: Versagenmechanismen: Poren versus Partikelbrüche in AA6061 (22% Al_2O_3) (Kriechparameter siehe Bildinschrift)

Im Falle der Aluminium-Verbundwerkstoffe ist Grenzflächenanbindung Matrix/Hartphase entscheidend dafür, bei welchen Lasten und an welcher Stelle des Gefüges die Werkstoffschädigung eingeleitet wird.

Literatur

[1] G. Faninger, U. Hartmann, Physikalische Grundlagen der quantitativen röntgenographischen Phasenanalyse (RPA), HTM 27, **1972**, pp. 233–244.
[2] H. J. Bunge, Mathematische Methoden der Texturanalyse, Akademie-Verlag, Berlin, **1969**.
[3] L. Lutterotti, P. Scardi, P. Maistrelli, Simultaneous Structure and Size-Strain Refinement by the Rietveld Method, Journal of Applied Crystallography, 23, **1990**, pp. 246–252.
[4] A. C. Kak, M. Slaney, Principles of Computerized Tomographic Imaging, IEEE Press, New York, **1988**, p. 186.
[5] S. Zaefferer, New Developments of Computer-Aided Crystallographic Analysis in Transmission Electron Microscopy, Journal of Applied Crystallography 33, **2000**, 1, pp. 10–25.
[6] H. J. Bunge, Program System ODF-Analysis for Cubic Crystal Symmetry and Orthorhombic Sample Symmetry, **1996**.

[7] T. Wroblewski, O. Clauß, H.-A. Crostack, A. Ertel, F. Fandrick, Ch. Genzel, K. Hradil, W. Ternes, E. Woldt, A new diffractometer for materials science and imaging at HASYLAB beamline G3, Nuclear Instruments & Methods in Physics Research A 428, **1999**, pp. 2–14.

[8] V. Hauk, Structural and Residual Stress Analysis by Nondestructive Methods, Elsevier-Verlag Amsterdam, **1997**

[9] A. Pyzalla, B. Camin, T. Buslaps, M. Di Michiel, H. Kaminski, A. Kottar, A. Pernack, W. Reimers, Simultaneous Tomography and Diffraction Analysis of Creep Damage, Sience Magazine, Vol. 308, **2005**, pp. 92–95.

[10] K.D. Liss, A. Royer, T. Tschentscher, P. Suortti, A.P. Williams, On high-resolution reciprocal-space mapping with a triple-crystal diffractometer for high-energy X-rays, J. Synchrotron Radiation, 5, **1998**, pp. 82–89.

[11] K. Müller, Fundamentals of Extrusion Technology, Giesel Verlag, Isernhagen, **2004**.

[12] A. Heinz, Ermüdungsrissbildung an Korn- und Phasengrenzen, VDI Fortschrittsberichte Reihe 18, Report-Nr. 98, Düsseldorf, **1991**.

[13] P. G. Partridge, The crystallography and deformation modes of hexagonal close-packed metals, Metallurg. Reviews, Vol 12, No. 118, **1967**, pp. 169–194.

[14] D. Brungs, H. Gers, A. Mertz, Recent Advances in Magnesium Processing Technologies, in: Proc. Thermec **2000**.

[15] A. Beck, Magnesium und seine Legierungen, Springer Verlag, **1939**.

[16] J. L. Raphanel, J.-H. Schmitt, P. van Houtte, Texture Development and Strength Differential Effect in Textured b.c.c. Metals with Glide Asymmetry, Materials Science And Engineering, A 108, **1989**, pp. 227–232.

[17] S. Müller, K. Müller, H. Tao, W. Reimers, Microstructure and mechanical properties of the extruded Mg-alloys AZ31, AZ61, AZ80, International Journal of Materials Research, accepted for publication 13.06.2006

[18] S. R. Agnew, D. W. Brown, S. C. Vogel and T. M. Holden, In-situ Measurement of Internal Strain Evolution During Deformation Dominated by Mechanical Twinning, Material Science Forum Vols. 404-407, Trans Tech Publications, **2002**, pp. 747–754.

[19] M. H. Yoo, Slip, Twinning, and Fracture in Hexagonal Close-Packed Metals, Vclume 12A, March 1981-4, American Society for Metals and The Metallurgical Society of Aime, **1981**, pp.409–418.

[20] S. Müller, K. Müller, M. Rosumek, W. Reimers, Microstructure development of differently extruded Mg alloys, Part I, Aluminium, 82, No. 4, **2006**, pp.327–331.

[21] S. Müller, K. Müller, M. Rosumek, W. Reimers, Microstructure development of differently extruded Mg alloys, Part II, Aluminium, 82, No. 5, **2006**, pp.438–442.

Entwicklungsstrategien für optimierte Magnesium-Strangpressprodukte

K. U. Kainer und J. Bohlen
Institut für Werkstoffforschung, Magnesium Innovation Centre, GKSS-Forschungszentrum Geesthacht GmbH, Geesthacht

1 Einführung

Im Bereich der Magnesiumtechnologie stellen Magnesiumknetlegierungen heute immer noch ein Nischenprodukt dar. Das Potenzial dieser Werkstoffgruppe ist teilweise vergleichbar mit dem der Aluminiumlegierungen, wobei ein besonderer Vorteil in der geringen Dichte liegt. Weltweit werden augenblicklich 8000–10.000 t Magnesiumknetlegierungen verarbeitet, wobei der größte Anteil in den Bereichen Magnesiumbleche und stranggepresste Opferanoden gehen. Für strukturelle Anwendungen kommen nur ca. 25–30% des Verbrauches zum Einsatz. Eindeutige Zahlen liegen leider nicht vor. Besonders die schnell wachsenden Märkte in Asien wie z.B. China liefern keine zuverlässigen Daten. Das Magnesiumknetlegierungen zurzeit keine ausgeprägte Verwendung findet hat vielfältige Ursachen, die abhängig vom dominanten Verarbeitungsprozess sind. Für stranggepresste Magnesiumlegierungen sind dies zum einen wirtschaftliche Gründe und zum anderen das Eigenschaftsprofil der heute bekannten Legierungen.

Basis der Kenntnisse über das Strangpressen und die Eigenschaften stranggepresster Profile sind Forschungsergebnisse aus den 40er Jahren [1] und den 50er bzw. 60er Jahren [2,3,4]. Vermeintlich neuere Entwicklungen Ende des 20. Jahrhunderts und Anfang dieses Jahrzehnts hatten zum großen Teil die Aufgabe, verloren gegangenes Know-how wieder zu beschaffen. Eine nachhaltige Innovation in diesem Bereich ist bisher nicht sichtbar. Erst in den letzten Jahren kam es zur Entwicklung von Strategien zur Optimierung von Magnesiumstrangpresslegierungen und der dazugehörigen Technologie. Grundsätzlich ist aber der erhoffte verstärkte Einsatz ausgeblieben. Im Wesentlichen sind hierfür sind folgende Gründe zu nennen:
- Begrenzte Zahl von Legierungen
- Eingeschränkte Verfügbarkeit von Strangpressbolzen (wenige Lieferanten)
- Legierungsbedingte geringe Strangpressgeschwindigkeit (Wirtschaftlichkeit)
- Geringe Losgrößen (Wirtschaftlichkeit)
- Eingeschränkte Gestaltungsmöglichkeiten für Profile (werkstoffbedingt)
- Starke Anisotropie der mechanischen Eigenschaften (Zug-Druck-Anisotropie)
- Größtenteils inhomogener Gefügeaufbau aufgrund unvollständiger Rekristallisation
- Eingeschränkte Verformbarkeit für nachgeschaltete Verarbeitungsprozesse

Die Herausforderung für eine nachhaltige Werkstoff- und Prozessentwicklung besteht darin Lösungen für die wesentlichen den Einsatz limitierenden Problembereiche zu liefern. Von großer Bedeutung ist hierbei die Bereitstellung moderner Technologien zur wirtschaftlichen Herstellung von Strangpressbolzen mit hoher Qualität, d.h. seigerungsarm und feinkörnig, die Entwicklung von Legierungen, die für den werkstoffspezifischen Strangpressprozess abgestimmt sind sowie die Erarbeitung einer Weiterverarbeitungsstrategie von Strangpressprofilen (Fügen, Innhochdruckumformen, Rundbiegen, Oberflächenbehandlung etc.).

2 Augenblicklicher Stand

Das Strangpressen von Magnesium wird seit ca. 90 Jahren durchgeführt und hatte ihre produktionstechnische Blüte kurz vor dem Ende des 2. Weltkrieges. Alle heute allgemein bekannten Legierungen wurden in der Zeit Anfang der 20er Jahre bis Ende der 30er entwickelt und stellen heute noch den Standart dar. Die Nachfolgende Tabelle 1 gibt einen Überblick von Knetlegierungen aus dem Jahr 1938.

Tabelle 1: Magnesiumknetlegierungen der ersten Entwicklungsstufe (nach [1])

Legierungszusammensetzung (nominal in Gew.-%)	Alte Bezeichnung	Aktuelle Bezeichnung (nach ASTM)
Mg-6Al-1Zn	AZ31	AZ31
Mg-6Al-1Zn	AZM	AZ61
Mg-8Al-0,5Zn	AZ855	AZ80
Mg-10Al	V1	AZ100
Mg-2Mn	AM503	M1A
Mg-2Mn-0,5Ce	AM537	ME20
Mg-2Mn-6Ce	AM6	EM62
Mg-4Zn	Z1b	ZM40

Es handelt sich hierbei um noch heute gebräuchliche Knetlegierungen. Besonders bei den AZ-Systemen gab es keine Veränderungen. Lediglich die Reinheit der Legierungen bezüglich der Verunreinigungselemente Fe, Cu, Ni und Cr wurde erheblich erhöht, was zu einer Verbesserung der Korrosionsbeständigkeit führt (High-purity-Legierungen (HP-Leg.)). Erst nach dem 2. Weltkrieg kam es zu einer begrenzten Legierungsentwicklung, wobei im Wesentlichen Al-freie Systeme auf Basis Th-Mn (HM21, HM31 und Zn-Zr (ZK30, ZK40 etc.)[4] diskutiert wurden. Aufgrund des Auftretens der natürlichen Radioaktivität beim Thorium wurde später auf den Einsatz dieser Legierungen verzichtet. Als neues System kamen Legierungen auf Basis Y-SE-Zr (WE43, WE54) zum Einsatz [5,6]. Auch die ersten Modifikationen der AZ-basierten Systeme durch Ca oder seltene Erden kamen zur Verbesserung der Strangpresseigenschaften zum Einsatz. Diese Legierungen sind schon seit geraumer Zeit für Luftfahrt-Anwendungen in Russland [4] standardisiert. Vermeintlich neue Entwicklungen der letzten 6 Jahre haben diese Legierungssysteme zum Gegenstand der Untersuchungen. Die Tabelle 2 gibt einen Überblick über die derzeit bekannten und normierten Magnesium-Strangpresslegierungen (Stand 1995). Auf derzeitige Entwicklungen wird noch zu einem späteren Zeitraum eingegangen.

Das Verhalten der Standard-Magnesiumlegierungen ist durch eine zum Teil geringen Strangpressgeschwindigkeit gekennzeichnet, was sich auf die Wirtschaftlichkeit auswirkt. In der Regel sind nur Strangpressgeschwindigkeiten von maximal 30 m/min [9] beim Einsatz des direkten oder indirekten Strangpressens erreichbar (Tabelle 3). Die erreichbare Strangpressgeschwindigkeit ist zum einen legierungsabhängig und zum anderen definiert durch die Geometrie des Profils. Wesentliche Faktoren sind hierbei die Heißrissempfindlichkeit z.B. der Legierungen auf AZ-Basis und grobkörnig geseigerte Strangpressbolzen, die Wandstärke, die Wandstärkenunterschiede und der Durchmesser des umschriebenen Kreises, die zu diesen Ef-

Tabelle 2: Magnesiumstrangpresslegierungen (*SE: Seltene Erden, üblich Cer-Mischmetal, mit + gekennzeichnet Nd ([4–8])

Bezeichnung		Typische Zusammensetzung (Gew.-%)							
ASTM	Russisch	Al	Zn	Mn	Zr	SE*	Y	Cu	Ca
AZ21X1		1,6–2,5	0,80–1,6	0,15 max.				0,05 max.	0,1–0,25
AZ31		2,5–3,5	0,7–1,3	0,2–1,0				0,05 max.	0,04 max.
AZ61		5,7–8,2	0,4–1,5	0,15–0,5				0,05 max.	
AZ80	MA5	8,5	0,5	0,12				0,05 max.	
ZK30			3,0		0,6				
ZK40			3,5–4,5		0,45 min.				
ZK60A	MA14		4,8–6,2		0,45 min.				
ZM21			2,0	1,0					
ZE10	MA20		1,25			0,2+			
ZEK62	MA19		5,5–7,0		0,5–0,9	1,4–2,0+			
ZC71			6,5	0,7				1,2	
M1A				1,2–2,0					
ME20	MA8			1,3–2,2		0,15–0,35+			
EM32	MA11			1,5–2,5		2,5–3,5			
EK30	MA12				0,3–0,8	2,5–3,5			
WE43					0,45 min.	3,0	4,0		
WE54					0,45 min.	3,5	5,25		

fekten führen. Diese Problematik ist bereits seit der 50er Jahre bekannt [2,3], wird aber heute wieder als neue Erkenntnisse verkauft [10]. Das Bild 1 zeigt das Prozessfenster von AZ-Legierungen in Abhängigkeit vom Aluminiumgehalt aus der Vergangenheit und das Bild 2 die Abhängigkeit der Strangpressgeschwindigkeit von der Strangpresstemperatur. Beiden Darstellungen gemein ist die Information, dass die Legierung AZ31 eine sehr problematisch zu pressende Legierung ist. Besonders bei diesem Legierungstyp treffen durch Seigerungseffekte niedrigschmelzende Phasen an den Korngrenzen auf, die zu den Heißrissen führen.

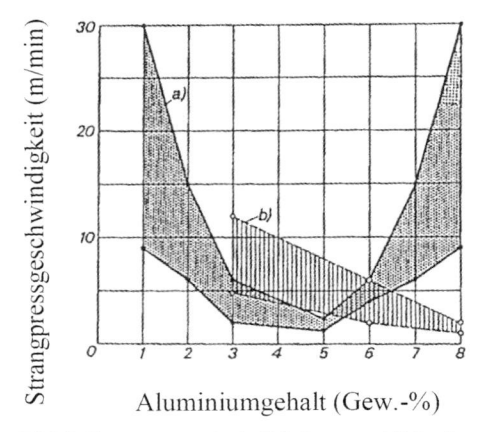

Bild 1: Strangpressgeschwindigkeiten von AZ-Legierungen in Abhängigkeit vom Aluminiumgehalt [3]

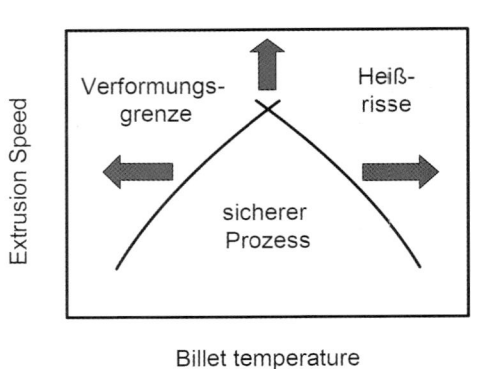

Bild 2: Prozessfenster für AZ31 (Strangpresstemperatur 300–500°C, Strangpressgeschwindigkeit: 20–30 m/min) [10]

Tabelle 3: Typische Prozessparameter für das Strangpressen von Magnesiumlegierungen [9]

Legierung	Presstemperatur [°C]	V_{Strang} [m/min]	„Kammerprofil"
Mg Mn2	320–380	15–25	ja
Mg Al3 Zn	320–380	8–15	ja
Mg Al6 Zn	320–380	2–4	(ja)
Mg Al8 Zn	320–380	1–2	nein
Mg Zn3 Zr	320–380	3–5	ja
Mg Mn6 Zr	320–380	2–4	ja
Mg SE 7 Zr	360–440	0,8–1,5	nein
Mg SE 9 Zr	360–440	0,8–1,5	nein

Neben dem Auftreten von Heißrissen führen nicht optimierte Strangpressparameter zu einer ungleichförmigen Rekristallisation (nicht rekristallisierte Bereiche, Kornwachstum). Das Bild 3 zeigt ein typisches Gefüge wie es in vielen Fällen für AZ31 auftritt. Die Legierungen verhalten sich dabei unterschiedlich. Es ist aber erkennbar, dass kornstabilisierende Legierungselemente einen positiven Einfluss auf die Gleichförmigkeit des Gefüges haben, wie der Vergleich der Legierungen AZ31, ZM21 und ZK60 im Bild 4 zeigt.

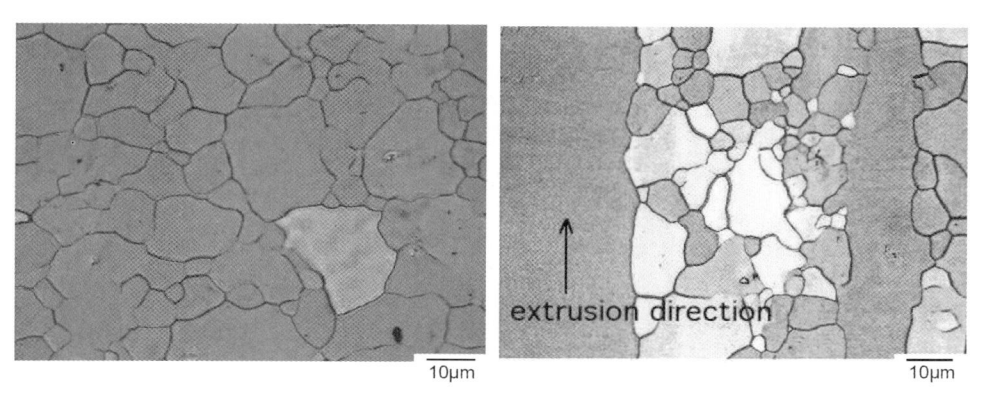

Bild 3: Gefüge einer direkt stranggepressten AZ31-Legierung: Links senkrecht zur Strangpressrichtung, rechts parallel zur Strangpressrichtung

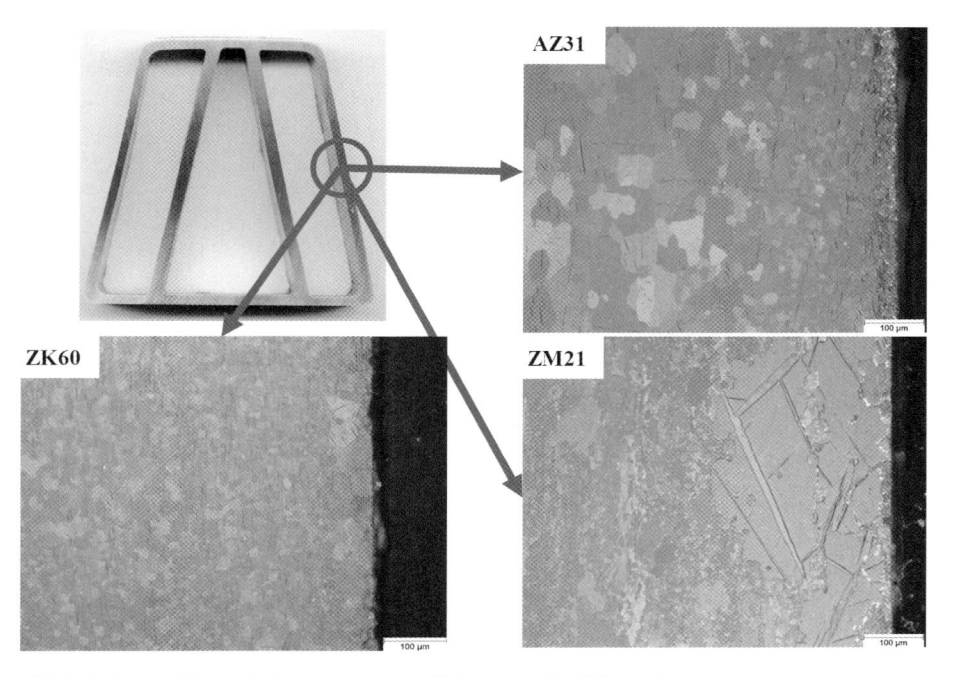

Bild 4: Gefügeausbildung in einem Kammerprofil für unterschiedliche Legierungen

Die Unterschiede in der Gefügeausbildung lassen auch extreme Unterschiede in den Eigenschaften der Profile (lokal oder gesamt) erwarten. Besonders die Textur und das Verformungsvermögen werden maßgeblich beeinflusst. Der Unterschied im Verhalten unter Zug- bzw. Druckbelastung ist für eine Anwendung von großer Bedeutung. Das Bild 5 zeigt typische Spannung-Dehnungs-Kurven der stranggepressten AZ31 aus dem Zug- und Druckversuch.

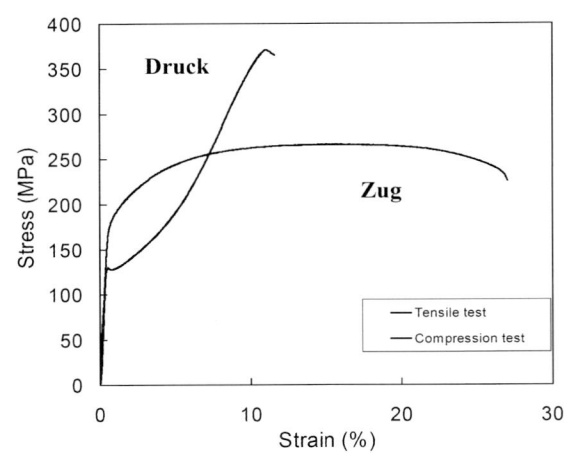

Bild 5: Typische Spannungs-Dehnungs-Kurven für die stranggepresste Legierung AZ31 aus dem Zug- bzw. Druckversuch

Diese Anisotropie ist entsprechend legierungsabhängig. Die Tabelle 4 zeigt eine Zusammenstellung der Richtungsabhängigkeit der mechanischen Eigenschaften. Auffällig ist, das die Zug-Druck-Unterschiede in den Streckgrenzen für die korngefeinten und kornstabilisierten ZK- und WE-Legierungen viel geringer sind, während bei den AZ-Legierungen der Unterschied extreme Werte annehmen kann. Betrachtet man die Gefüge in Bild 4 so kann ein direkter Zusammenhang mit der Korngröße in den Strangpressprofilen gefunden werden. In den Bildern 6 und 7 sind die Streckgrenzen aus dem Zug- und Druckversuch für die Legierungen AZ31 und ZK30 als Funktion der inversen Wurzel der mittleren Korngröße (Hall-Petch-Auftragung) dargestellt: Mit abnehmender Korngröße nimmt der Unterschied ab. Eine Rolle spielt hierbei die Zwillingsverformung, die texturbedingt bei einer Druckbeanspruchung bevorzugt aktivierbar ist. Der Unterschied zum Zugversuch kann durch eine feinere Korngröße deutlich verringert werden.

Tabelle 4: Zugversuchskennwerte einer stranggepressten Flachstange aus verschiedenen Magnesiumlegierungen in Abhängigkeit von der Belastungsrichtung und Belastungsart. [9]

Legierung	Zustand	Zug (L)			Druck (L)	Zug (T)		
°	°	Rp0.2 (MPa)	Rm (MPa)	A5 (%)	Rp0.2 (D) (MPa)	Rp0.2 (MPa)	Rm (MPa)	A5 (%)
M 2	F	180	250	4	110	–	–	–
AZ 31	F	180	250	14	110	110	225	13
AZ 61	F	220	300	12	130	137	294	12
AZ 80	F	240	340	10	145	170	323	11
ZK 30	T 6	240	290	14	190	220	280	16
ZK 60	T 6	280	320	12	230	250	310	14
WE 43	T 6	170	260	12	165	165	250	14
WE 54	T 6	190	280	10	180	185	275	13

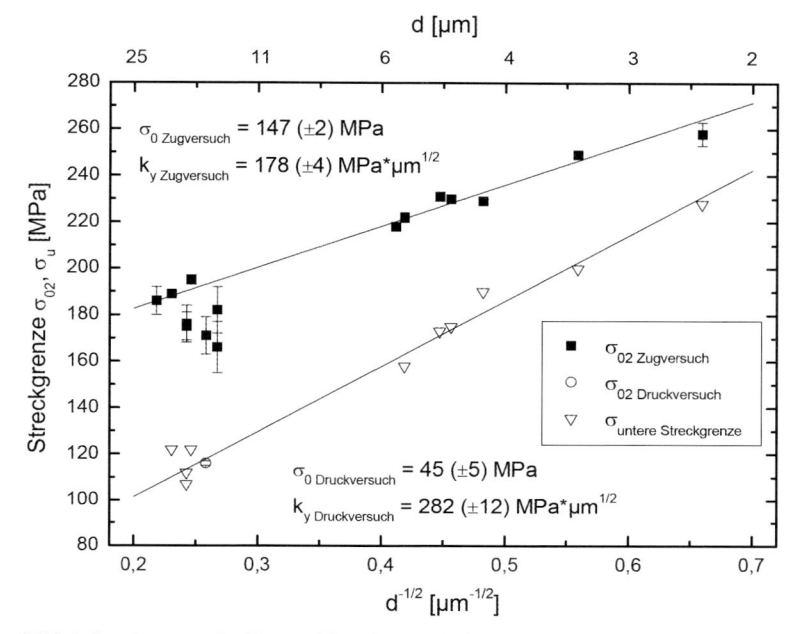

Bild 6: Streckgrenzen im Zug- und Druckversuch als Funktion der inversen Wurzel der mittleren Korngröße (Hall-Petch-Auftragung) für stranggepresste Stangen aus AZ31 [11]

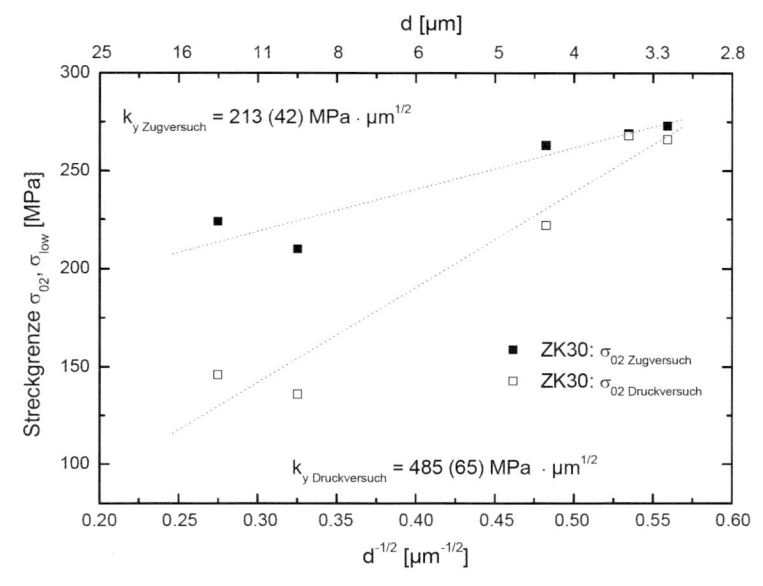

Bild 7: Wie Bild 6, jedoch für ZK30 [12]

Ein weiterer kritischer Bereich ist die Verwendung von Schweißkammerwerkzeugen. Allgemein eignen sich hochaluminiumhaltige AZ-Legierungen nur eingeschränkt aufgrund der schlechten Eigenschweißbarkeit. Auch bei der AZ31 können Probleme in Abhängigkeit der Geometrie und Wandstärke entstehen. Besser geeignet sind z.B. ZK30-Legierungen. Die Tabelle 3 enthält gibt Informationen über die Verwendbarkeit der Legierungsysteme. Eine wesentliche Rolle spielt hierbei das eingesetzte Schmiermittel bzw. eingezogene Verunreinigungen wie es das Bild 8 zeigt. Auch die Rekristallisation in der stark gescherten Zone hat ihren Einfluss.

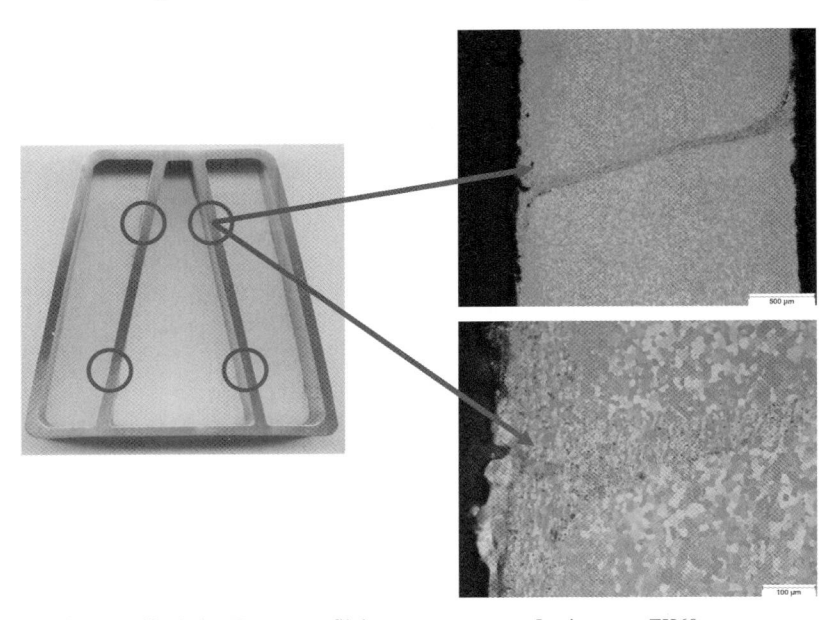

Bild 8: Schweißnaht im Kammerprofil der stranggepressten Legierungen ZK60

Der variierende Gefügeaufbau in den Profile führen zu lokal unterschiedlichen Texturen, die entsprechend ihren Einfluss auf die mechanischen Kennwerte haben. Es handelt sich hierbei um eine starke Basal-Texturen deren Ausbildung allein durch die Strangpressparameter deutlich beeinflusst wird. Das Bild 9 zeigt typische inverse Polfiguren einer indirekt stranggepresstem AZ31-Legierung. Mit zunehmender Strangpresstemperatur nimmt die maximale Intensität zu.

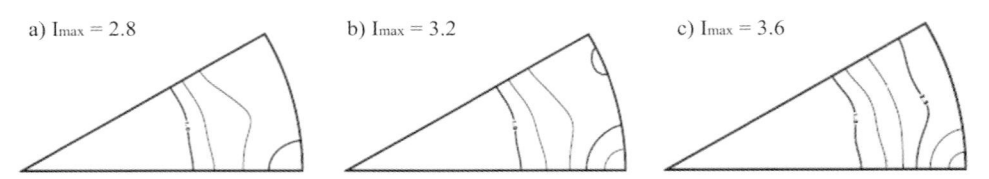

a) $I_{max} = 2.8$ b) $I_{max} = 3.2$ c) $I_{max} = 3.6$

Bild 9: Inverse Polfiguren indirekt stranggepresster Rundstangen aus AZ31 bei variierter Strangpresstemperatur, I_{max} sind die maximalen Intensitäten (in m.r.i. – multiple random intensity) [13]: a) 275°C (Level: 1,0, 1,5, 2,0, 2,5 …), b) 300°C (Level: 1,0, 1,5, 2,0, 2,5, 3,0 …), c) 350°C (Level: 1,0, 1,5, 2,0, 2,5, 3,0, 3,6, ...)

3 Entwicklungstendenzen

3.1 Legierungsentwicklung

In der Legierungsentwicklung sind im Wesentlichen zwei Bereiche zu trennen: zum einen die Kornfeinung für Strangpressbolzen und zum anderen die Stabilisierung des Gefüges gegenüber Kornwachstum und ungleichmäßiger Rekristallisation. Im Bereich der Kornfeinung stellen die alumiumhaltigen Legierungen eine besondere Herausforderung dar, während für Al-freie Legierungen Zirkon prädestiniert ist. Das Bild 10 zeigt typische Gefügeaufnahmen von stranggegossenen Strangpressbolzen ohne Kornfeinung (AZ31, AZ61, ZM21) und mit Zr-Kornfeinung (ME, ZE). Fe ist ein extrem wirksames Kornfeinungsmittel, hat aber bei Gehalten von mehr als 50 ppm dramatische Auswirkungen auf die Korrosionsbeständigkeit von Mg-Legierungen [1,4]. Fe wird in aller Regel als $FeCl_3$ oder durch Überhitzung des Schmelzbades in Mg-Schmelzen eingebracht. Versuche einer Kornfeinung von AZ- und AM-Legierungen zeigen erste positive Ergebnisse. Als Kornfeiner kommen Legierungselemente in Betracht, die primär intermetallische Verbindungen ausscheiden oder den Gefügeaufbau stabilisieren. In diesem Zusammenhang kommen Elemente wie Sr, SE und Ca in Betracht [14]. Aluminiumcarbidbildende Zusätze wie zum Beispiel C_2Cl_6 erfolgt in der Regel über C-haltige Gase oder mit C-Lieferanten wie SiC. Sie sind ausschließlich nur in Al-haltigen Legierungen wirksam [1,4,15]. Zusätze, die nicht mit den Mg und den Legierungselementen reagieren (BN), sind Gegenstand der Untersuchungen im SPP1168 der DFG [16]. Bei der Kornstabilisierung gibt es zwei Zielrichtungen: Die Modifikation von AZ-Legierungen mit Seltene Erden und/oder Ca zur Verringerung der Heißrissneigung und zum Erreichen einer gleichmäßigen feinen Korngröße [14,16]. Die Wirkung geeigneter Legierungselemente wie SE-Zusätze zur Erhöhung der Solidustemperatur verdeutlicht das Bild 11. Weitergehende Entwicklungen basieren auf Al-freie Legierungen mit hohen Seltene Erden Anteile vergleichbar mit dem WE-System [17]. Zum Teil handelt es sich hierbei lediglich um Entwicklungen, die Patente umgehen wollen. Trotzdem gibt es interessante neue Systeme auf Basis Zn-SE-X, Mn-SE-X mit viel versprechenden Ergebnissen

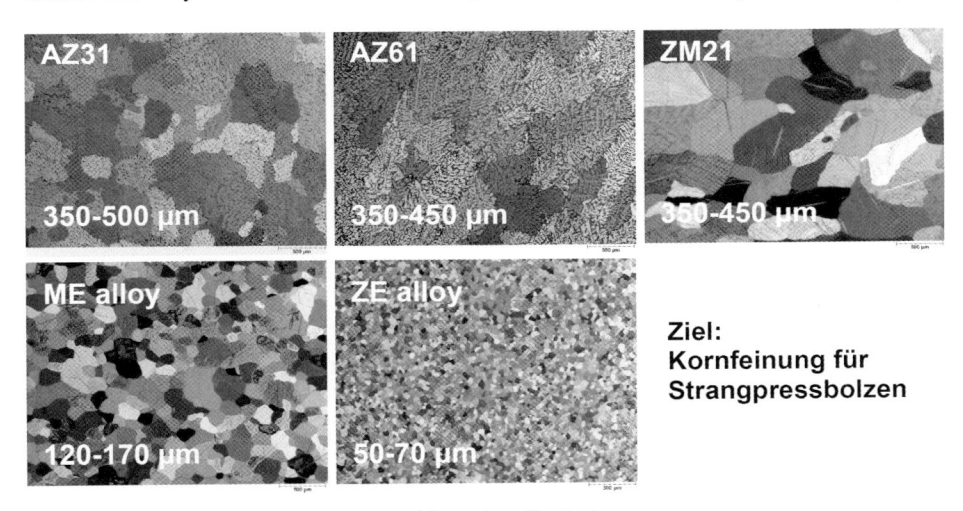

Bild 10: Gefügeaufnahmen stranggegossener Magnesium-Knetlegierungen

[17,18]. Leider muss man bei allen Neuwicklungen berücksichtigen, dass in der Regel nur Rundstangen oder einfachen Flachprofile gepresst werden. Aussagen über die Verwendbarkeit bei komplexeren Profilen und Kammerprofilen fehlen noch, z.B. [19].

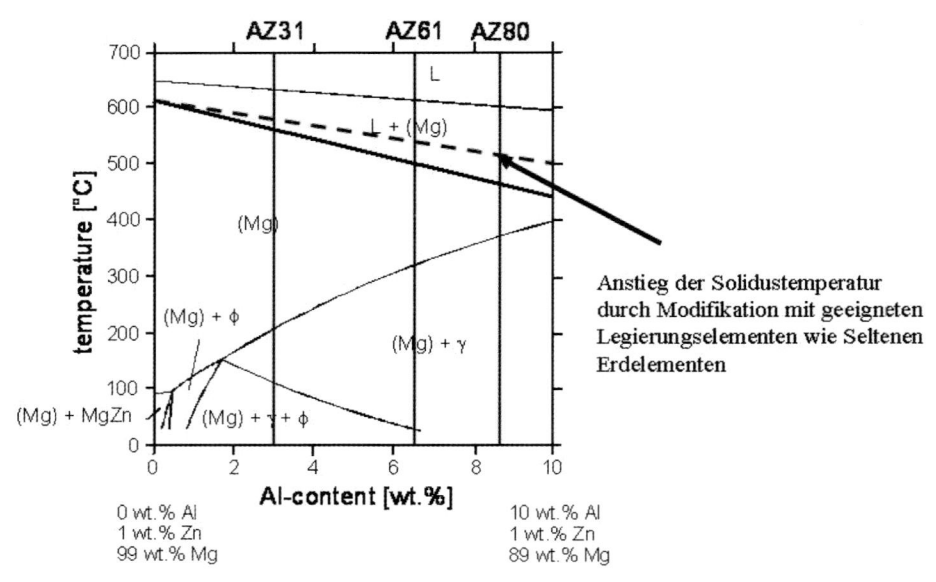

Bild 11: Veränderung der Solidustemperatur durch Legierungszusätze

3.2 Prozesstechnik

Eine Optimierung des Strangpressprozesses für Magnesiumlegierungen findet nur in einem begrenzten Umfang statt. Üblicherweise werden vergleichbare Werkzeuge wie für das Strangpressen von Aluminiumwerkstoffen eingesetzt. In einigen Fällen werden dabei die magnesiumspezifischen Anforderungen wie kürzere Presskanallänge, kleinere Einlaufradien, die Vermeidung großer Wandstärkenunterschiede, die Begrenzung der minimalen Wandstärke in Abhängigkeit vom Durchmesser des umschriebenen Kreises und die Vermeidung von Hinterschneidungen nicht berücksichtigt [3,9]. Die Ergebnisse sind dann mangelnde Oberflächenqualität und geringe Strangpressgeschwindigkeiten. Ein weiterer Problemkreis ist die Schmierung. Die Verwendung von C-H-haltigen-Schmierstoffen kann die Oberflächenqualität negativ beeinflussen. Eine Aufnahme von Kohlenstoff kann zur Verschlechterung der Korrosionseigenschaften führen durch Bildung edler Phasen in der Mg-Grundmatrix.

Durch Einsatz neuerer Strangpresstechnologien wie das hydrostatische Strangpressen versucht man hohe Strangpressgeschwindigkeiten zu erreichen [20,21]. Das gelingt besonders gut bei aluminiumfreien Legierungen, z. B. ZM21 mit 80–100 m/min, ME- und ZE- Legierungen mit 40–55 m/min im Vergleich mit 25–45 m/min für AZ31 und 5–10 m/min für AZ61 [20]. Leider sind zurzeit nur einfache Profile beim hydrostatischen Strangpressen realisierbar, wobei die Strangpressbolzen für Hohlprofile vorgelocht werden müssen. Geeignete Kammerwerkzeuge sind augenblicklich nicht realisierbar. Eine zweite neue Technologie zum Erreichen feiner Gefügestrukturen wird diskutiert: ECAE (Equal Channel Angular Extrusion) [19]. Durch starke Verformung (SPD: severe plastic deformation) kommt es zur Bildung eines Gefüges mit Submikron großen Kristalliten und einem viel versprechenden Eigenschaftsprofil. Die Wirtschaftlichkeit dieses Verfahrens ist als problematisch zu bewerten, obwohl neuere Ergebnisse eine Automatisierung in Aussicht stellen [22]. Da beim Strangpressen von Magnesium in vielen Fällen durch die hohen Austrittsgeschwindigkeiten ein zum Teil starkes Kornwachstum auftritt, versucht man durch Abkühlung dem entgegen zu wirken. Versuche die Stränge zu kühlen zeigen entsprechende Erfolge [19,23]. Für eine Nachbearbeitung, wie z. B. das Richten könnten Probleme auftreten, da dieses im kalten Zustand durchgeführt würde. Das Richten im kalten Zustand ist problematisch, weil eine auftretende Kaltverformung das Verformungsvermögen beeinträchtigt. Das gilt auch z.B. für ein Runden von Profilen, wie sie für Stoßfänger eingesetzt wird. Aus diesem Grund wurde ein Verfahren entwickelt, dass ein automatisches Runden während des Strangpressens erlaubt. Mit Hilfe eines Roboter-Führungssystem ist es möglich, maßgenaue gerundete Profile aus der Strangpresshitze herzustellen [24].

4 Anwendungen und Ausblick

Anwendungen für Magnesiumstrangpressprofile für Strukturanwendungen sind augenblicklich sehr rar. Das Bild 12 zeigt typische Profilformen. In den letzten Jahren wurde eine Vielzahl von Demonstratoren entwickelt, die zwar in der Regel die Machbarkeit zeigten, aber deren Einsatz an den Kosten scheiterten. Neben den in der Einleitung angesprochenen Problemen kommen noch zusätzliche Kosten für die Modifizierung des Korrosionsschutzes und der Fügetechnologie hinzu. Neuere Entwicklungen erlauben aber eine optimistischere Prognose, wenn es gelingt die Kosten für die Strangpressbolzen und den Prozess zu reduzieren. Ein Beispiel eines Demonstrators, ein Stossfängers, zeigt das Bild 13. Weitere Beispiele sind Rahmen- und Anbauteile (Türen, Sitze, Dachteile). Augenblickliche Einsatzbereiche für Strangpressprodukte sind Anoden für den Korrosionsschutz, Schweißdrähte [24], Hüllen für nukleare Magnox-Reaktoren, Webschiffchen, Bleistiftanspitzer, Rahmen für Koffer und im Freizeitbereich (Inline-Skater (Bild 14), Fahrradrahmen, Tennisschläger, Camping-Zubehör). Neuere Anwendungen im Bereich der Behinderten-Mobilität (Rollstühle), Gepäckträger und Tragesysteme für Notstromaggregate erweitern die Palette. Der gesamte Markt entspricht zurzeit ca. 4500t. Enorme Aktivitäten werden aus China berichtet: Hohe Risikofreudigkeit und großes Potenzial lässt zukünftig hohe Wachstumsraten erwarten. Hier befindet sich eine komplette neue Magnesium-Strangpressindustrie im Aufbau [25,26]. Wenn sich der sekundäre Markt entwickelt, besteht auch die Chance der Kostenreduzierung für den Bereich Fahrzeugtechnik aufgrund der Vergrößerung des Marktes.

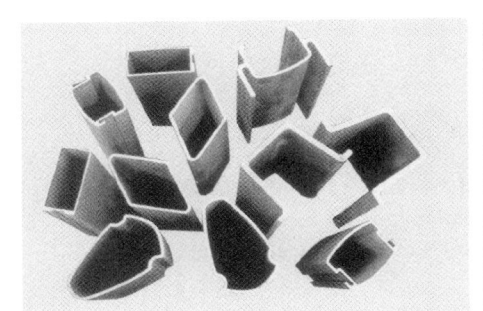

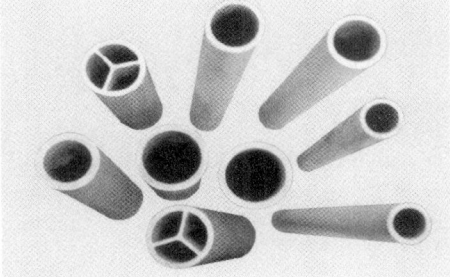

Bild 12: Typische Auswahl von einfachen Kammer-, U- und Rohrprofilen [25]

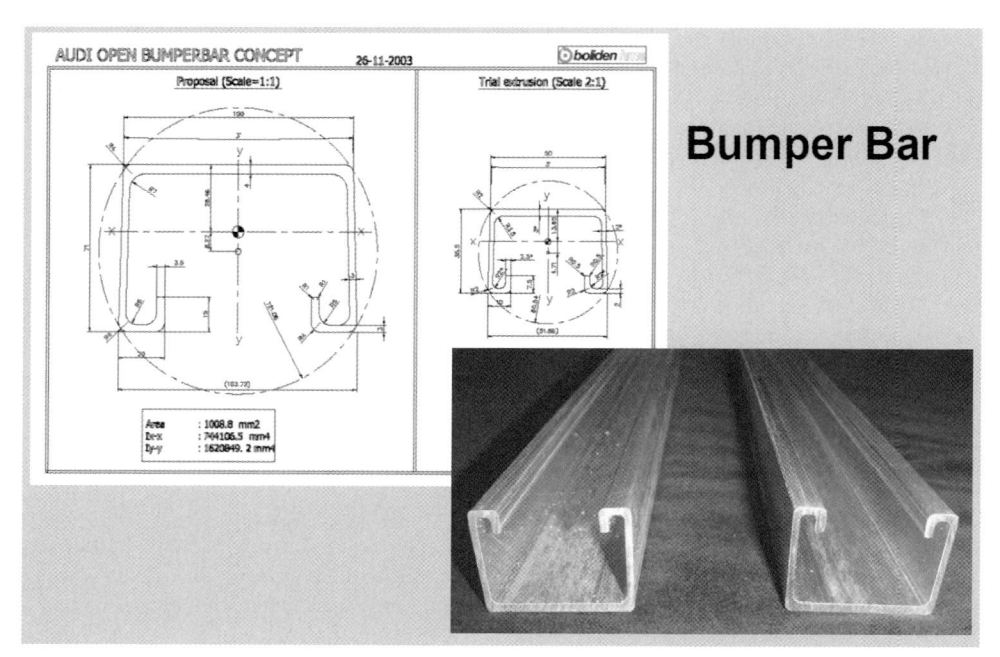

Bild 13: Demonstator (Stossfänger) aus dem EU-Project Magnextrusco [20]

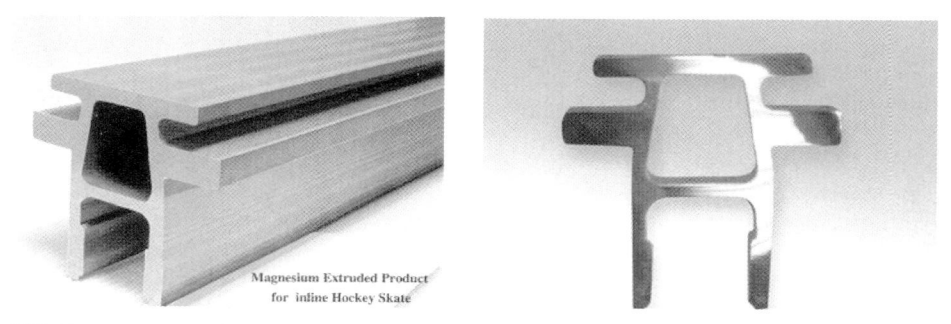

Bild 14: Magnesium-Strangpressprofil für Inline-Hockey-Skater [27]

5 Literatur

[1] [1] A. Beck, „Magnesium und seine Legierungen", Julius Springer Verlag, Berlin, **1939**.
[2] [2] V. V. Zolobov und G. I. Zverev, Strangpressen der Metalle, Deutsche Gesellschaft für Metallkunde **1967** (deutsche Übersetzung von Presovanie Metallov, Moskau, 1959).
[3] [3] K. Laue und H. Stenger, Strangpressen, Aluminium-Verlag, Düsseldorf, **1976**
[4] [4] E. F. Emley, „Principles of Magnesium Technology", Pergamon Press, New York, **1966.**
[5] [5] Informationsbroschüre 478 Elektron WE43 Wrought Alloys, Magnesium Elektron, **2000.**

[6] [6] Informationsbroschüre 480 Elektron WE54 Wrought Alloys, Magnesium Elektron, **2000**.
[7] [7] L. L. Rokhlin, Magnesium Alloys Containing Rare Earth Metals: Structure and Properties,
[8] [8] G. Neite, K. Kubota, K. Higashi F. Hehmann, Magnesium-Based Alloys in R. W. Cahn, P. Haasen, E. J. Kramer, Materials Science and Technology – A Comprehensive Treatment, Vol. 8, VCH, Weinheim, **1996**.
[9] [9] H. Lowak, Kolloquium Magnesium Leichtbau, 02.–03. 06. 2004 Rüsselsheim, Fraunhofer Gesellschaft **2004**.
[10] [10] M. R. Barnett, J.-Y. Yao, C. Davies, Proc. 6th Int. Conf. Magnesium Alloys and Their Applications, K. U. Kainer (editor), **2003**, 272–277.
[11] [11] J. Bohlen, P. Dobroň, J.Swiostek, D. Letzig, F. Chmelík, P. Lukáč, K. U. Kainer, Mat. Sci. Eng. A, **2006**, in press.
[12] [12] J. Bohlen, P. Dobroň, E. M. Garcia, F. Chmelík, P. Lukáč, D. Letzig, K. U. Kainer, Adv. Eng. Mater. **2006**, *8*, 415–421.
[13] [13] J. Bohlen, S. Yi, D. Letzig, H.-G. Brokmeier, Unveröffentlichte Ergebnisse, GKSS Forschungszentrum, **2006**.
[14] [14] Y. Wang, X. Zeng, W. Ding, A.A. Luo, A. K. Sachdev, in Magnesium Technology 2005, N.R. Neelameggham et. al. (editors), TMS, Warrendale **2005**, p. 85–89.
[15] [15] R. T. Wood, Foundry 2, **1953**, *98*, 256–261.
[16] [16] K. U. Kainer, Materials Science Forum, **2005**, *488–489*, 905–908.
[17] [17] E. Han, R. Chen, D. Shan, L. Liu, W. Ke, Proc. 63rd Annual World Magnesium Conference, IMA, Wauconda, **2006**, 146–152.
[18] [18] W. Sebastian, K. U. Kainer, H. Haferkamp, P. Juchmann, DE 199 15 276 A1, **1999**.
[19] [19] J.-F. Lass, F.-W. Bach, M. Schaper, in Magnesium Technology 2005, N.R. Neelameggham et. al. (editors), TMS Warrendale **2005**, p. 159–164.
[20] [20] J. Bohlen, J. Swiostek, W. H. Sillekens, P.-J. Vet, D. Letzig, K. U.Kainer, in Magnesium Technology 2005, N.R. Neelameggham et. al. (editors), TMS Warrendale **2005**, 241–246.
[21] [21] S. Mueller, K. Mueller, W. Reimers, M. Rosumek, in Magnesium Technology 2005, N.R. Neelameggham et. al. (editors), TMS Warrendale **2005**, 165–170.
[22] [22] K. Müller, Präsentation auf der Festveranstaltung aus Anlass des 20ig jährigen Bestehens des Fördervereins Forschungszentrum Strangpressen, 04.05.2006.
[23] [23] J. Bohlen, S.B. Yi, J. Swiostek, D. Letzig, H.G. Brokmeier, K.U. Kainer, Microstructure and texture development during hydrostatic extrusion of magnesium alloy AZ31, Scripta Mater., **2005**, *52*, 259–264.
[24] [24] Informationsbroschüre 430, Magnesium Alloys Welding Rod, Magnesium Elektron, **1998**.
[25] [25] M. Shukun, W. Xiuming, H. Wei, D. Chunming, Proc. 63rd Annual World Magnesium Conference, IMA, Wauconda, **2006**, 3–18.
[26] [26] Information, Beijing Shoutegang-Yuandong Magnesium Alloy Product C., Ltd., **2006**.
[27] [27] Information Advanced Material Speciality Inc., Taipei, Taiwan, **2006**.

Neuere Entwicklungen bei AA6xxxer Legierungen

H. Knissel, B. Morere
Alcan Technology & Management AG, CH-Neuhausen am Rheinfall
Alcan Centre de Recherches de Voreppe, F-Voreppe

1 Einführung

Aluminium-Legierungen stehen im dauerhaften Wettbewerb mit anderen Konstruktionswerkstoffen wie Stahl, Mg-Legierungen oder faserverstärkten Kunststoffen. Ein wesentlicher Vorteil des Aluminiums ist in dem Zusammenhang die hervorragende Strangpressbarkeit, welche eine maßgeschneiderte Konstruktion in Integralbauweise durch eine sehr flexible Formgebung ermöglicht. Dieser Vorteil kommt allerdings nur dann voll zum Tragen, wenn für ein Bauteil mit seinen speziellen Anforderungen bei Herstellung und Betrieb eine optimale Abstimmung von Design und Werkstoffeigenschaften gefunden wird.

Hierfür stehen neben der Gebrauchseignung und den Leichtbaubestrebungen – gerade für den Automobilbau – die Herstellungskosten im Vordergrund. Diese Kosten sind beim Strangpressen stark von der Pressgeschwindigkeit und damit auch von der eingesetzten Strangpresslegierung abhängig. Die Aufgabe für den Metallurgen besteht darin, möglichst gut strangpressbare Al-Legierungen zu entwickeln, welche gleichzeitig die geforderten Werkstoffeigenschaften erreichen.

2 Kundenanforderungen an Strangpressprofile aus AA6xxxer Legierungen

Eine besondere Nachfrage nach diesen Strangpresserzeugnissen gibt es aus dem Automobilbau. Hier werden aber auch extrem hohe Anforderungen an die Qualität der Profile gestellt. Es wird angestrebt die Dehngrenze ($R_{p0,2}$) der Profile im Betrieb immer weiter zu steigern und dabei weitere Werkstoffeigenschaften wie Verformbarkeit, Duktilität, Bruchzähigkeit, Korrosionsbeständigkeit und Schweißeignung in ausreichendem Maße zu gewährleisten. Einen guten Kompromiss zwischen Festigkeit und diesen übrigen Werkstoffeigenschaften bilden die feinkörnig rekristallisierenden AA6xxxer AlMgSi-Legierungen. Allerdings ist die maximal erreichbare Festigkeit begrenzt. Diese gilt es durch die Anpassung der chemischen Zusammensetzung, der Bolzenhomogenisierung und der Pressparameter in Zukunft weiter zu steigern, um sich im Wettbewerb der Werkstoffe weiter behaupten zu können.

Im Automobilbau ist die Forderung nach einer immer höheren Dehngrenze gleichzeitig mit der Forderung nach rissfreier Verformung im Falle eines Fahrzeugcrashs verbunden. Ein Beispiel für die Erfüllung dieser Kundenanforderungen bei gleichzeitiger Steigerung der Mindestdehngrenze sind die Strangpressprofile des Audi A2 aus der Legierung AA6014 (Bild 1).

Die Absorption der kinetischen Energie durch rissfreie, plastische Verformung auf einem konstant hohen Festigkeitsniveau, ohne die Obergrenze der Last beim Crash zu überschreiten, ist die Anforderung seitens des Werkstoffs. Wie die plastische Verformung z.B. das axiale Falten eines Profils abläuft, hängt aber ebenfalls von der Geometrie des Profils mit den zugehörigen Toleranzen ab. Eine möglichst gute Maßhaltigkeit des Profils ist darum ein weiteres Qualitätskriterium für den Automobilkunden, wenn es um crashgeeignete Profile geht.

Der Lastfall ist die dritte Einflussgröße auf das Crashszenario. Das axiale Falten eines Profils z.B. als Crashbox bei einer Frontkollision mit lokal hohen Verformungsgraden bedarf eines anderen Werkstoffverhaltens als die Biegung eines Seitenaufprallträgers mit einem globaleren Verformungsverlauf.

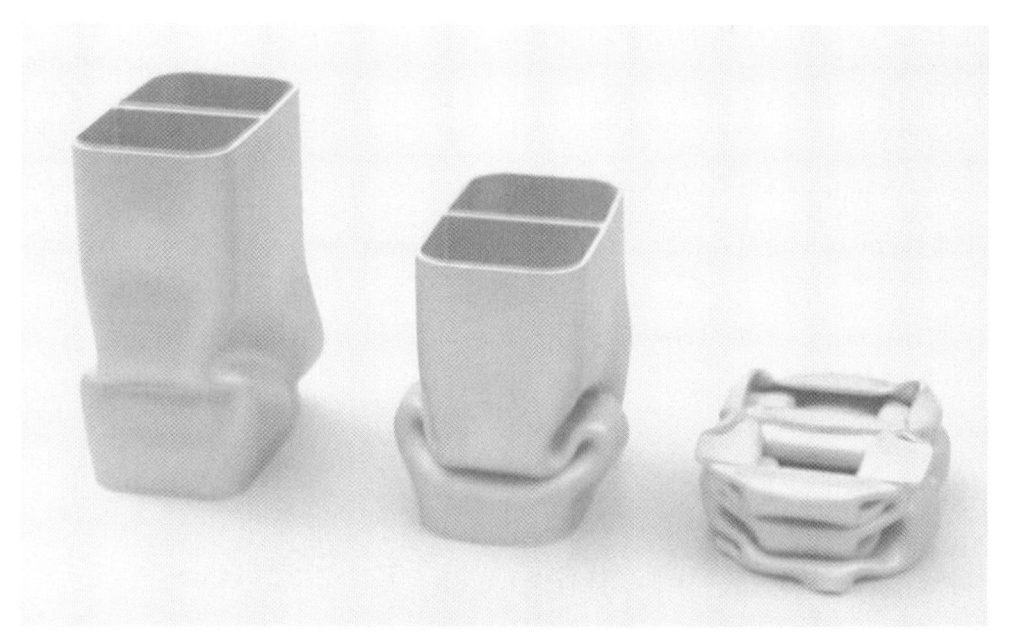

Bild 1: Rissfreies Falten eines dünnwandigen Zweikammerprofils aus der Legierung AA6014

3 AA6xxxer Al Strangpressprofile in Konkurrenz zu anderen Werkstoffen

Die Entwicklung unterschiedlicher Bauweisen im Rahmen der Leichtbaustrategie fordert die Potentiale sämtlicher Werkstoffgruppen und führt in Richtung eines Multimaterial Designs [2]. Welcher Werkstoff für welches Bauteil zum Einsatz kommt, hängt davon ab, wie gut das Eigenschaftsprofil des Werkstoffs samt seiner Formgebungsmöglichkeiten und die Bauteilanforderungen übereinstimmen. Voraussetzung für ein Multimaterial Design ist die Kompatibilität unterschiedlicher Werkstoffe hinsichtlich thermischer bzw. elektrochemischer Verträglichkeit sowie einer ausreichenden Qualität der Fügeverbindung.

Für AA6xxxer Al Strangpressprofile bedeutet dies, sie müssen sich im Wettbewerb mit anderen Werkstoffen wie Stahl, faserverstärkter Kunststoffen und Magnesium behaupten. Der Wunsch der Konstrukteure nach immer höherer Festigkeit auch bei Aluminiumlegierungen macht auch die hochfesten AA7xxxer AlZnMg Legierungen zu einer Konkurrenz.

Der wesentliche Vorteil der 6xxxer Strangpresslegierungen liegt einerseits in ihrem günstigen und breiten Eigenschaftsprofil und andererseits in ihrer guten Strangpressbarkeit und damit verbunden einer vielseitigen Formgebungsmöglichkeit. Komplexe 2D Strukturen mit maßgeschneiderter Materialverteilung sind möglich. Mittels Biegen oder Hydroformen können diese auch in komplexe, maßhaltige 3D Konturen gebracht werden. Auch ein Umformen im warmen Zustand direkt am Werkzeugaustritt der Presse wurde schon erfolgreich betrieben [3,4]

Neuere Entwicklungen bei Mehrphasenstählen, die ein Vielfaches der Festigkeiten von 6xxxer Al Legierungen besitzen, sind die Hauptkonkurrenz im Automobilleichtbau [5] (Bild 2). Die niedrigeren Kosten von Stahl stellen einen weiteren Vorteil gerade für die Großserie dar. Allerdings sind für die extrem hochfesten Stähle auch Begrenzungen bei Verarbeitung (Warmwalzen, Schweißen) und Betrieb (Verformbarkeit) vorhanden. Faserverstärkte Kunststoffe haben mit ihrem geringen spezifischen Gewicht einen grundsätzlichen Vorteil, allerdings kommt dieser aufgrund ihrer relativ teuren Herstellungsprozesse mit geringem Automatisierungsgrad noch nicht voll zum Tragen. 7xxxer AlZnMg Legierungen werden aufgrund ihrer erhöhten Festigkeit bevorzugt, allerdings ist auch ihre Herstellung aufwendiger. 7xxxer Legierungen mit moderaten Gehalten an Legierungselementen, wie die AA7003 oder AA7027 (hier Unidur-091) Legierungen, stellen mit ihrem abgesenkten Mg-Gehalt einen interessanten Kompromiss zwischen Strangpressbarkeit und Festigkeit bzw. Korrosionsbeständigkeit dar [6] (Bild 3). Festigkeiten über 310MPa können bei geringerer Prozessempfindlichkeit und relativ guter Strangpressbarkeit erzielt werden.

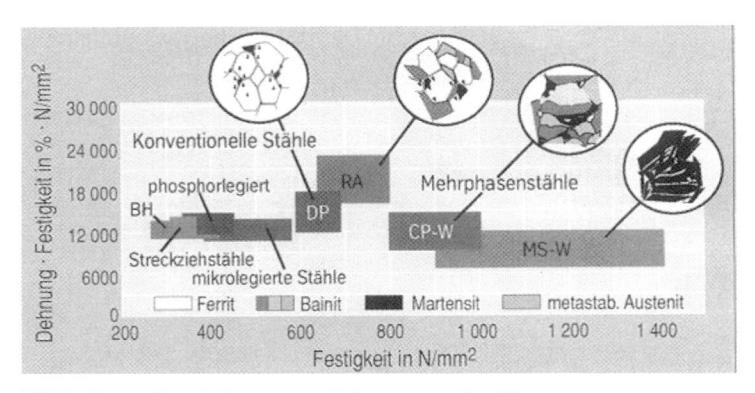

Bild 2: Neuere Entwicklungen von Mehrphasenstählen [5]

4 AA6xxxer Al Strangpressprofile für dünnwandige Hohlprofile

4.1 Stand der Technik für AA6xxxer Al Strangpressprofile

Seit Jahren Stand der Technik für 6000er Strangpresslegierungen in Europa sind die Legierungen AA6060 und AA6082. Beide Legierungen decken ein großes Anwendungsspektrum innerhalb ihrer Festigkeitsspanne ab – AA6060 am unteren und AA6082 am oberen Ende (Tabelle 1). Beide Legierungen besitzen ein komplett unterschiedliches Konzept zur Einstellung der Mikrostruktur. Während bei AA6060 ein feinkörnig rekristallisiertes Gefüge angestrebt wird, wird bei AA6082 ein nicht rekristallisiertes Fasergefüge erzeugt. Die Festigkeitsspanne zwischen den beiden Legierungstypen wird z.B. durch die Legierung AA6005A abgedeckt. Auch diese wird auf nicht rekristallisiertes Fasergefüge gepresst. Ein Alternative hierzu bieten die vanadiumhaltigen Legierungen AA6014 (ohne Vanadium=AA6106) und die etwas höherlegierte Vari-

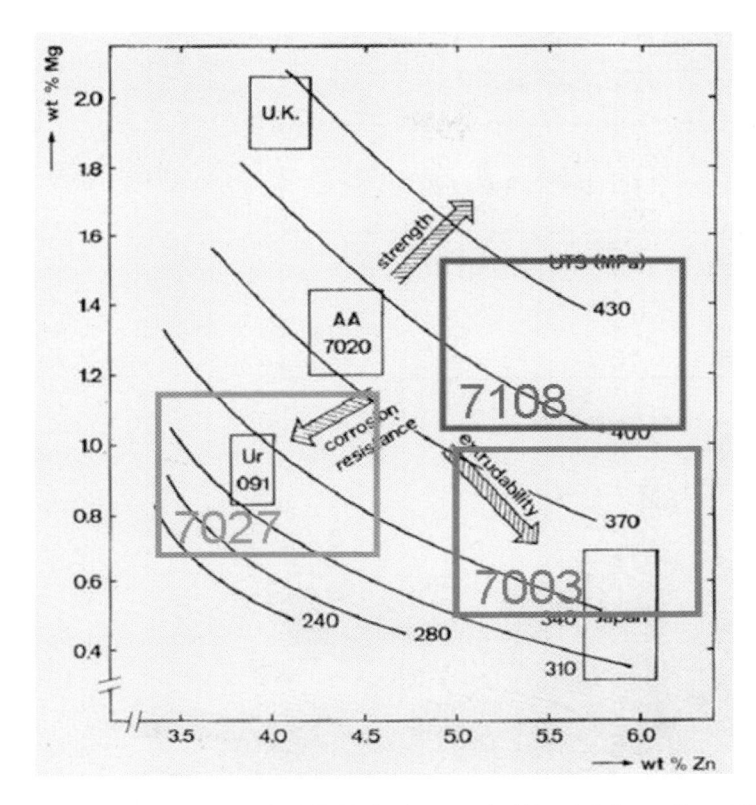

Bild 3: Eigenschaftstrends für AlZnMg Legierungen in Abhängigkeit vom Zn und Mg Gehalt [6]

ante AA6008. Beide Legierungen zeichnen sich für ihr Festigkeitsniveau durch ein vergleichsweise vorteilhaftes Eigenschaftsprofil aus, wie Duktilität, Strangpressbarkeit, Schweißbarkeit und Korrosionsbeständigkeit (Tabelle 1). Diese ausgezeichneten Eigenschaften werden allerdings nur erreicht, wenn neben der Legierungszusammensetzung auch der Wärmebehandlungszustand und die Prozessparameter stimmen. Genau wie AA6060 werden diese Legierungen auf ein feinkörnig rekristallisiertes Gefüge gepresst.

4.2 Neue Entwicklungen für AA6xxxer Strangpressprofile

Der Wunsch nach möglichst hoher Festigkeit bei gleich bleibend guter Duktilität bzw. Pressbarkeit etc. hat zur weiteren Optimierung der AA6008 hinsichtlich chemischer Zusammensetzung, der Wärmebehandlung und der Pressparameter geführt. Pressversuche an einem 2mm dicken Einkammerprofil an der Versuchsstrangpresse des Forschungszentrums Strangpressen der TU Berlin haben ergeben, das die hervorragende Duktilität, gekennzeichnet durch ein rissfreies axiales Falten noch bei Dehngrenzen >280MPa erhalten bleibt (Bild 4). Dies kommt im Zugversuch durch relative hohe Werte der Brucheinschnürung (Z) zum Ausdruck (Tabelle 2).

Tabelle 1: Eigenschaftsprofil eingesetzter AA6xxxer Al Strangpresslegierungen

	6060	6014/6106	6008/6005A	6082
WB	T64	T7	T7	T66
$R_{p0.2}$ [MPa]	160 - 200	200 - 245	220 - 270	$\geq$ 260
R_m [MPa]	$\geq$ 215	215 - 265	240 - 290	$\geq$ 310
Duktilität	☺☺	☺☺☺	☺☺	☺
Wanddicken	$\geq$ 1.5 mm	$\geq$ 1.5 mm	$\geq$ 2.0 mm	$\geq$ 2.0 mm
Pressbarkeit	☺☺☺	☺☺	☺	☹
Kosten	☺☺	☺	☺	☹
Schweissbarkeit	☺	☺☺	☺☺	☺
Korrosionsbest.	☺☺	☺☺	☺	☺

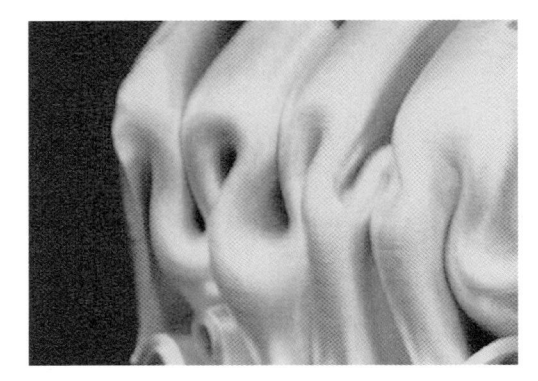

Bild 4: Rissfreies Faltverhalten in den kritischen Eckbereichen des Profils

Tabelle 2: Zugversuchsergebnisse für AA6008 – T7 (Einkammerhohlprofil, 2mm Wanddicke)

AA6008	$R_{p0.2}$ [MPa]	R_m [MPa]	A_{gl} [%]	Z [%]
Strang 1	280.7	307.6	6.5	58.85
Strang 2	290.5	315.6	6.7	54.73
Strang 3	288.7	314.5	6.7	59.03
Strang 4	300.2	322.9	7.1	60.65

Tabelle 3: Chemische Zusammensetzung für AA6008 (Norm Aluminium Association, 2002)

Si	Fe	Cu	Mn	Mg	Cr	Zn	V	Rest total	einzel
0.50–0.9	0.35	0.3	0.3	0.40–0.7	0.30	0.2	0.05–0,20	0.15	0.05

Die Werkstoffeigenschaften werden ebenso durch die Wärmebehandlung des Profils bestimmt (Bild 5). Die Ergebnisse aus Tabelle 2, mit den relativ hohen Werten für die Brucheinschnürung bei relativ geringen Werten für die Gleichmaßdehnung, kommen durch einen überalterten Wärmebehandlungszustand „T7" zustande. Dieser besitzt zudem eine geringe Verfestigung. Bild 5 zeigt ebenfalls die wahre Spannungs-Dehnungs-Kurve für den kaltausgehärteten Zustand T4 mit vergleichsweise hoher Gleichmaßdehnung als besonders geeigneten Zustand für eine Umformoperation. Je nachdem welches makroskopische Verformungsverhalten erwünscht ist, kann dies also über die Wärmebehandlung entsprechend eingestellt werden.

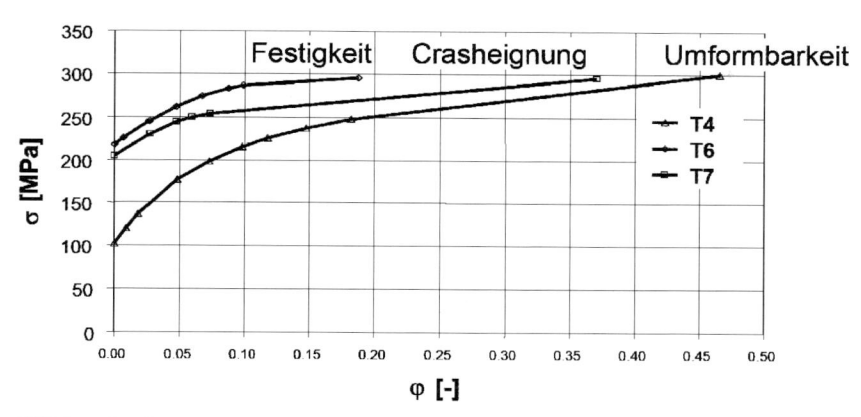

Bild 5: wahre Spannungs-Dehnungskurven für die Legierung AA6014 mit unterschiedlicher Wärmebehandlung

5 Mikroskopische Mechanismen in Bezug auf die plastische Verformung und den duktilen Bruch von AA6xxxer Al Strangpressprofile

5.1 Korngröße

Wie bereits erwähnt, gibt es für die 6000er Al Legierungen unterschiedliche Gefügeausbildungen. Für Legierungen mit moderater Festigkeit zielt man auf ein feinkörnig rekristallisiertes Gefüge ab (Bild 6, unten rechts [7]). Legierungen mit erhöhter Festigkeit werden auf Fasergefüge gepresst, wobei die Rekristallisation möglichst vollständig unterbunden wird (Bild 6, oben links). Sowohl das Ausmaß der Rekristallisation als auch die Korngröße hängen von der Bolzentemperatur und Pressgeschwindigkeit ab. Eine maßgeschneiderte Mikrostruktur wird sich also nur durch eine geeignete Prozessführung beim Strangpressen realisieren lassen. Die Ausbildung der Korngröße bei der Rekristallisation bzw. die Stabilisierung des Fasergefüges wird neben den Pressparametern auch von den Legierungselementen und den daraus entstehenden inkohärenten Ausscheidungen beeinflusst. Die Zugabe von Mn (eutektisch erstarrend) und die Zugabe von Cr, Zr oder V (peritektisch erstarrend) bieten sich in dem Zusammenhang an. Die Legierungszusammensetzung aus Kapitel 4 wurde dementsprechend ausgewählt und optimiert.

5.2 Ausscheidungsfreie Säume

Al Legierungen, die durch Auslagern bei erhöhter Temperatur ausgehärtet werden, bilden ausscheidungsfreie Säume entlang ihrer Korngrenzen. Die Breite der Säume hängt von der Legierungszusammensetzung, der Art der Krongrenze und vor allem von der Abkühlgeschwindigkeit nach der Lösungsglühung ab. Das Auftreten ausscheidungsfreier Säume an den Korngrenzen

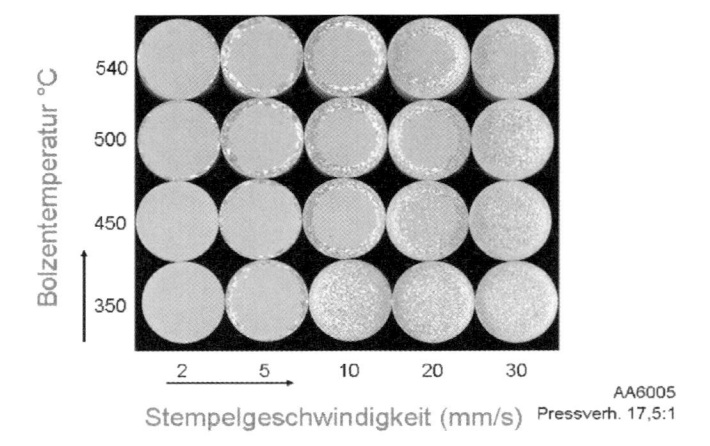

Bild 6: Gefügeausbildung für stranggepresste Stangen aus AA6005 (Pressverhältnis 17,5:1) in Abhängigkeit von der Bolzentemperatur und der Pressgeschwindigkeit

beeinflusst maßgeblich das Bruchverhalten von aushärtbaren Al Legierungen. Ihr Auftreten fördert den Versetzungsaufstau an den Korngrenzen und trägt zum Auflösen des Korngrenzenverbundes beginnend an Tripelpunkten bei [1].

Das Auftreten von ausscheidungsfreien Säumen führt bei AlMgSi-Legierungen zu einer Zunahme des Anteils an interkristalliner Bruchfläche, wenn die Abkühlungsgeschwindigkeit von Lösungsglühtemperatur reduziert wird. Makroskopische äußert sich ein solcher Bruchvorgang durch sprödes Verhalten, welches gerade im Hinblick auf die Crasheignung einer Al Legierung zu vermeiden ist.

Durch eine geeignete Legierungszusammensetzung und Prozessführung kann das Ausmaß (Breite) dieser ausscheidungsfreien Säume in Grenzen gehalten werden, d.h. sie beeinflussen das makroskopische Verformungs- und Bruchverhalten nicht durch ein vorzeitiges „sprödes" Versagen. Bild 7 zeigt einen ausscheidungsfreien Saum an der Korngrenze einer AlMgSi-Legierung. Die Breite variiert hier je nach Abkühlgeschwindigkeit zwischen 0,1 und 1µm.

Bild 7: Ausscheidungsfreie Säume (TEM Aufnahme, 31500:1, AlMgSi0,5) [1]

5 Zusammenfassung und Ausblick

Stranggepresste AA6xxx Legierungen stehen immer mehr im Wettbewerb mit anderen Werkstoff- und prozesstechnischen Lösungen. Sie werden sich behaupten, wenn das Potenzial der fertigungs- und werkstofftechnischen Vorteile voll ausgeschöpft wird und innovative Lösungen neue Anwendungen ermöglichen.

Es wurde erläutet, dass die Wahl der Strangpresslegierung, der nachfolgenden Wärmebehandlung und der Pressparameter einen entscheidenden Einfluss auf die Qualität des Strangpressprofils im Bezug auf Festigkeit, Verformungs- und Bruchverhalten hat.

Mit geeigneter Legierung, Wärmebehandlung und Pressparametern ist es heute möglich Dehngrenzen >280MPa bei gleichzeitig rissfreien Falten zu erzeugen (Kennwerte aus Versuch). Damit kommt das Bestreben von Alcan zum Ausdruck die gestiegenen Anforderungen seiner Kunden zu garantieren und auch in Zukunft neue, wertschöpfende Lösungen für seine Kunden zu entwickeln.

6 Literatur

[1] P. Schwellinger, Investigation of the Mechanisms of Ductile Intergranular Fracture in Al-Mg-Si Alloys with Special Reference to Void Formation, Sonderdruck aus Zeitschrift für Metallkunde, Band 71 (**1980**), H. 8, S. 520–524

[2] H. E. Friedrich. J. Rau, Bauweisenkonzepte für dünnwandige Fahrzeugstrukturen, DLR & Institut für Fahrzeugtechnik, in Berlin DVM Tag ‚Dünnwandige Strukturbauteile', **2005** , p. 7–17.

[3] Klaus; M. Kleiner, Developments in the Manufacture of Curved Extruded Profiles – Past Present and Future, Light Metal Age Vol. 62 (**2004**), No. 7, pp. 22–32.

[4] K. B. Müller, Bending of extruded profiles during extrusion process, Int.Journal of Machine Tools & Manufacture 46 (**2006**), pp. 1238–2142

[5] U.W. Jaroni, et. al., Neues Werkstoffkompetenzzentrum für produktorientierte Werkstoff- und Verfahrensentwicklung, Zeitschrift Stahl-Eisen Verlag 3/**2004**, pp. 45ff

[6] G. Höllrigl, Unidur-091, Proceedings of Third International Aluminum Extrusion Technology Seminar (ET 84), April **1984**, Atlanta, USA, Vol. 1 p.125

[7] N. Parson, et. al., Control of Grain Structure in Al-Mg-Si Extrusions, Proceedings of Eighth International Aluminum Extrusion Technology Seminar (ET 04), April **2004**, Orlando Florida, USA, Vol. 1 p.11

Strangpressprofile aus neuen Aluminium-Hochleistungslegierungen für den Flugzeugbau

J. Becker, G. Fischer, M. Hilpert, G. Terlinde
Otto Fuchs KG, Meinerzhagen

1 Einführung

Für Strukturprofile im Flugzeugbau waren über Jahrzehnte hochfeste Aluminiumlegierungen des Typs AlZnMgCu und AlCuMg fest etablierte Werkstoffe. Mit neuen Fertigungstechniken, größerem Fluggerät und gestiegenen technischen Anforderungen bei den jüngsten Modellen der Airbusflotte sind in den letzten Jahren aber diese klassischen Legierungen an ihre Grenzen gestoßen. Die Anforderungen an die Profile konnten mit den bisherigen klassischen Al-Luftfahrtlegierungen nicht mehr erfüllt werden. Gleichzeitig machen moderne Alternativmaterialien wie faserverstärkte Kunststoffe dem Leichtmetall Aluminium zunehmend Konkurrenz.

Mit den folgenden Ausführungen werden innovative legierungs- und verfahrenstechnische Entwicklungen vorgestellt, mit denen es gelungen ist zu zeigen, dass Profile aus Aluminium auch für die neue Flugzeuggeneration die richtige und bestgeeignete Lösung sind.

Der Einsatz der neuen Entwicklungen beschränkt sich dabei natürlich nicht nur auf den Luftfahrtbereich, sondern kann auf alle Anwendungsfelder, die von Aluminiumprofilen mehr Leistungsfähigkeit erwarten, ausgedehnt werden.

Im Folgenden werden als Ergebnis einer produktspezifischen Werkstoffentwicklung fünf Beispiele vorgestellt, die sich im Vergleich zu den bisher vorliegenden Al-Werkstoffen auszeichnen durch:

- Typ A: Höchste statische Festigkeit bei RT
- Typ B: Reduziertes Gewicht und höhere Steifigkeit
- Typ C: Hohe Festigkeit bei guter Schweißbarkeit
- Typ D: Gute Streckbiegbarkeit und hohe Festigkeit
- Typ E: Verbesserte Warmfestigkeit bis 220 °C

2 Typ A: Höchste statische Festigkeit bei RT

Mit Einführung des A340 bei Airbus kam für Profile die Forderung nach Festigkeitswerten auf, die um mindestens 10 % über den bis dahin vereinbarten ohne Beeinträchtigung der sicherheitsrelevanten Eigenschaften wie z. B. Duktilität, Korrosions- und Spannungsrisskorrosionsbeständigkeit liegen sollten. Bereits in den 90er Jahren war man diesem Entwicklungsziel mit einer Herstellung des Vormaterials über die pulvermetallurgische Route nachgegangen. Die mit den Pulverwerkstoffen erzielten Ergebnisse waren viel versprechend [1], allerdings erwies sich der Preis für eine Markteinführung als zu hoch. Um den Forderungen des Flugzeugbauers in technischer und wirtschaftlicher Weise nachzukommen, ging man auf den schmelzmetallurgischen Ansatz zurück. Aus dem Sport- und Militärbereich waren mit den Legierung 7049 und 7049 A Legierungen für höchste Festigkeitswerte bekannt, allerdings sagte man ihnen eine hohe Korrosions- und SRK-Anfälligkeit nach.

Im Hinblick auf die Forderungen der Flugzeugbauer wurde eine Entwicklung aufgenommen, in der es folgende Punkte zu lösen galt:
1. optimierte Zusammensetzung im Hinblick auf die Eigenschaften und in Anpassung an die Wanddicke
2. legierungsgerechte Pressparameter und –verfahren zur Entwicklung des vollen Eigenschaftspotentials.
3. angepasste Wärmebehandlungsparameter zur Einstellung der geforderten Eigenschaften
4. Vorgenannte Punkte galt es für Profile mit Wanddicken von 1,2 mm bis 150 mm zu lösen. Die geforderten Eigenschaften sind in Tabelle 1 zusammengestellt.

Tabelle 1: Vorgaben für die Entwicklung Al-Legierungen Typ A

Werkstoff	7075-T76511	7075-T6511	7xxx-T7x511		7xxx-T7x511
Spezifikation					
Dicke	max. 38 mm	max. 10 mm	1,2–20	20–60	max. 150 mm
$R_{p0,2}$ (MPa)	450	485	570	600	540
R_m (MPa)	515	540	620	625	580
A (%)	7	7	7	7	
EXCO		≤ EB	≤ EB	≤ EB	≤ EB
SRK (MPa)	–	–	400	400	380

2.1 Legierungszusammensetzung

Mit Aufnahme der ersten Pressversuche zeigte sich sehr schnell, dass nicht alle Wanddicken mit einer Zusammensetzung abgedeckt werden konnten. Einzelne Legierungselemente hatten gegenläufige Auswirkungen. So stellte sich in Profilen aus AZ86 mit min.-Wanddicke (d > 1,2mm) Cr als wirkungsvoller Rekristallisationsverhinderer dar, ließ aber beki Wanddicken über 20 mm die Durchhärtbarkeit einbrechen, d. h. über 20 mm Wanddicke, bei der die Rekristallisationsanfälligkeit wesentlich geringer als bei den dünnwandigen Profilen war, wechselte man auf eine Cr-freie Variante AZ87. Die Zusammensetzung letzterer liegt im Toleranzband der unter 7449 registrierten Legierung.

Ab Wanddicken von ca. 60–100 mm stellte sich die Abstufung des Gehalts der Hauptlegierungselemente für die Durchhärtbarkeit als kritisch dar. In vielfachen Legierungsmodifikationen und Pressreihen gelang der Nachweis, dass durch eine weitere leichte Steigerung des Zn-Gehalts und Absenkung der Mg-Gehalte in XZ93 die Durchhärtbarkeit bis 150 mm Wanddicke gesteigert werden konnte. Die chemischen Toleranzbänder, in die die drei Legierungsvarianten AZ86, AZ87 und XZ93 gelegt wurden, zeigt Tabelle 2.

2.2 Strangpressen

Sehr schnell zeigte sich bei Aufnahme der Strangpressversuche, dass die Verarbeitung der vorgenannten Legierungen nur in einem äußerst begrenzten Parameterfeld gegeben war.

Tabelle 2: Legierungstoleranzen der höchstfesten Fuchslegierungen gemäß internationaler Anmeldung.

Elemente	FUCHS AZ 86 (= 7049A u. 7349)	FUCHS AZ 87 (= 7449)	FUCHS XZ 93
Wanddicke	max. 20 mm	20–60 mm	max. 150 mm
Si	max. 0,12	max. 0,12	max. 0,10
Fe	max. 0,15	max. 0,15	max. 0,10
Cu	1,4–2,1	1,4–2,1	0,6–1,15
Mn	max. 0,20	max. 0,20	max. 0,5
Mg	1,8–2,7	1,8–2,7	1,3–2,1
Cr	0,10–0,22	max. 0,05	max. 0,04
Zn	7,5–8,7	7,5–8,7	7,8–9,0
Ti	max. 0,05	max. 0,05	0,05
Ti+Zr	max. 0,25	max. 0,25	0,06–0,25

1. Indirektpressen stellte sich für Profile aller Wanddicken zur Überwindung der hohen Formänderungsfestigkeit der Materialien und Erzielung von möglichst wirtschaftlichen Pressgeschwindigkeiten als das geeignete Verfahren heraus
2. das Fenster für die Mindest- und Maximaltemperaturen war äußerst klein, um eine Pressbarkeit zu gewährleisten und eine Rissbildung am Profil zu unterbinden.
3. Die Toleranzen für die Blockerwärmung wurden auf +/– 10 °C festgeschrieben und die Stranggeschwindigkeit mit einer Toleranz von ± 0,05 m/min über eine berührungslosen Lasermessung überwacht.

Über Simulationsrechnungen konnten Werkzeuggestaltung und Prozessparameter erfolgreich erarbeitet werden.

2.3 Wärmebehandlung und Eigenschaften

Mit Aufnahme der Wärmebehandlungsversuche zeigte sich sehr schnell, dass ein abgestimmtes Verhältnis von Festigkeit, Duktilität und SRK-Beständigkeit nur über eine mehrstufige Aushärtung zu erzielen war. Wiederum mit engsten T- und Zeitfenstern von +/– 3 °C und +/– 1 h konnten letztendlich stabil die vom Kunden geforderten Eigenschaften eingestellt werden. Tabelle 3 zeigt exemplarisch für die Legierungsvarianten Fuchs AZ86, AZ87 und XZ93 typische Zugversuchskennwerte und die sicherheitsrelevanten Eigenschaften Spannungsrisskorrosionsbeständigkeit (SRK) und Bruchzähigkeit (K_{IC}) von stranggepressten Produkten mit Wanddicken von 1,2 bis 150 mm.

Tabelle 3: Typische Eigenschaften von Profilen aus höchstfesten FUCHS-Legierungen im warmausgehärteten Zustand

Legierung	Fuchs AZ86	Fuchs AZ87	Fuchs XZ93
Wanddicke (mm)	1,2–20	20–60	max. 150
$R_{p0,2}$ (MPa)	627	638	600
R_m (MPa)	664	653	609
A_5 (%)	10	11	9
SRK [1] (MPa)	400	320	400
K_{IC} [2] (MPa)	32	27	38

[1] ASTM-G47, 30 Tage, LT-Richtung
[2] Typische L-T-Werte

2.4 Anwendung

Stranggepresste Sitzschienen, Querträger und Stringer in der Struktur des A 340 waren die ersten Profile, für die FUCHS AZ86 im Fluggerät zum Einsatz kam. Durch die erhöhte Festigkeit konnten die Komponenten im Vergleich zu solchen aus herkömmlichen Legierungen um bis zu 10% leichter ausgelegt werden. Im vergleichbaren Maße kann der Vorteil in anderen Anwendungsfeldern wie z. B. im Maschinen- und Anlagenbau und für Sportgerät genutzt werden. Höchste Festigkeit in Kombination mit guten sicherheitsrelevanten Eigenschaften ist die Basis für eine sichere Funktion.

3 Typ B: Hochfeste Legierungen mit reduzierter Dichte und erhöhtem E-Modul

Eine Reduzierung der Dichte von Al-Werkstoffen unter Beibehaltung der Festigkeit und Duktilität ist der direkteste Ansatz, das Leistungsgewicht dieser Legierungen zu erhöhen. Seit Jahren sind als Lösungsansatz Li- Zusätze in Al-Legierungen bekannt. Aber erst mit den neuen Flugzeugen A380 und A350 sind die Zulieferer verstärkt aufgefordert worden, neben Blechen auch Profile in lithiumhaltigen Legierungen zur Verfügung zu stellen. Da Li-haltige Al-Legierungen spezielle Schmelz- und Gießanlagen voraussetzen, wählte Otto Fuchs zunächst den Weg, auf dem Markt vorliegende Legierungen von Herstellern wie Alcoa, Alcan und
VIAM/ KUMZ auf ihr Potential zur Steigerung des Leistungsgewichts in Profilen zu analysieren. Tabelle 4 zeigt die chemische Zusammensetzung von Al-Li-Legierungen verschiedener Hersteller und die Dichtereduzierung, die sich aus dem Li-Zusatz ergibt.

3.1 Strangpressen und Wärmebehandlung

Die Al-Li-Legierungen ließen sich problemlos mit konventionellen Werkzeugen zu fehlerfreien Strangpressprofilen mit guter Oberflächenbeschaffenheit verarbeiten.

Aus Legierung 8090 wurden über ein Kammerwerkzeug auch Hohlprofile mit min. 2 mm Wanddicke gefertigt. Das Lösungsglühen bei Temperaturen von 500–530 °C in Abhängigkeit von der Legierung stellt besondere Anforderungen an den Ofentyp. Es zeigte sich, dass im herkömmlichen Turmofen mit Luftatmosphäre insbesondere bei Profilen aus der Legierung 8090 an den Oberflächen eine Reaktion zwischen dem Li in der Legierung und dem Luftsauerstoff zu verzeichnen war. Eine nicht zu akzeptierende Li-Verarmung im Randbereich der Profile als auch mit Li-Oxid verkrustete Oberflächen waren die Folge. Wollte man auf diese Art der Glühatmosphäre nicht verzichten, müssten aufwendige Öfen konzipiert werden, in denen eine inerte Gasatmosphäre einstellbar ist. Abhilfe wurde mit Durchführung der Lösungsglühung im Salzbad erzielt. Als wesentliche Einflussgröße für die optimale Festigkeit stellte sich nach dem Abschrecken der nachfolgende Reckvorgang dar, der in allen Legierungen eine deutlich bessere Festigkeit und Duktilität bewirkte.

Die Warmaushärtung der Profile konnte im Unterschied zur Lösungsglühung ohne Beeinträchtigung der guten Oberflächenbeschaffenheit in herkömmlichen Luftkammeröfen durchgeführt werden. Geeignete Temperaturen lagen je nach Legierung bei 150 °C bis 190 °C.

3.2 Eigenschaften

In Tabelle 5 sind die typischen Zugversuchskennwerte verschiedener Al-Li-Legierungen im Vergleich zur herkömmlichen Legierung 7075–T79511 aufgelistet. Gleichzeitig zeigt die Tabelle die Dichte und den E-Modul vorgenannter Legierungen. Das niedrigere Gewicht und die höhere Steifigkeit in Verbindung mit den hohen Festigkeitswerten bieten dem Flugzeugbauer die Möglichkeit, die Flugzeugstruktur leichter zu gestalten. Nicht nur unter statischer, sondern auch unter dynamischer Last sind die Li-haltigen Legierungen den konventionellen Legierungen der 2000er und 7000er Serie ebenbürtig oder sogar überlegen. Im A380 haben Al-Li-Legierungen bereits für die stranggepressten Querträger des Bodens im Hauptdeck Eingang gefunden. Bei zukünftigen Flugzeugen denkt man über eine Auslegung des Rumpfes vollstän-

Tabelle 4: Zusammensetzung von diversen Al-Li-Legierungen und Dichte im Vergleich zu konventionellen hochfesten Al-Legierungen

Legierung	Hersteller	Cu	Mg	Li	Zn	Sc	Ag	Dichte (g/cm³)	Dichte im Vergleich zu % 2024 2,78	7175 2,80	7349 2,85
2196	McCook/Alcan	2,5–3,3	0,25–0,80	1,4–2,1	0,35		0,25–0,6	2,64	–5,0	–6,0	–7,4
2098	McCook	3,50	0,34	1,10			0,33	2,71	–2,5	–3,6	–4,9
8090	Alcoa	1,0–1,6	0,6–1,3	2,2–2,7	0,25			2,55	–8,3	–9,3	–10,5
1424	VIAM/KUMZ	–	4,70–5,10	1,50–1,70	0,58–0,70	0,05–0,08		2,52	–9,4	–10,3	–11,6
1464	VIAM/KUMZ	3,0–3,2	0,30	1,6–1,8		0,05–0,09		2,63	–5,4	–6,4	–7,7

dig in Al-Li-Legierungen nach. Mit Li-haltigen Al-Werkstoffen können auch Komponenten in Anlagen, Maschinen und Sportgerät aufgrund der reduzierten Dichte und der höheren Steifigkeit deutlich leichter als mit herkömmlichen Al-Legierungen gebaut werden.

Tabelle 5: Typische Eigenschaften von Profilen mit 1,5–20 mm Wanddicke

Legierung	2196 T8511	2098 -T8511	8090 -T8511	1424 -T8511	1464 -T8511	7075 -T79511
Dicke	1,5–20	1,5–20	1,5–20	1,5–20	1,5–	
$R_{p0,2}$ (MPa)	506	529	460	362	535 *	490
R_m (MPa)	552	556	532	490	570 *	540
A_5 (%)	10	9	5	11	10 *	8
Dichte (g/cm³)	2,64	2,71	2,55	2,50	2,63 *	2,81
E-Modul(GPa)	76,5	76	78	76	76 *	72

* KUMZ-Datenblatt

4 Typ C: Hochfeste und schweißbare Al-Werkstoffe für fortschrittliche Stringerkonzepte

Der ständige Zwang zur Gewichtsreduzierung führte im Flugzeug-Zellenbau zu neuen Fertigungsmethoden. Einer der möglichen Ansätze ist es, die klassische Nietverbindung für die Stringer unter der Außenhaut durch eine Schweißverbindung zu ersetzen. Durch Wegfall von Nut, Isolierung und Profilsteg für die Nietbefestigung ergaben sich nun nachhaltige Möglichkeiten, Gewicht in der Struktur einzusparen.

Bild 1: Vergleich der herkömmlichen und neuen Rumpfbauweise

Mit diesem Vorhaben ergab sich für den Halbzeuglieferanten die Aufgabe, hochfeste Al-Legierungen mit guter Schweißbarkeit zu entwickeln, die bei den bis zu diesem Zeitpunkt eingesetzten hochfesten Al-Legierungen nicht gegeben war.

In einer ersten Phase wurde versucht, die Kundenvorgabe auf Basis des als schweißbar geltenden Legierungstyps AlMgSi zu realisieren. Da die zum Zeitpunkt der Aufgabenstellung bekannten Varianten 6061 und 6082 nicht hinreichend hohe Festigkeit boten, wurde als Ansatz eine zu Beginn der 90er Jahre von Fuchs entwickelte und patentierte Legierung mit der internationalen Bezeichnung 6110A gewählt. Tabelle 6 zeigt ihre Zusammensetzung im Vergleich zur herkömmlichen Legierung 6061. Abgestimmt auf die besonderen Anforderungen der 1,6 mm bis 4 mm dicken Schweißstringerprofile wie optimale Festigkeit und hohe Rekristallisationsbeständigkeit wurde die chemische Zusammensetzung von 6110A nochmals eingeengt und erhielt die Firmenbezeichnung FUCHS AS 29.

Tabelle 6: Chemische Zusammensetzung der Fuchslegierung AS29 im Vergleich zur Legierung 6061

	Si	Fe	Cu	Mn	Mg	Cr	Zr	Ti
6061	0,40 0,8	0,7	0,15 0,40	0,15	0,8 1,2	0,04 0,35	0,05	0,10
6110A	0,7 1,1	0,2	0,30 0,8	0,30 0,9	0,7 1,1	0,05 0,25	0,15	0,10

4.1 Strangpressen

Die Legierung AS29 lässt sich problemlos zu Stringerprofilen verpressen. Aufgrund des geringen Metergewichts von 0,2–0,5 kg/m wird mit Mehrlochwerkzeugen gearbeitet.

Über eine gezielte Abstimmung der Zeit-Temperatur-Zyklen in der Homogenisierung, beim Strangpressen und beim Lösungsglühen kann das Pressgefüge in den Profilen aufrechterhalten und die Rekristallisation unterbunden werden.

4.2 Wärmebehandlung und Eigenschaften

Aufgrund der hochgesteckten Festigkeitsvorgaben müssen Profile aus Fuchs AS29 im Unterschied zu Profilen der meisten anderen AlMgSi-Legierungen einer separaten Lösungsglühung mit engstem Temperatur-/Zeitfenster unterzogen werden. Bei Pressabschreckung sind geringe Festigkeitseinbußen zu tolerieren. Bild 2 gibt die rekristallisationsarme Gefügeausbildung wieder, eine Voraussetzung für eine qualitativ hochwertige Schweißnaht auf der Flugzeugaußenhaut.

Mit einer Vielzahl von Versuchen zu den Prozessparametern ist heute die Prozessstabilität der besonderen Eigenschaften in Profilen aus AS29 gewährleistet. Nach Abschluss der Qualifikation haben Stringerprofile aus AS 29 seit zwei Jahren einen festen Platz in Hautelementen des A318 und sollen in Kürze aufgrund ihres konstruktiven Leichtbaupotentials auch Eingang in die A380 finden. Begleitfaktoren der neuen Bauweise sind eine deutliche Kostenersparnis, z. B. durch einen hohen Automatisierungsgrad beim Schweißen und der aus dem Werkstoff als auch aus dem Fügeprinzip resultierende Gewinn an Korrosionsbeständigkeit. Weiterhin dürfte AS 29 aufgrund seiner ausgezeichneten Korrosionsbeständigkeit und Festigkeitswerten, die die der herkömmlichen Legierung AlMgSi1 weit übertreffen, eine interessante Legierung für stranggepresste bzw. stranggepresste und geschmiedete Komponenten im Automobil sein.

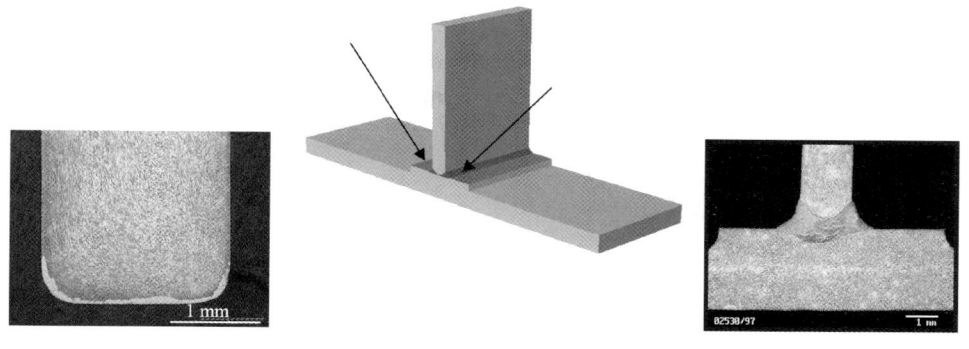

Bild 2: Prinzip des Laserschweißens und Gefügeausbildung im Stegkopf und in der Schweißnaht des Stringers.

Typische Zugversuchskennwerte von a) Schweißstringern nach Sonderwarmaushärtung für hochfesten Schweißverbund b) sonstigen Strangpressprodukten nach Standardwarmaushärtung

Strangpressprodukt	$R_{p0,2}$ (MPa)	R_m (MPa)	A_5 (%)
Schweißstringer	397	422	12
Stangen bis ⌀ 80 mm	440	470	12
Profil mit max. 50 mm Wanddicke	430	450	12

4.3 Perspektiven

Auch wenn die Legierung 6110A gerade erst im Flugzeugbau eingeführt ist und beträchtliche Vorteile im Flugzeugstrukturbau bringt, wurde der Halbzeughersteller bereits aufgefordert, sich mit weiteren werkstofflichen Ansätzen zur Gewichtsreduzierung bei schweißbaren Legierungen auseinanderzusetzen.

Im Blickwinkel des Interesses stehen
1. höchstfeste Al-Werkstoffe der 7000er Serie wie in Kap. 1 vorgestellt
2. leichtere Al-Werkstoffe durch Li-Zusatz wie in Kap. 2 vorgestellt
3. wärmebehandlungsfreie AlMg-Werkstoffe

Die in der Basisversion der 7000er Legierungen nicht gegebene Schweißbarkeit kann möglicherweise über einen Sc-Zusatz erzielt werden. Erste Versuche hierzu führten jedoch noch nicht zu positiven Ergebnissen.

Die Varianten b) und c) wurden beim Anwender bereits grundsätzlich als schweißbar befunden. Die Li-haltigen Al-Legierungen tragen dabei aufgrund ihres niedrigeren spezifischen Gewichts als auch höherer Festigkeit zu einer Gewichtsersparnis bei.

Die AlMg-Legierungen versprechen aufgrund der nicht erforderlichen Wärmebehandlung eine deutliche Kosteneinsparung beim Zusammenbau der Komponenten. Ihre mäßige Festigkeit in der Grundversion lässt sich, wie erste Ergebnisse zeigen, beträchtlich durch eine Scandiumzugabe steigern. Eine Zusammenfassung der möglichen Vorteile gegenüber der heute frei gegebenen Legierung Fuchs AS29 zeigt Tabelle 7.

Tabelle 7: Potentielle Alternativen zu Al-Legierung 6110A für den Schweißeinsatz

Legierung	AlMgSiCu	AlZnMgCuSc	AlMgLi	AlMgLiCu	AlMgSc
international	6110A		1424	1464	
Fuchs-Bez.	AS29				
Gewicht	2,70 g/cm³	+ 6%	– 7%	– 2%	– 2%
Festigkeit	100 %	+ 50%	– 10%	+ 35%	–10%
Preis	Basis	teurer	teurer	teurer	Teurer, aber hoher Montagevorteil
Schweißen	gut	?	gut [1]	Fähig [1]	gut

[1] Literaturangaben [2, 3]

5 Typ D: Al-Legierung mit hohem Streckbiegevermögen und hoher Festigkeit

Auf der Innenseite eines Flugzeugrumpfes befinden sich typischerweise umlaufende Spante. Diese werden bisher spanend aus der Walzplatte gefräst oder bei den kleineren Modellen als Blechelement gefertigt.

Für das größte Flugzeug der Airbusflotte, den A380, dessen Spanthöhe 150 bis 270 mm beträgt, stellte Airbus die Aufgabe, dieses Bauteil (Bild 3) als gebogenes Strangpressprofil aus ei-

Bild 3: Spantprofile in der Struktur des Airbus A380

ner hochfesten Legierung vom Typ AlCuMg zu entwickeln. Für gerade Profillängen hat die Legierung AlCuMg im kalt ausgehärteten Zustand seit Jahrzehnten einen festen Platz im Flugzeugbau, wenn es um besondere Anforderungen an die Schwingfestigkeit geht.

Erste Versuche zeigten jedoch sehr schnell, dass die heute geläufige Legierung 2024 vom Typ AlCuMg sich nur im weichgeglühten Zustand zu dem gewünschten Radius biegen ließ und dass bei der nachfolgenden Lösungsglühung dann eine Gefügerekristallisation auftrat, die insbesondere die Festigkeit weit unter das geforderte Niveau abfallen ließ (s. Normalqualität in Bild 4 und 5).

Bild 4: Gefügeentwicklung in Profilen aus Normalqualität 2024 und Sonderqualität AK26 nach x % Kaltverformung und nachfolgender Lösungglühung

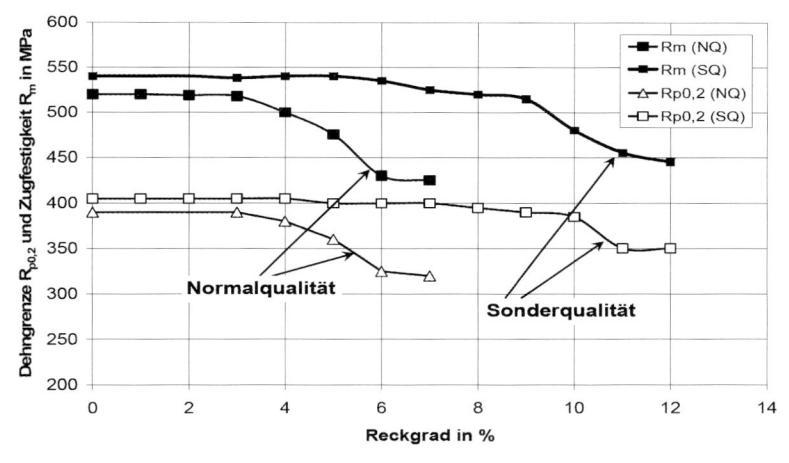

Bild 5: Dehngrenze und Zugfestigkeit von Profilen aus AK 26 Sonderqualität und 2024 Normalqualität nach x % Recken und nachfolgender Lösungsglühung

5.1 Problemlösung FUCHS AK26

Im Unterschied zu den zuvor beschriebenen Al-Legierungen Typ A bis C lag die chemische Zusammensetzung der Legierung FUCHS AK26 unverändert in der zulässigen Legierungstoleranz von 2024. Ansatz zur Erzielung der gewünschten Gefügestabilität in FUCHS AK26 war neben einer starken Einengung der Legierungstoleranzen der Prozess. Eine spezielle Temperaturführung in den Schritten Gießen, Homogenisieren und Strangpressen, die das Ergebnis einer umfassenden Entwicklung bei Otto Fuchs war, wurden die Elemente Mn und Si als feinste

Dispersion in der Matrix ausgeschieden. Es zeigte sich, dass über diese Maßnahme auch nach einer hohen Kaltverformung die Legierung im Unterschied zur Standardausführung bei der Lösungsglühung noch rekristallisationsstabil war und im kaltausgehärteten Zustand prozesssicher um ca. 10 % höhere Festigkeitswerte aufwies.

Die erzielten Verbesserungen zeigen sehr anschaulich die Bilder 2 u. 3 mit der Entwicklung der Gefüge und der Festigkeit in Profilen aus AK26 Sonderqualität und aus 2024 in Normalqualität in Abhängigkeit von der eingebrachten Kaltverformung.

5.2 Anwendung und Perspektive

Spante in der Sonderqualität FUCHS AK26 sind heute die Ausführung für die Rumpfstruktur des Airbus A380. Noch werden die Profile bei Airbus im Zustand –0, d. h. weichgeglüht, auf den geforderten Radius reckgeformt und nachfolgend auf T3511 lösungsgeglüht und kaltausgehärtet. Eine Vereinfachung des vorgenannten Verfahrens könnte das innovative Verfahren des Pressrundens, wie von Erbslöh und SMS entwickelt und veröffentlicht [4, 5, 6], bieten. Über ein plastisch verformungsfreies Vorrunden der Profile könnte der Prozess Reckbiegen auf den letztendlich erforderlichen Kalibrierzug reduziert werden. Über konstruktive Maßnahmen wurde eine neue 7500-t-Strangpresse bei Otto Fuchs auf dieses Verfahren grundsätzlich eingerichtet (Bild 6).

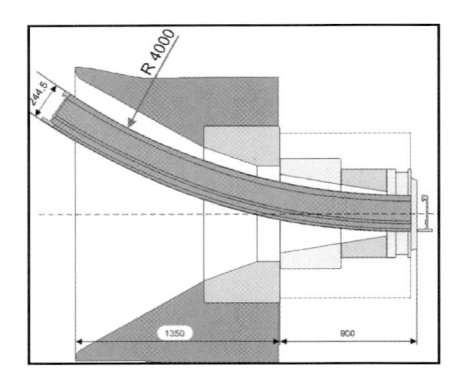

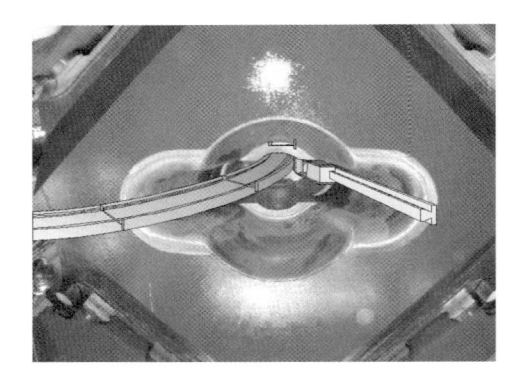

Bild 6: Durchbruchgestaltung Vorderholm an der 7500t-Strangpresse von Otto Fuchs und Rundungsoption

6 Typ E: Warmfeste Aluminiumlegierung für Kurz- und Langzeitbetrieb bei Temperaturen bis 220 °C

Neue Flugkonzepte mit Bereichen höherer Wärmeentwicklung als auch Maschinen und Anlagen mit besonderer Temperaturbelastung verlangen Al-Werkstoffe, die der Forderung nach hoher Festigkeit bei RT als auch bei Temperaturen bis 220 °C erfüllen.

Ausgerichtet auf diese Anforderung wurde eine aushärtbare Al-Cu-Mg-Mn-Legierung mit Zusätzen von Silber, Silizium und Zirkon mit hohen statischen und dynamischen Festigkeitseigenschaften bei Raumtemperatur und erhöhter Temperatur bei gleichzeitig hoher Bruchzähigkeit entwickelt. Die neue Legierung AK65 mit der internationalen Bezeichnung 2016 und von

Otto Fuchs patentiert [7,] wird hauptsächlich in einem einstufig warmausgehärteten Zustand T6 verwendet. Sie eignet sich für den Einsatz in mechanisch hoch belasteten Bauteilen der Luft- und Raumfahrt als auch des Maschinenbaus, die einer besonderen Temperaturbelastung ausgesetzt sind. Die Legierung FUCHS AK65 kann zu Halbzeugen in Form von stranggepressten Stangen und Profilen, Freiform- und Gesenkschmiedestücken einschließlich Rückwärtsfließpressteilen verarbeitet werden.

6.1 Eigenschaften

Im Folgenden sollen kurz die erzielbaren statischen und dynamischen Eigenschaften der neuen Aluminiumlegierung für Querschnitte bis 75 mm dargestellt werden. In Bild 5 sind die Warmzugeigenschaften der Legierung FUCHS AK65 im Vergleich zu konventionellen Aluminiumlegierungen der 2000er Serie dargestellt.

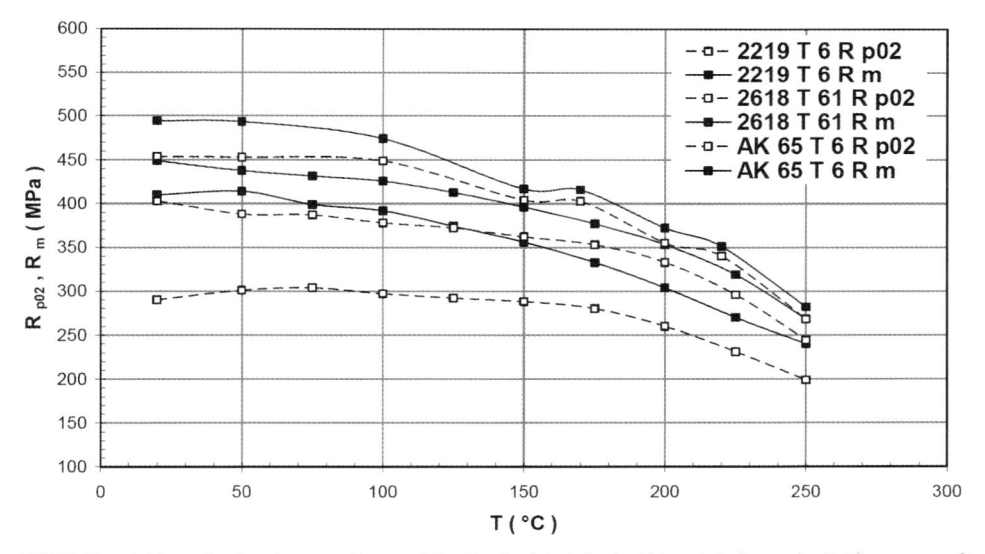

Bild 7: Entwicklung der Streckgrenze, $R_{p0,2}$ und der Zugfestigkeit R_m in Abhängigkeit von der Prüftemperatur für unterschiedliche warmfeste Aluminiumlegierungen im Vergleich mit FUCHS AK65

Die statischen Festigkeiten aller in Bild 7 dargestellten Aluminiumlegierungen sinken mit steigender Prüftemperatur. Die Legierung FUCHS AK65 besitzt jedoch ein einem entsprechenden Kurvenverlauf bessere Festigkeitseigenschaften bei Raumtemperatur und erhöhten Temperaturen gegenüber den bekannten Aluminiumlegierungen 2219 und 2618. Der Einsatz von FUCHS AK65 ist somit bei bis zu 15 % höheren Einsatztemperaturen in Verbindung mit gleichen mechanischen Eigenschaften zu den vergleichbaren Aluminiumlegierungen 2219 und 2618 möglich. Für die unterschiedlichsten Anwendungsmöglichkeiten von FUCHS AK65 ist nicht nur die statische Festigkeit bei erhöhten Temperaturen ein Anwendungskriterium, sondern auch das Ermüdungsverhalten bei Raumtemperatur oder erhöhten Temperaturen. Entsprechend werden Anforderungen an das Ermüdungsverhalten bei langen Bauteillebensdauern (High-Cycle-Fatigue, HCF) bei Raumtemperatur gestellt.

Bild 8 zeigt das HCF-Verhalten von FUCHS AK65 gegenüber der Aluminiumlegierung 2214. Sehr gut ist zu erkennen, dass die neue Legierung Verbesserungen um 25 % für alle Lasthorizonte, bei einer Prüfung bei Raumtemperatur zeigt.

Die neu entwickelte Legierung hat ebenfalls ein besseres Dauerschwingverhalten bei Temperaturen um 200 °C gegenüber vergleichbaren Legierungen. In einem Vergleich mit der konventionellen Aluminiumlegierung 2214 zeigt sich im Dauerfestigkeitsbereich eine Steigerung der ertragbaren Spannung um bis zu 20 % (Bild 9). Durch eine gezielte Werkstoffentwicklung konnte die Ermüdungsfestigkeit deutlich gesteigert werden.

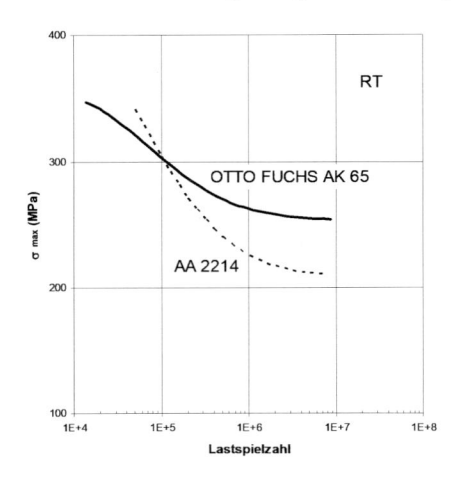

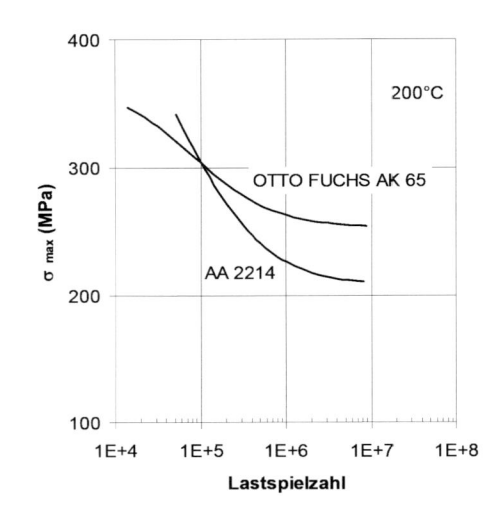

Bild 8 und 9: Schwingfestigkeit (R=0,1, k_t = 1) von FUCHS AK65 im Vergleich zur herkömmlichen Legierung 2214 bei RT und bei 200 °C

In Zusammenfassung konnten folgende Eigenschaften im Vergleich zu anderen warmfesten Aluminiumlegierungen mit FUCHS AK65 verbessert werden:
1. Die statische Einsatzgrenze der Legierung konnte bei erhöhter Temperatur um 20–30 °C gegenüber der konventionellen Aluminiumlegierung gesteigert werden.
2. Die Ermüdungseigenschaften zeigten eine Steigerung bei Raumtemperatur um ca. 25 % gegenüber herkömmlichen Aluminiumlegierungen.
3. Bei einer Prüftemperatur von 200°C zeigt die Legierung AK65 eine um 20 % höhere Dauerschwingfestigkeit als vergleichbare Legierungen.

Abschließend ist festzustellen, dass trotz Erhöhung einzelner Eigenschaften der Legierung FUCHS AK65 identische physikalische und thermische Eigenschaften (Dichte, Wärmeleitfähigkeit und thermische Ausdehnung) im Vergleich zu Legierungen der 2000er Serie gefunden wurden.

Die neue Legierung wird in verschiedenen neuen Flugzeugen (B787, A400M, B737) zum Einsatz kommen.

7 Abschlussbetrachtung

Anhand von fünf Beispielen wurde gezeigt, wie ausgehend von bestehenden Legierungssystemen in den letzten Jahren neue und verbesserte Werkstoffe entwickelt und eingeführt wurden. Die erzielten Verbesserungen erscheinen auf den ersten Blick begrenzt, für den Ingenieur in der Konstruktion bringen sie jedoch beträchtliche Vorteile in der Konstruktion. So kann z. B. eine Steigerung der Warmfestigkeit um 10 °C bedeuten, dass weiterhin Aluminium die technisch richtige und wirtschaftlich günstigste Lösung eingesetzt werden kann und dass man nicht auf die sehr viel teureren Ti-Werkstoffe zurückgreifen muss. In allen Beispielen hat sich die Luftfahrt als Motor für die Entwicklung gezeigt, was jedoch nicht ausschließt, dass die Entwicklung auch in anderen Bereichen wie Maschinen- und Anlagenbau, Automobil und weiteren Anwendungen wie z. B. Sportgerät genutzt werden können. Al-Legierungen der 6000er Serie mit Festigkeitswerten über F45 bei großer Korrosionsbeständigkeit, Warmfestlegierungen mit F48 und Höchstfestlegierungen mit F65 sollten einen interessanten Lösungsansatz bieten.

8 Literatur

[1] J. Mathy, G. Scharf, J. Becker, G. Fischer, H. Keinath, A Gysler, G. Lütjering, Entwicklung von hochfesten pulvermetallurgischen Aluminium-Legierungen, Metall **1990**, *44*, S. 532–539.
[2] Patent WO 02/10466A2; 2002.
[3] N. N.; Aluminium-Lithium Alloys Production, KUMZ-Werkstoffblatt, Kamensk Uralski, 2004.
[4] Birkenstock, K.-H. Lindner, N-W. Such; Manufacturing Process of Curved Extrusions for Aluminum; in Proceedings of the 8 th Aluminum Extrusion Technology Seminar, Orlande/USA, 2004, Volume II, S. 427–444.
[5] König, M.; Muschalik, U.: Special Extrusion Press for the Production of Curved Profiles. International Extrusion Technology Seminart ET '04, Orlando, Florida, 2004, Volume 1, pp. 339–344.
[6] Kleiner, M.; Klaus, A.; Schomäcker, M. Properties of Curved Light Metal profiles Manufactured by Rounding during Extrusion, Annals of The WGP.XI vol. 2, 2004.
[7] G. Fischer, M. Hilpert; Entwicklung einer neuen warmfesten Aluminiumlegierung für Kurz- und Langzeitbetrieb bei Temperaturen bis 220 °C, Anwendungen und Potentiale, Tagungsband Wehrtechnisches Symposium 2003, Erding, 8.–10. April 2003.

Co-Extrusion von Aluminium Magnesium Verbundwerkstoffen

F. Riemelmoser[1], H. Kilian[1], P. Widlicki [2], W. W. Thedja [3], K. Müller [3], H. Garbacz [2], K. J. Kurzydlowski [2]

[1] Leichtmetallkompetenzzentrum Ranshofen GmbH, A- 5282 Ranshofen
[2] Warsaw University of Technology, Faculty of Materials Science and Engineering, Woloska 141, 02-507 Warsaw, Poland
[3] Extrusion Research and Development Center TU Berlin, Gustav-Meyer-Allee 25, D-13355 Berlin, Germany

Abstract

Das Ziel der vorliegenden Untersuchung war Al-Mg Verbundmaterialien durch Co-Extrusion herzustellen. Der Strangpress-Prozess wurde bei 3 unterschiedlichen Temperaturen 380 °C, 400 °C und 420 °C und bei zwei unterschiedlichen Pressverhältnissen (9, 18) durchgeführt. Variiert wurde auch der Presskanalwinkel (150 °C und 90 °C). Die verwendeten Bolzen waren aus einer 6060 Aluminium Hülle (1.8, 2.5, 3.6 und 4.6 mm Wandstärke), der Kern war aus einer AZ31 Magnesium Standardlegierung. Teilweise wurde zwischen dem Aluminium und Magnesium eine Titan bzw. Zink Folie einfach bzw. doppelt eingewickelt.

Temperaturen von 380 °C und Hüllenwandstärken von 1.8 mm reichen nicht aus um eine geeignete Metallbindung zwischen dem Magnesium Kern und der Aluminium Hülle zu erhalten. Die beste Verbindung wurde bei Temperaturen von 420 °C und einem Pressverhältnis von 18 bei einer Hüllenwandstärke von 4.6 mm erreicht.

Einleitung

Magnesium und Magnesium Legierungen zeichnen sich durch ihre geringe Dichte von nur 1.75–1.85 g/cm^{3}und ihren hohen spezifischen Festigkeiten aus, welche sie für viele Leichtbauanwendungen in der Luft- und Raumfahrt, in der Flugzeugindustrie und auch in der Automobilindustrie interessant machen. Für viele der in Frage kommenden Anwendungen ist jedoch die im Vergleich zu Aluminium geringe Korrosionsbeständigkeit eine ernstzunehmende Markteintrittsbarriere. Üblich ist es die Korrosionsbeständigkeit von Magnesium durch Schutzschichten zu erhöhen. PVD Schichten haben den Nachteil, dass sie sehr dünn sind (einige μm), so dass die Lebensdauer dieser Schichten zeitlich begrenzt ist. Für die meisten Anwendungen sind Schichten mit einigen 100μm Wandstärken wünschenswert. Die Co-Extrusion hat das Potenzial beschichtete Strangpressprodukte mit ausreichenden Schichtstärken in einem Arbeitsgang herzustellen.

In der Literatur zur Co-Extrusion wird das System Al-Cu gut untersucht [1–3]. Rhee und Co [1] erzielten mittels hydrostatischem Strangpressen einen Aluminium/Kupfer Co-Extrusionswerkstoff. Der Prozess wurde bei 320 °C und bei drei unterschiedlichen Pressverhältnissen durchgeführt. Es wurden konische Werkzeuge mit drei unterschiedlichen Konuswinkeln (30°, 45° und 60°) verwendet. Die Bolzen waren aus einer Kupferhülle (3 mm Wandstärke) und einem Aluminium Kern mit einem Durchmesser von 32 mm. In diesen Experimenten zeigte sich, dass das Pressverhältnis von 19 und ein und ein Konuswinkel im Werkzeug von 45° zu den besten Grenzflächenfestigkeiten führte. Ganz ähnliche Ergebnisse wurden von Yoon and Co [2] bei

Temperaturen von 400 °C erreicht. In [3] wurden zwei unterschiedliche Kernmaterialien (Reinaluminium, 3003) bei ähnlichen Verhältnissen wie in der Untersuchung [1] verwendet. Bei der Kernlegierung 3003 wurde ein höheres Pressverhältnis (38) erreicht als bei Reinaluminium (~22). Diese Experimente zeigten ganz allgemein, dass die Grenzflächenfestigkeit mit dem Pressverhältnis ansteigt. Die Untersuchungen zeigten auch, dass die Grenzflächenfestigkeit beim Verbundwerkstoff Cu/Al3003 höher war als bei Reinaluminium, wenn gleiche Pressverhältnisse eingestellt wurden. Die Dicke der Diffusionsschicht allerdings hängt nicht vom Kernmaterial ab, aber die Dicke der Diffusionsschicht wächst mit zunehmenden Strangpressverhältnis.

In [4] wurde der Materialsfluss beim Co-Extrudieren von Verbundmaterialien mittels der Finiten Elemente Methode untersucht. Variiert wurde die Bolzengeometrie. Es zeigte sich, dass die optimale Kernlänge etwa 15-20% kürzer als die Bolzenhülle sein sollte.

Die Zielsetzung der hier durchgeführten Studie ist es einen Co-Extrusionsprozess für Aluminium und Magnesium zu entwickeln um Strangpressprofile mit sehr hohen spezifischen Festigkeiten bei sehr guten Korrosionseigenschaften herzustellen. Die spezielle Herausforderung liegt darin, das kubisch flächenzentrierte Aluminium mit dem hexagonalen Magnesium zu verbinden. Um die dadurch entstehenden elastischen Mismatchspannungen auf ein Mindestmaß zu reduzieren werden auch Anordnungen mit Zwischenfolien aus Zink bzw. Titan untersucht.

Versuchsanordnung

Die Co-Extrusionsversuche wurden an einer vertikalen 0.5-MN-Presse durchgeführt, welche mit einem Widerstandsofen ausgestattet ist. Da die metallurgischen Vorgänge beim Strangpressen in der Grenzschicht zwischen dem Magnesium und dem Aluminium unbekannt sind wurden drei unterschiedliche Bolzentemperaturen gewählt: 380, 400 und 420 °C. Das Pressverhältnis wurde mit 9 und 18 festgelegt, größere Pressverhältnisse sind bei der aktuellen Anordnung nicht möglich. Es wurde ein zylindrisches Presswerkzeug aus Stahl verwendet. Der Übergang vom Bolzenquerschnitt zum Endquerschnitt des Profils erfolgte im Werkzeug entlang einer konischen Verjüngungszone. Als Konuswinkel wurde 90° und 150° gewählt.

Als Material für die Bolzenhülle wurde eine Standard Aluminium Legierung 6060 verwendet. Der Bolzendurchmesser betrug 29.2 mm. Als Kernmaterial wurde eine Standard AZ31 Magnesium Legierung verwendet bei einem Kerndurchmesser von 26 mm, 24.2 mm, 22.0 mm und 20.0 mm. Damit ergeben sich 4 Hüllenwandstärken: 1.6 mm, 2.5 mm, 3.6 mm und 4.6 mm. Die Versuche wurde auch mit Zwischenfolien aus Zink und Titan durchgeführt, wobei die Folien einfach und doppelt gewickelt wurden. Die Größe bzw. die Form der Bolzen sind in Bild 1 abgebildet. Die Strangpressparameter aller untersuchten Bolzen sind in Tab. 1 zusammengefasst.

Die Mikrostrukturuntersuchungen der verarbeiteten Al-Mg Verbundwerkstoffe wurden in einem Lichtmikroskop durchgeführt. Zur chemischen Analyse der Grenzfläche wurde ein Rasterelektronenmikroskop ausgestattet mit EDX verwendet. Für die Probe mit doppelt gewickelter Titanfolie wurde die Mikrohärte sowohl am Kernmaterial als auch in der Hülle gemessen.

Ergebnisse

Die Qualität der Grenzfläche der Aluminium-Magnesium Co-Extrudierten Verbundwerkstoffe wurde durch Fotos bei unterschiedlichen Vergrößerungen dokumentiert (auf der Makro- und

Mikroskala) Die Untersuchung der Experimente ohne Zwischenfolie zeigt an beinahe allen Proben ein poröses Gefüge mit Rissen in der Nähe der Grenzfläche. Die Risse verlaufen sowohl radial bzw. tangential bezogen zur Probenachse. In einigen Fällen wurden Diffusionszonen zwischen dem Aluminium und dem Magnesium beobachtet (Bild 3).

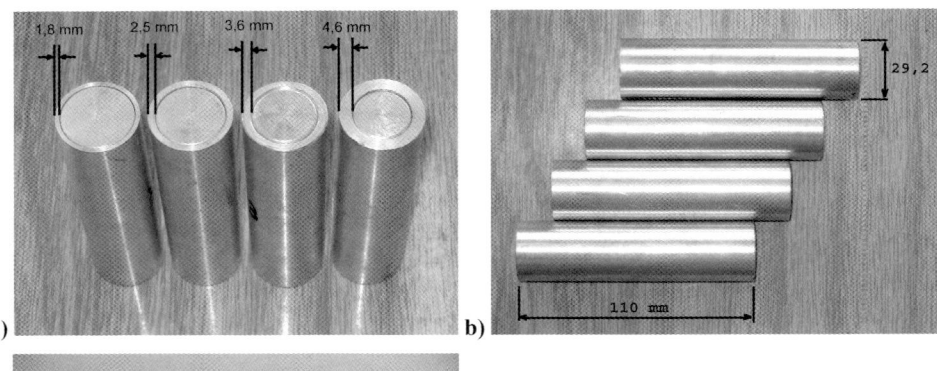

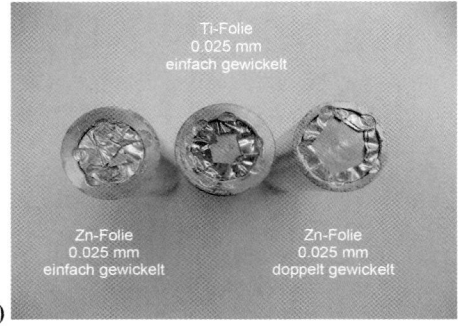

Abb. 1: Abmessungen und Form der Strangpressbolzen: Bilder a) und b) zeigen die Bolzen ohne Zwischenfolie. In Bild c) ist die Anordnung mit Zwischenfolien abgebildet.

Eine Erklärung dieser Phänomene findet man wenn man zur Diffusionseffekten bei Al/Mg Diffusionspartner untersucht [5-8]. Im festen Zustand ist das Magnesium bis zu 18,9% at bei 450 °C in Aluminium löslich. Das Aluminium hat eine maximale Randlöslichkeit für Magnesium von 11,6% at bei 437 °C. Es gibt ein Eutektikum sowohl auf der aluminium- als auch auf der magnesiumreichen Seite. Dazwischen findet man zwei intermetallische Phasen β and γ. Die β Phase ist in der Nähe der stöchiometrischen Zusammensetzung Mg_2Al_3 (manchmal als Mg_5Al_8 Phase bezeichnet). Diese Phase hat einen sehr geringen Stabilitätsraum zwischen 60-62 at %Al. Die Phase γ wird als $Mg_{17}Al_{12}$ beschrieben und hat einen weiten Stabilitätsraum zwischen 48-54 at %Al.

Es kann daraus gefolgert werden, dass Temperaturen von of 380 °C bei einer Hüllendicke von 1.8 mm zu gering sind um geeignete Grenzflächeneigenschaften zu erhalten. Die beste Grenzflächenfestigkeit erzielten wir bei Probe 3 welche bei 420 °C verpresst wurde. Die Hüllendicke war 4.6 mm In diesem Fall wurden keine Risse noch Poren in der Grenzfläche gefunden. Es bildete sich ein durchgehende Diffusionszone (siehe Bild 4).

Tab. 1: Co-Extrusionsparameter für Proben ohne Zwischenfolie

Temperatur	Hüllenwandstärke	Pressverhältnis	Konuswinkel	Folie	Probenbezeichnung
420 °C	1,8 mm	9	150°	Nein	2
420 °C	1,8 mm	18	150°	Nein	1
420 °C	2,5 mm	9	150°	Nein	5
420 °C	2,5 mm	18	150°	Nein	6
420 °C	3,6 mm	18	150°	Nein	4
420 °C	4,6 mm	9	150°	Nein	7
420 °C	4,6 mm	18	150°	Nein	3
380 °C	1,8 mm	9	150°	Nein	9
380 °C	1,8 mm	18	150°	Nein	8
380 °C	3,6 mm	9	150°	Nein	11
380 °C	3,6 mm	18	150°	Nein	10
400 °C	2,6 mm	18	150°	Nein	12
400 °C	3.6 mm	9	90°	Nein	13
380 °C	3,6 mm	18	90°	Nein	X

Tab. 2: Co-Extrusion Parameter für die Versuche mit Zwischenfolie

Temperatur	Hüllenwandstärke	Pressverhältnis	Werkzeug	Folie	Probenbezeichnung
400 °C	2.5 mm	9	90°	Zn (doppelt)	16
400 °C	2.5 mm	9	90°	Ti (doppelt)	17
400 °C	4.6 mm	9	90°	Zn (einfach)	14
400 °C	4.6 mm	9	90°	Ti (einfach)	15

Bei den Proben mit Zwischenfolie wurde einer REM Untersuchung welches mit EDX ausgestattet ist, durchgeführt. Bei den Titan-Folien (Bild 5 und Bild 6) bildete sich eine sehr inhomogene Grenzschicht. Dunkle und helle bereiche weisen auf sehr unterschiedliche chemische Zusammensetzungen hin. So wurden Bereiche mit annähernd 75% Titan und Grenzflächenbereiche mit nur 1% Titan vorgefunden. Der Titangehalt der Matrix beiderseits der Grenzfläche ist mit 1.3% höher in der Nähe der Titanreichen Zonen und niedriger in den titanarmen Zonen, wo er nur 0.5% beträgt. Im falle der doppelt gewickelten Titanfolie wurde eine ausgeprägte Diffusionszone beiderseits der Grenzfläche gefunden. Im fall der einfach gewickelten Folie konnte keine Diffusionszone vorgefunden werden.

Im Fall der Zinkzwischenschicht wurden keine derartigen Inhomogenitäten gefunden. Vergleichbar allerdings mit den Proben mit Titanfolien wurden auch bei Zinkfolien Diffusionszonen zwischen Kern- und Hüllmaterial nur bei den doppelt gewickelten Proben vorgefunden. Die EDX Analyse der Diffusionszone ist in Bild 9 dargestellt. Dies zeigt drei Bereiche mit unterschiedlichen Gehalten an Al, Mg und Zn.

Probe 1
T=420 °C, R=18, Hüllendicke = 1.8 mm

Probe 2
T=420 °C, R=9, Hüllendicke 1.8 mm

Probe 4
T=420 °C, R=18, Hüllendicke = 3.6 mm

Probe 5
T=420 °C, R=9, Hüllendicke = 2.5 mm

Probe 5
T=420 °C, R=9, Hüllendicke = 2.5 mm

Probe 6
T=420 °C, R=18, Hüllendicke = 2.5 mm

Probe 7
T=420 °C, R=9, Hüllendicke = 4.6 mm

Probe 8
T=380 °C, R=18, Hülllendicke = 1.8 mm

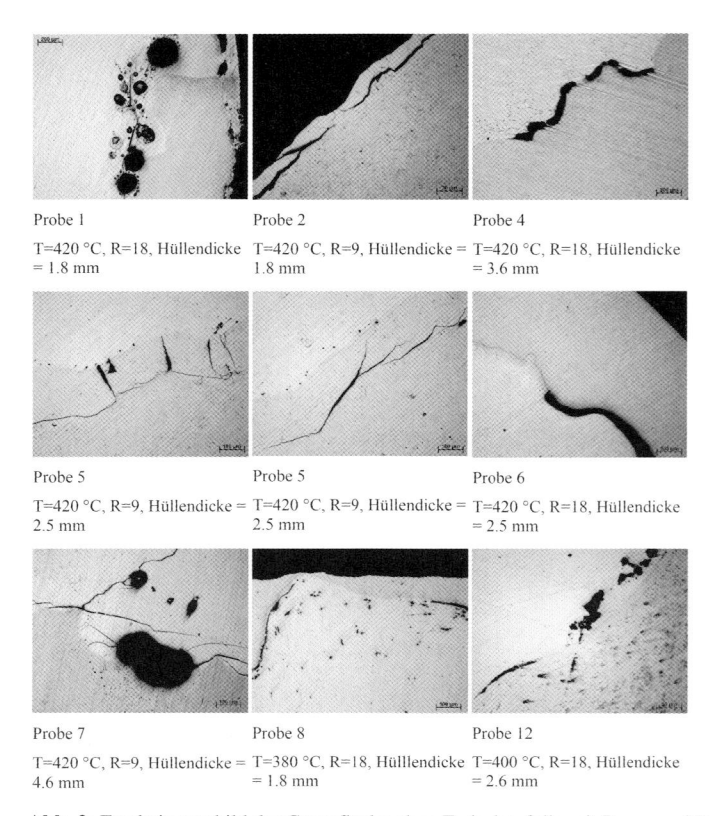

Probe 12
T=400 °C, R=18, Hüllendicke = 2.6 mm

Abb. 2: Erscheinungsbild der Grenzfläche ohne Zwischenfolie mit Poren und Rissen

Probe 1
T=420 °C, R=18, Hüllendicke = 1.8 mm

Probe 5
T=420 °C, R=9, Hüllendicke = 2.5 mm

Probe 3
T=420 °C, R=18, Hüllendicke = 4.6 mm

Probe 4
T=420 °C, R=18, Hüllendicke = 3.6 mm

Probe 6
T=420 °C, R=18, Hüllendicke = 2.5 mm

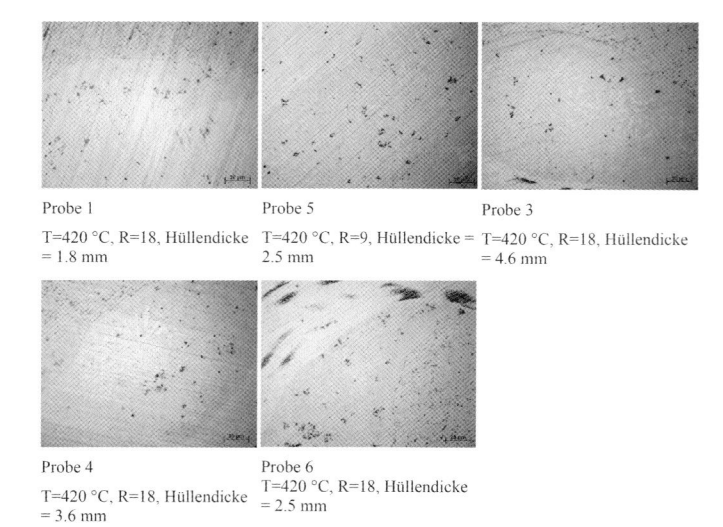

Abb. 3: Diffusionszone an der Grenzfläche bei Proben ohne Zwischenfolie

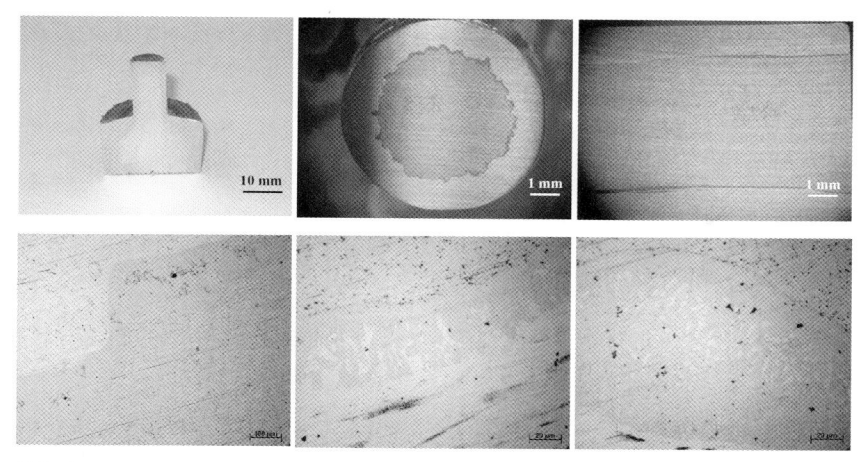

Abb. 4: Makroaufnahmen und Mikrostruktur der Probe 3 (T=420 °C, R=18, Hüllendicke = 4.6 mm)

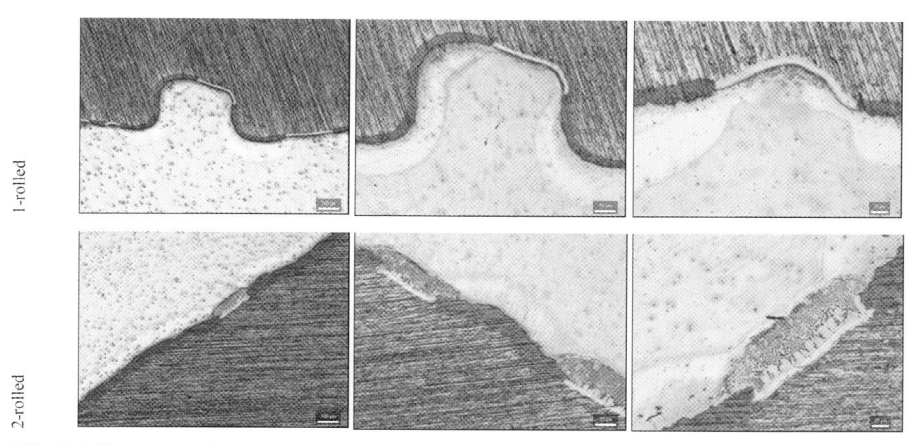

1-rolled

2-rolled

Abb. 5: Mikrostruktur der Proben mit Titanfolie

Sowohl bei den Zink-Zwischenfolien als auch bei den Titan-Zwischenfolien wurden erhöhte Gehalte an Aluminium und Magnesium in der nähe der Grenzfläche gefunden. In beiden Fällen war der Aluminiumgehalt höher als 15% und der Magnesiumgehalt über 4%. Die Reingehalte der ursprünglichen AZ31 liegt demgegenüber nur bei etwa 3% Aluminium und Reingehalt an Magnesium in der 6060 liegt bei nur etwa 1%. Die EDX Analyse in Bild 11 erklärt dieses Phänomen. Gesteigerte Anteile an den beiden Elementen geht parallel zu einem Anstieg des Aluminium Gehalts von 4% im Kerninneren bis zu über 15% in der Nähe der Grenzschicht. 4% Magnesium in der Nähe der Grenzschicht in der 6060 Legierung sinkt auf etwa 1% an der Probenoberfläche.

Die Mikrohärtemessungen für die Proben mit doppelt gewickelter Titanfolie zeigt den Co-Extrusionseffekt auf die Härte des Kernmaterials (siehe Bild 12). Die durchschnittliche Mikrohärte steigt durch die Co-Extrusion von 57 to 67 HV0,2. Das Hüllenmaterial EN AW 6060 zeigte hingegen keine Veränderung der Härte. Weitere Untersuchungen sollen diesen Härteeffekt klären.

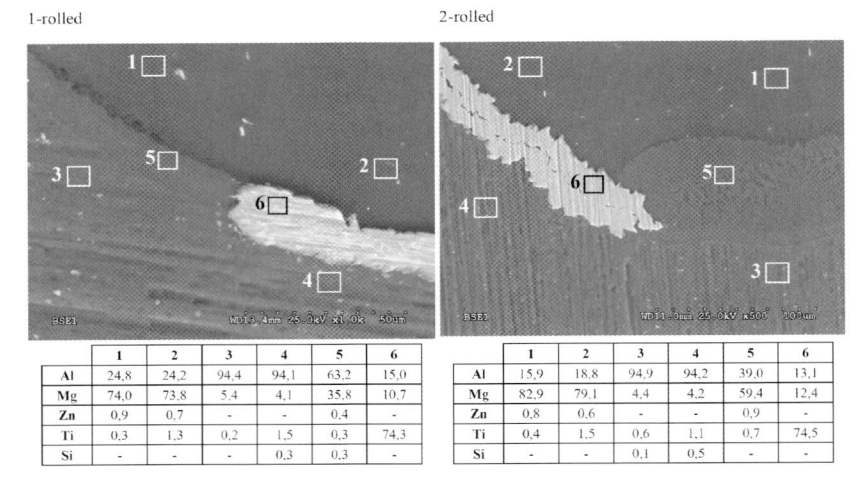

1-rolled

2-rolled

	1	2	3	4	5	6
Al	24,8	24,2	94,4	94,1	63,2	15,0
Mg	74,0	73,8	5,4	4,1	35,8	10,7
Zn	0,9	0,7	-	-	0,4	-
Ti	0,3	1,3	0,2	1,5	0,3	74,3
Si	-	-	-	0,3	0,3	-

	1	2	3	4	5	6
Al	15,9	18,8	94,9	94,2	39,0	13,1
Mg	82,9	79,1	4,4	4,2	59,4	12,4
Zn	0,8	0,6	-	-	0,9	-
Ti	0,4	1,5	0,6	1,1	0,7	74,5
Si	-	-	0,1	0,5	-	-

Abb. 6: – Chemische Zusammensetzung der Al-Mg Grenzfläche in Proben mit Titanfolie

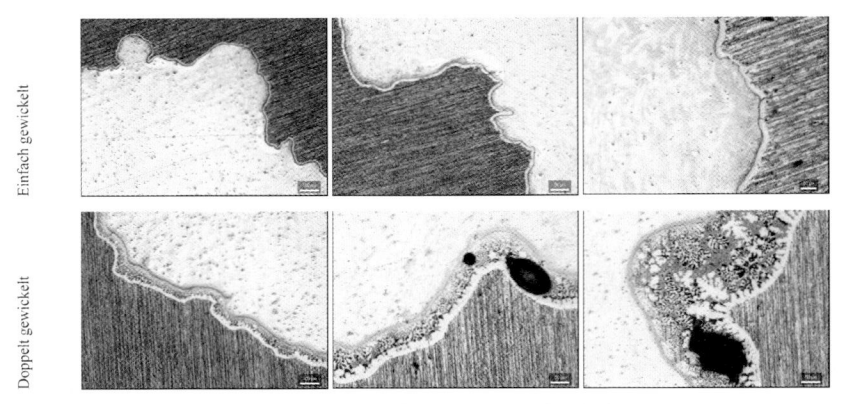

Abb. 7: – Mikrostruktur der Proben mit Zinkfolien (Proben 14 und 16)

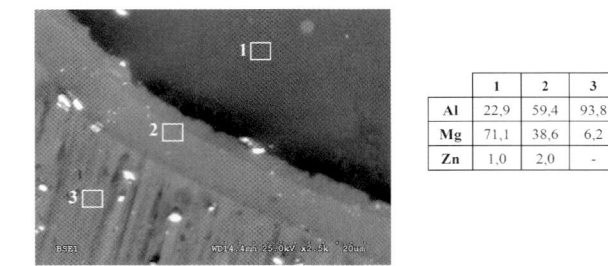

	1	2	3
Al	22,9	59,4	93,8
Mg	71,1	38,6	6,2
Zn	1,0	2,0	-

Abb. 8: Chemische Zusammensetzung der Al-Mg Grenzschicht in Proben mit einfach gewickelter Zirkfolie.

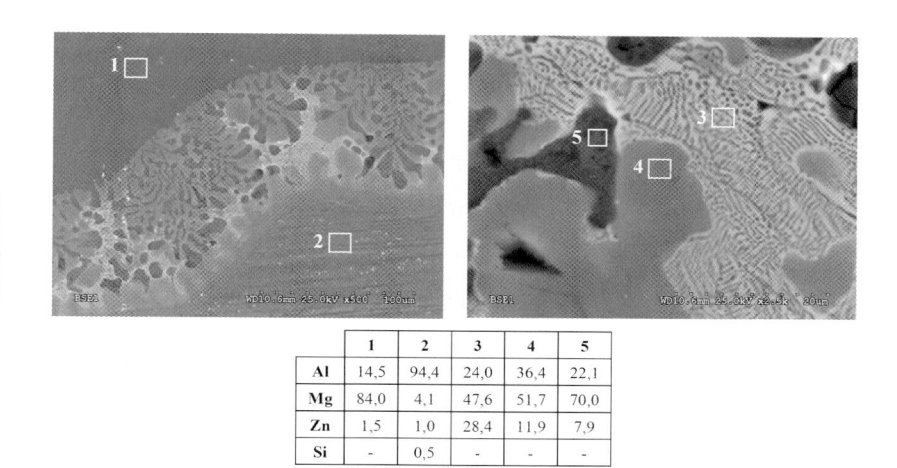

	1	2	3	4	5
Al	14,5	94,4	24,0	36,4	22,1
Mg	84,0	4,1	47,6	51,7	70,0
Zn	1,5	1,0	28,4	11,9	7,9
Si	-	0,5	-	-	-

Abb. 9: Chemische Zusammensetzung der Al-Mg Grenzschicht in Proben mit doppelt gewickelter Zinkfolie.

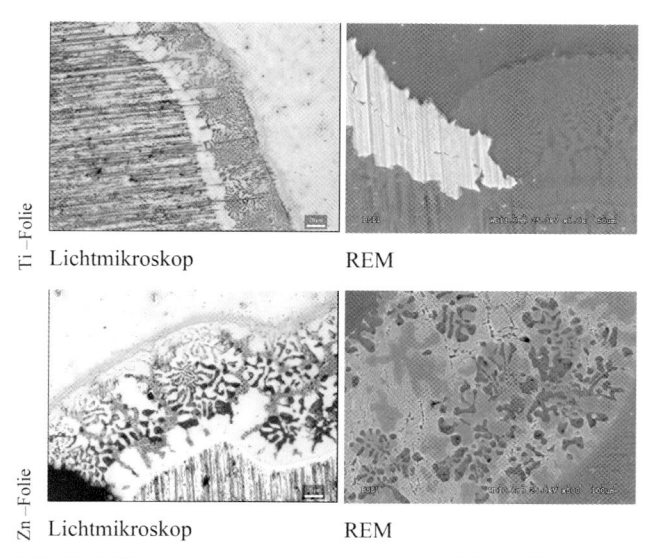

Abb. 10: Diffusionszone in Proben mit doppelt gewickelter Zinkfolie

Zusammenfassung

- In der aktuellen Arbeit wurde die mikrostrukturelle Entwicklung in Aluminium-Magnesium Verbundwerkstoffen während der Co-Extrusion untersucht. Dabei wurden folgende Ergebnisse erzielt:
- Der Co-Extrusionsprozess ist geeignet um Aluminium-Magnesium Verbundmaterialien herzustellen. Damit ist es möglich Leichtbauprofile mit hohen spezifischen Festigkeiten und guten Korrosionseigenschaften herzustellen.

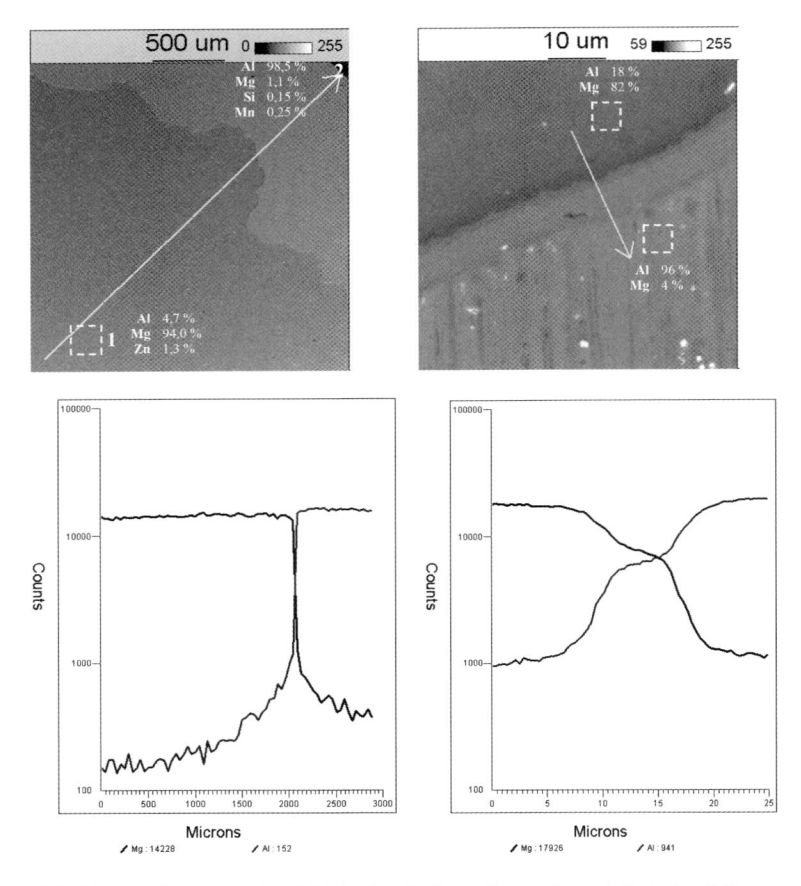

Abb. 11: Verteilung von Al und Mg in den Co-Extrusionsproben mit Zwischenfolien.

- Temperaturen um 380 °C und eine Hüllendicke von nur 1.8 mm sind zu gering um geeignete Grenzflächeneigenschaften zu erhalten.
- Die beste Grenzflächenfestigkeit wurde bei Temperaturen von 420 °C und einem Pressverhältnis von R=18 und einer Hüllendicke 4.6 mm erzielt.
- Durch den Einsatz von Zwischenfolien aus Titan und Zink konnten gute Grenzflächeneigenschaften erreicht werden.
- Die Mikrohärte der AZ31 Legierung stieg durch die Co-Extrusion von 57 auf 67 HV0,2. Die Aluminiumlegierung zeigte keinen Härteanstieg.

Literatur

[1] *K. Y. Rhee, W. Y. Han, H. J. Park, S. S. Kim*: Materials Science and Engineering A: Structural Materials Properties Microstructure and Processing 384(1-2) (2004) 70-76

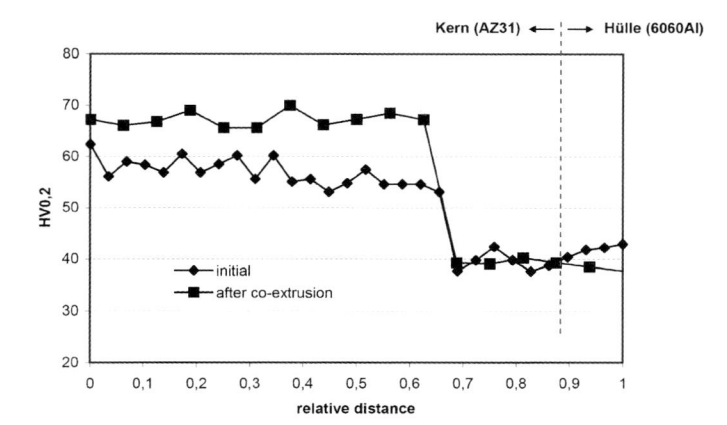

Abb. 12: Einfluss der Co-Extrusion auf die Mikrohärte des Kernmaterials AZ31 und des Hüllenmaterials EN AW 6060. Probe 14: $T = 400\ °C$, $R = 9$, Hülendicke = 4.6 mm, einfach gewickelte Titanfolie

[2] D. J. Yoon, H. G. Jeong, S. J. Lim, K. H. Na, E. Z. Kim: PRICM 5: The Fifth Pacific Rim Int. Conference on Advanced Materials and Processing, PTS 1-5 Materials Science Forum 475-479: 959-962, Part 1-5 (2005)

[3] T. K. Jung, H. C. Kwon, S. C. Lim, Y. S. Lee, M. S. Kim: PRICM 5: The Fifth Pacific Rim Int. Conference on Advanced Materials and Processing, PTS 1-5 Materials Science Forum 475-479: 967-970, Part 1-5 (2005)

[4] P. Kazanowski, M. E. Epler, W. Z. Misiolek: Materials Science and Engineering A: Structural Materials Properties Microstructure and Processing 369(1-2) (2004) 170-180

[5] Y. Funamizu, K. Watanabe: Transactions of the Japan Institute of Metals 13(4) (1972) 278-&

[6] E. M. T. Njiokep, M. Salamon, H. Mehrer: Diffusion in Materials, DIMAT2000, PTS 1&2 Defect and Diffusion Forum 194-1 (2001) 1581-1586

[7] Y. Minamino, T. Yamane, T. Miyaki, M. Koizumi, Y. Miyamoto: Materials Science and Technology 2(8) (1986) 777-783

[8] Shigematsu, M. Nakamura, N. Saitou, K. Shimojima: Journal of Materials Science Letters 19(6) (2000) 473-475

Autorenregister

Bauer, A. 3, 10
Becker, J. 99, 234
Bohlen, J. 213

Camin, B. 199

Eberl, F. 99
Eckenbach, W. 33
Elend, L.-E. 107
Engbert, T. 183

Fischer, G. 234

Garbacz, H. 248
Gillmeister, K. 49
Grünert, S. 183

Hachmann, B. 165
Hähnel, W. 49
Hammer, N. 183
Hilpert, M. 234
Hoffmann, A. 107
Hora, P. 117

Jansen, S. 99

Kainer, K. U. 213
Karadogan, C. 117
Keller, C. 10
Kilian, H. 248
Knissel, H. 226

Kortmann, W. 17
Kurzydlowski, K. J. 248

Mitrovic, J. 77
Morere, B. 226
Müller, K. 248
Müller, S. 199
Muschalik, U. 3

Paul, C. 99
Plank, H. 66

Reetz, B. 199
Reimers, W. 199
Riemelmoser, F. 248
Ringhand, D. 128

Scheurich, H. 107
Stratmann, K. 145
Struck, U. 151

Terlinde, G. 234
Thedja, W. W. 248
Tong L. 117

Venier, F. 107
Vielhaber, J. 66

Wegmann, G. 99
Weinert, K. 183
Widlicki, P. 248

Sachregister

10 MN-Rohrpressen, Indirekt-Verfahren 7
50 MN Presse 46
66 MN Presse 46

A
A380, Integralspante 99
AA6xxxer Legierungen 226
Abkühlungsgeschwindigkeit, Werkzeugstähle 57
Airprotect, prozessgeregelte Blockaufnehmer 42
Aluminium-Blockaufnehmer, Fehlerliste 35
Aluminium-Hochleistungslegierungen, Strangpressprofile 234
Aluminium-Magnesium-Verbundwerkstoffe, Co-Extrusion 248
Aluminiumstangen, Schnellerwärmungsanlagen 10
Aluminium-Strangpressprofile, Karosseriebau 107
Anlassen, Werkzeugstähle 57
Anlauf, hydrodynamischer 83
Audi-Space-Frame®-Technologie 107
Automobilzulieferer, Qualitätsanforderungen 151

B
Babtec Informationssysteme 145
Bauteilprüfung 157
Bearbeitungs- und Simulationskonzepte, Leichtmetallrahmenstrukturen 183
Benchmark Extrusion Zurich 2005 118
Bingham-Friction-Modell (BFM) 122
Blockaufnehmer
– Fehlerliste 35
– prozessgeregelte 33
Bohrungsfertigung, konventionelle 187
Buntmetallverarbeitung, Warmarbeitswerkstoffe 17

C
CAQ, praktische Anwendungen 145

Co-Extrusion, Aluminium-Magnesium-Verbundwerkstoffe 248

D
Diagnoseerfahrung, Strangpresswerkzeuge 49
Dokumentenlenkung 153
duktiler Bruch, AA6xxxer Al Strangpressprofile 231
Duktilität 157
dünnwandige Hohlprofile 228
dünnwandige Leichtmetallrahmenstrukturen 183

E
Energiedichte, Oberfläche von Aluminiumstangen 11
Extrusion Zurich 2005 118

F
FEM-Modellierung 122
Finite-Elemente-Methode, Kupfer-Halbzeugfertigung 130
Flachblockaufnehmer 46
Flammgeschwindigkeiten, Schnellerwärmungsanlagen 14
flexible Rohrstrangpressen 4
Flugzeugbau, Aluminium-Hochleistungslegierungen 234
FUCHS AK26 243
Fügbarkeit, Strangpressprofile 157

G
gasbeheizte Hochleistungsschnellerwärmungsanlagen 10
Gefügeberechnung 136

H
Hartmetall, Warmarbeitswerkstoffe 23
Heizpatronen, prozessgeregelte Blockaufnehmer 43
Hochdruckmedien 179
Hohlprofile, dünnwandige 228
hydrodynamischer Anlauf 83

Hydroformen 166
Hydroformingtechnologie 165

I

Indirekt-Verfahren, 10 MN-Rohrpressen 7
Innenbüchsen, prozessgeregelte Blockaufnehmer 35
Innenhochdruckumformen 173
in-situ-Tomographie 209
Integralspante, A380 99

K

Karosseriebau, Aluminium-Strangpressprofile 107
Keramik-Werkstoffe 22
Kobalt-Basislegierungen 20
Konvektion 83
konventionellen Bohrungsfertigung 187
Korngröße, AA6xxxer Al Strangpressprofile 231
Kühlungsgestaltung, prozessgeregelte Blockaufnehmer 42
Kupfer-Halbzeugfertigung, numerische Berechnungsmethoden 128
Kupferprodukte, nach Strangpressen 66

L

langfaserverstärkte Leichtmetallrahmenstrukturen 183
Legierungsentwicklung 221
Leichtmetall-Legierungen, Rohrpressanlagen 3
Leichtmetallrahmenstrukturen, Bearbeitungs- und Simulationskonzepte 183
Luftregelung, Blockaufnehmer 39

M

Magnesiumlegierungen 206
Magnesium-Strangpressprodukte, optimierte 213
Maschinenfähigkeitsuntersuchung (MFU) 159
Matrizenwerkstoffe, Vergleich der Eigenschaften 23
Mehrphasensysteme 89
Messinglegierungen 203
Messingprodukte, nach Strangpressen 66

metallkeramische Verbundwerkstoffe 22
Metallmatrix-Verbundwerkstoffe 209
MFU siehe Maschinenfähigkeitsuntersuchung
Mikroskopie, Strangpressprodukte 202
Mikrostrukturanalyse 199
Molybdänlegierungen 21

N

Nebenzeiten, Minimierung 15
Ni-Basislegierung 2.4973/SL 15, Feldversuch 26
Nickelbasis-Legierungen 19
Nitrieren, Strangpresswerkzeuge 58
numerische Berechnungsmethoden, Kupfer-Halbzeugfertigung 128

O

Oberflächentechniken, Strangpresswerkzeuge 58
optimierte Magnesium-Strangpressprodukte, Entwicklungsstrategien 213
Oxidieren, Strangpresswerkzeuge 58

P

PFU siehe Prozessfähigkeitsuntersuchung
plastische Verformung, AA6xxxer Al Strangpressprofile 231
Presskraftbereich, oberer 4
Prozessfähigkeitsuntersuchung (PFU) 159
prozessgeregelte Blockaufnehmer 33
Prozesssimulation, Strangpressen von Schwermetallen 128
Prozesssteuerung, Blockaufnehmer 36, 44
Prozesstechnik 222

Q

Qualitätsanforderungen, Automobilzulieferer 151
Qualitätsmanagement 147
Qualitätsmanagementsysteme 151

R

Reibung, Kupfer-Halbzeugfertigung 132
Ringbrenner, Schnellerwärmungsanlagen 13

Rohrpressanlagen, Leichtmetall-Legierungen 3
Rohrstrangpressen, flexible 4
Rohrtoleranzen, Leichtmetall-Legierungen 8
Röntgenbeugung 200
Röntgentomographie 201
Rückverfolgbarkeit 154

S

Schmiederohlinge, Herstellung 53
Schnellerwärmungsanlagen, Aluminiumstangen 10
Schrumpftechnik 59
Schwermetalle, Prozesssimulation 128
Simulation, prozessgeregelte Blockaufnehmer 41
Simulationskonzepte, Leichtmetallrahmenstrukturen 183
Smart Containers 33
Stahlgüten, Forschung und Entwicklung 50
Stangenerwärmungsöfen, moderne 14
Stangentransport, Schnellerwärmungsanlagen 15
Stellite 20
Strangpressen
– Anforderungsprofil 49
– von Schwermetallen, Prozesssimulation 128
Strangpressmatrizen, Warmarbeitswerkstoffe 17
Strangpressprofile
– Aluminium-Hochleistungslegierungen 234
– Karosseriebau 107
Strangpressprozesse
– Mikrostruktur von Produkten 199
– virtuelle Abbildung 117
Strangpresswerkzeuge
– Diagnoseerfahrung 49
– Oberflächentechniken 58
Strength Differential Effect 207
Stringerkonzepte 239

T
Taper 14

Temperaturdifferenz, treibende 81
Temperaturerfassung, prozessgeregelte Blockaufnehmer 39
Temperaturprofil, Schnellerwärmungsanlagen 14
thermische Belastung, prozessgeregelte Blockaufnehmer 36
Tomographie
– *in-situ* 209
– Röntgen- 201

V

Verbundprofile, Herstellung 183
Verbundwerkstoffe
– Aluminium-Magnesium 248
– metallkeramische 22
– Metallmatrix 209
virtuelle Abbildung, Strangpressprozesse 117

W

Warmarbeitswerkstoffe, Strangpressmatrizen 17
Wärmebehandlung, Werkzeugstähle 56
Wärmedurchgangskoeffizient 81
Wärmerückgewinnung, Schnellerwärmungsanlagen 14
Wärmetauscherkonzepte, innovative 77
Wärmetransport, durch Konvektion 83
Wärmeübergang, Kupfer-Halbzeugfertigung 134
Wärmeübergangskoeffizient 80
Wärmeübertragung, Aluminiumstangen 10
Wärmeübertragungskoeffizienten, Optimierung 14
Wärmewiderstand 80
Warmschere, Schnellerwärmungsanlagen 16
Warmumformung 178
Weiterverarbeitungsverfahren, Hydroformingtechnologie 165
Werkzeug 1.15, Benchmark 124
Werkzeugmaterialien, Warmarbeitswerkstoffe 17
Werkzeugstähle, Wärmebehandlung 56

Z

Zerspanung, Leichtmetallrahmenstrukturen 183
Zirkularfräsen
– an Verbundprofilen 190
– von Bohrungen 188
Zonenheizung, Blockaufnehmer 38
Zwischenbüchsen, prozessgeregelte Blockaufnehmer 35